建筑工程造价研究

何 娟 李 娜 靳玉君 著

吉林科学技术出版社

图书在版编目（CIP）数据

建筑工程造价研究 / 何娟，李娜，靳玉君著 . -- 长
春：吉林科学技术出版社，2023.10
ISBN 978-7-5744-0905-7

Ⅰ . ①建… Ⅱ . ①何… ②李… ③靳… Ⅲ . ①建筑工
程－工程造价 Ⅳ . ① TU723.3

中国国家版本馆 CIP 数据核字 (2023) 第 200697 号

建筑工程造价研究

著	何 娟 李 娜 靳玉君	
出 版 人	宛 霞	
责任编辑	郝沛龙	
封面设计	刘梦杏	
制 版	刘梦杏	
幅面尺寸	185mm×260mm	
开 本	16	
字 数	340 千字	
印 张	17.25	
印 数	1-1500 册	
版 次	2023年10月第1版	
印 次	2024年2月第1次印刷	

出 版 吉林科学技术出版社
发 行 吉林科学技术出版社
地 址 长春市福祉大路5788号
邮 编 130118
发行部电话/传真 0431-81629529 81629530 81629531
　　　　　　　　 81629532 81629533 81629534
储运部电话 0431-86059116
编辑部电话 0431-81629518
印 刷 三河市嵩川印刷有限公司

书 号 ISBN 978-7-5744-0905-7
定 价 72.00元

前言
PREFACE

　　随着我国市场经济的不断深化改革及中国经济日益融入全球市场、建设市场对外进一步开放并日趋规范和成熟，建设工程造价也应与时俱进，深化改革，以满足开放的建设市场要求。建筑工程造价关系到建设市场中需求主体和供给主体双方及项目参与各方的经济利益。合理的建筑工程造价，有利于项目的投资决策、企业经济核算及投资（成本）控制等工作，有利于规范项目参与各方的建设行为，有利于建筑产品的合理定价，确保参与各方的应得利润和利益，也有利于国家的宏观调控。基于此，建筑工程造价越来越受到国家、地方政府及项目参与各方的高度重视。

　　我国的工程造价正处于改革深化的历史阶段，即由依据定额确定工程造价中人工、材料及机械等的消耗量，与单价的静态计价模式（包括按定额确定消耗量、由市场定价的半静态计价模式）到所有的人工、材料，机械等的消耗量与相关费用全部由企业根据市场因素自行确定的动态计价模式的转变。我国的工程造价工作也处于两种计价模式并存的状态，即既有按定额计算的工程造价（如设计概算、施工图预算等），也有按工程量清单计算的工程造价（如招标标底、投标报价等）。针对工程造价在新时期面临的新要求，本书选择了一些较为适合当下建筑工程造价的内容来组织写作，以求获得更好的研究效果。

　　本书的写作参考和借鉴了大量学者的研究成果，得到了许多领导与同事的支持和帮助，在此深表感谢。限于作者水平，书中不足之处在所难免，祈请读者批评指正。

目 录

CONTENTS

第一章　建筑工程造价基础

第一节　工程造价的含义与特点

一、工程造价的含义

工程造价本质上属于价格范畴。在市场经济条件下，工程造价有两种含义。

（一）工程造价的第一种含义

工程造价的第一种含义，是从投资者或业主的角度来定义的。

建设工程造价是指有计划地建设某项工程，预期开支或实际开支的全部固定资产投资和流动资产投资的费用，即有计划地进行某建设工程项目的固定资产在生产建设，形成相应的固定资产、无形资产和铺底流动资金的一次性投资费的总和。

工程建设的范围不仅包括固定资产的新建、改建、扩建、恢复工程及与之连带的工程，还包括整体或局部性固定资产的恢复、迁移、补充、维修、装饰装修等内容。固定资产投资所形成的固定资产价值的内容包括建筑安装工程费，设备、工器具的购置费和工程建设其他费用等。

工程造价的第一种含义表明，投资者选定一个投资项目，为了获得预期的效益，就要通过项目评估后进行决策，然后进行设计、工程施工，直至竣工验收等。在投资管理活动中，要支付与工程建造有关的全部费用，才能形成固定资产和无形资产。所有这些开支就构成了工程造价。从这个意义上说，工程造价就是工程投资费用。非生产性建设项目的工程总造价就是建设项目固定资产投资的总和，而生产性建设项目的总造价就是固定资产投资和铺底流动资金投资的总和。

1

（二）工程造价的第二种含义

工程造价的第二种含义，是从承包商、供应商、设计市场供给主体来定义的。建设工程造价是指为建设某项工程，预计或实际在土地市场、设备市场、技术劳务市场、承包市场等交易活动中，形成的工程承发包（交易）价格。

工程造价的第二种含义是以市场经济为前提的，是以工程、设备、技术等特定商品形式作为交易对象，通过招投标或其他交易方式，在各方进行反复测算的基础上，最终由市场形成的价格。其交易的对象可以是一个建设项目、一个单项工程；也可以是建设的某一个阶段，如可行性研究报告阶段、设计工作阶段等；还可以是某个建设阶段的一个或几个组成部分，如建设前期的土地开发工程、安装工程、装饰工程、配套设施工程等。随着经济发展和技术进步、分工的细化和市场的完善，工程建设中的中间产品也会越来越多，商品交易会更加频繁，工程造价的种类和形式也会更为丰富。特别是投资体制的改革，投资主体多元化和资金来源的多渠道，使相当一部分建筑产品作为商品进入了流通。住宅作为商品已为人们所接受，普通工业厂房、仓库、写字楼、公寓、商业设施等建筑产品，一旦投资者将其推向市场就成为真实的商品而流通。无论是采取购买、抵押、拍卖、租赁，还是企业兼并形式，其性质都是相同的。

工程造价的第二种含义通常把工程造价认定为工程承发包价格，它是建筑市场通过招标，由需求主体投资者和供给主体建筑商共同认可的价格。建筑安装工程造价在项目固定资产投资中占有的份额是工程造价中最活跃的部分，也是建筑市场交易的主要对象之一。设备采购过程经过招投标形成的价格，土地使用权拍卖或设计招标等所形成的承包合同价，也属于第二种含义的工程造价的范围。

上述工程造价的两种含义，一种是从项目建设角度提出的建设项目工程造价，它是一个广义的概念；另一种是从工程交易或工程承包、设计范围角度提出的建筑安装工程造价，它是一个狭义的概念。

二、工程造价的特点

工程建设的特点决定了工程造价具有以下特点。

（一）大额性

任何一项建设工程，不仅实物形态庞大，而且造价高昂，需投资几百万元、几千万元甚至上亿元的资金。工程造价的大额性关系到多方面的经济利益，同时也对社会宏观经济产生重大影响。

（二）单个性

任何一项建设工程都有特殊的用途，其功能、用途各不相同。因而，每一项工程的结构、造型、平面布置、设备配置和内外装饰都有不同的要求。工程内容和实物形态的个别差异性决定了工程造价的单个性。

（三）动态性

任何一项建设工程从决策到竣工交付使用，都有一个较长的建设期。在这一期间，如工程变更、材料价格、费率、利率、汇率等会发生变化。这种变化必然会影响工程造价的变动，直至竣工决算后才能最终确定工程实际造价。建设周期长，资金的时间价值突出。这体现了建设工程造价的动态性。

（四）层次性

一个建设项目往往含有多个单项工程，一个单项工程又由多个单位工程组成。与此相适应，工程造价也有3个层次相对应，即建设项目总造价、单项工程造价和单位工程造价。

（五）阶段性（多次性）

建设工程规模大、周期长、造价高，随着工程建设的进展需要在建设程序的各个阶段进行计价。多次性计价是一个逐步深化、逐步细化、逐步接近最终造价的过程。

三、各阶段工程造价的关系和控制

在建设工程的各个阶段，工程造价分别使用投资估算、设计概算、施工图预算、中标价、承包合同价、工程结算、竣工结算进行确定与控制。建设项目是一个从抽象到实际的建设过程，工程造价也从投资估算阶段的投资预计，到竣工决算的实际投资，形成最终的建设工程的实际造价。从估算到决算，工程造价的确定与控制存在着既相互独立又相互关联的关系。

（一）工程建设各阶段工程造价的关系

建设工程项目从立项论证到竣工验收、交付使用的整个周期，是工程建设各阶段工程造价由表及里、由粗到精、逐步细化、最终形成的过程，它们之间相互联系、相互印证，具有密不可分的关系。

（二）工程建设各阶段工程造价的控制

1.以设计阶段为重点的建设全过程造价控制

工程造价控制贯穿于项目建设全过程，但是必须重点突出。显然，工程造价控制的关键在于施工前的投资决策和设计阶段；而在项目做出投资决策后，控制工程造价的关键就在于设计阶段。建设工程全寿命费用包括工程造价和工程交付使用后的经常开支费用（含经营费用、日常维护修理费用、使用期内修理和局部更新费用）及该项目使用期满后的报废拆除费用等。

2.主动控制以取得令人满意的结果

一般说来，造价工程师的基本任务是对建设项目的建设工期、工程造价和工程质量进行有效的控制。因此，应根据业主的要求及建设的客观条件进行综合研究，实事求是地确定一套切合实际的衡量准则。只要造价控制的方案符合这套衡量准则，取得令人满意的结果，则应该说造价控制达到了预期的目标。

长时期来，人们一直把控制理解为目标值与实际值的比较，当实际值偏离目标值时，分析产生偏差的原因，并确定下一步的对策。在工程项目建设全过程进行这样的工程造价控制当然是有意义的。但问题在于，这种立足于"调查—分析—决策"基础之上的"偏离—纠偏—再偏离—再纠偏"的控制方法，只能发现偏离，不能使已产生的偏离消失，不能预防可能发生的偏离，因而只能说是被动控制。

3.技术与经济相结合是控制工程造价最有效的手段

要有效地控制工程造价，应从组织、技术、经济等多方面采取措施。从组织上采取的措施，包括明确项目组织结构、明确造价控制者及其任务、明确管理职能分工；从技术上的采取措施，包括重视设计多方案选择，严格审查监督初步设计、技术设计、施工图设计、施工组织设计，深入技术领域研究节约投资的可能；从经济上采取的措施，包括动态地比较造价的计划值和实际值，严格审核各项费用支出，采取对节约投资的有力奖励措施等。

工程造价的确定和控制之间存在相互依存、相互制约的辩证关系。首先，工程造价的确定是工程造价控制的基础和载体。没有造价的确定，就没有造价的控制；没有造价的合理确定，也就没有造价的有效控制。其次，造价的控制寓于工程造价确定的全过程，造价的确定过程也就是造价的控制过程，只有通过逐项控制、层层控制才能最终合理确定造价。最后，确定造价和控制造价的最终目的是统一的，即合理使用建设资金，提高投资效益，遵守价值规律和市场运行机制，维护有关各方合理的经济利益。

（三）工程造价控制的主要内容

1.各阶段的控制重点

（1）项目决策阶段

根据拟建项目的功能要求和使用要求，做出项目定义，包括项目投资定义，并按照项目规划的要求和内容，以及项目分析和研究的不断深入，逐步将投资估算的误差率控制在允许的范围之内。

（2）初步设计阶段

运用设计标准与标准设计、价值工程和限额设计方法等，以可行性研究报告中被批准的投资估算为工程造价目标书，控制和修改初步设计直至满足要求。

（3）施工图设计阶段

以被批准的设计概算为控制目标，应用限额设计、价值工程等方法，以设计概算为控制目标控制和修改施工图设计。通过对设计过程中所形成的工程造价层层限额设计，以实现工程项目设计阶段的工程造价控制目标。

（4）招标投标阶段

以工程设计文件（包括概算、预算）为依据，结合工程施工的具体情况，如现场条件、市场价格、业主的特殊要求等，按照招标文件的规定，编制招标工程的招标控制价，明确合同计价方式，初步确定工程的合同价。

（5）工程施工阶段

以工程合同价等为控制依据，通过工程计量、控制工程变更等方法，按照承包人实际完成的工程量，严格确定施工阶段实际发生的工程费用。以合同价为基础，考虑物价上涨、工程变更等因素，合理确定进度款和结算款，控制工程实际费用的支出。

（6）竣工验收阶段

全面汇总工程建设中的全部实际费用，编制竣工决算，如实体现建设项目的工程造价，并总结经验，积累技术经济数据和资料，不断提高工程造价管理水平。

2.关键控制环节

（1）决策阶段做好投资估算

投资估算对工程造价起到指导性和总体控制的作用。在投资决策过程中，特别是从工程规划阶段开始，预先对工程投资额度进行估算，有助于业主对工程建设各项技术经济方案做出正确决策，从而对今后工程造价的控制起到决定性的作用。

（2）设计阶段强调限额设计

设计阶段是仅次于决策阶段影响投资的关键。为了避免浪费，采取限额设计是控制工程造价的有力措施。强调限额设计并不意味着一味追求节约资金，而是体现了尊重科学，实事求是，保证设计科学合理，确保投资估算真正起到工程造价控制的作用。经批准的投资估算作为工程造价控制的最高限额，是限额设计控制工程造价的主要依据。

（3）招标投标阶段重视施工招标

业主通过施工招标这一经济手段，择优选定承包商，不仅有利于确保工程质量和缩短工期，更有利于降低工程造价，是工程造价控制的重要手段。施工招标应根据工程建设的具体情况和条件，采用合适的招标形式，编制招标文件。招标文件应符合法律法规，内容齐全，前后一致，避免出错和遗漏。评标前要明确评标原则。招标工作最终结果，是实现工程承发包双方签订施工合同。

（4）施工阶段加强合同管理与事前控制

施工阶段是工程造价的执行和完成阶段。在施工中通过跟踪管理，掌握承发包双方的实际履约行为第一手资料，经过动态纠偏，及时发现和解决施工中的问题，有效地控制工程质量、进度和造价。事前控制的工作重点是控制工程变更和防止发生索赔。施工过程要做好工程计量与结算，做好与工程造价相统一的质量、进度等各方面的事前、事中、事后控制。

四、工程造价信息的管理

（一）工程造价信息的含义

工程造价信息是一切有关工程造价的特征、状态及其变动的消息的组合。在工程承发包市场和工程建设过程中，工程造价总是在不停地运动着、变化着，并呈现出种种不同特征。人们对工程承发包市场和工程建设过程中工程造价运动的变化，是通过工程造价信息来认识和掌握的。

在工程承发包市场和工程建设中，工程造价是最灵敏的调节器和指示器，无论是工程造价主管部门还是工程承发包者，都要通过接收工程造价信息来了解工程建设市场动态，预测工程造价发展，决定政府的工程造价政策和工程承发包价格。因此，工程造价主管部门和工程承发包者都要接收、加工、传递和利用工程造价信息。工程造价信息作为一种新的计价依据在工程建设中的地位日趋明显，特别是随着我国开始推行工程量清单计价，以及工程招标制、工程合同制的深入推行，工程造价主要由市场定价的过程中，工程造价信息起着举足轻重的作用。

（二）工程造价信息的管理

为便于对工程造价信息的管理，有必要按一定的原则和方法进行区分和归集，并做到及时发布。因此，应该对工程造价信息进行分类。

从广义上说，所有对工程造价的确定和控制过程起作用的资料都可以称为工程造价信息，如各种定额资料、标准规范、政策文件等。但最能体现工程造价信息变化特征，并且在工程价格的市场机制中起重要作用的工程造价信息主要包括以下几类：

（1）人工价格，包括各类技术工人、普工的月工资、日工资、时工资标准，各工程实物量人工单价等。

（2）材料、设备价格，包括各种建筑材料、装修材料、安装材料和设备等市场价格。

（3）机械台班价格，包括各种施工机械台班价格或其租赁价格。

（4）综合单价，包括各种分部分项清单项目中标的综合单价，这是实行工程量清单计价后出现的又一类新的造价信息。

（5）其他，包括各种脚手架、模板等周转性材料的租赁价格等。

工程造价信息是当前工程造价极为重要的计价依据之一。因此，及时、准确地收集、整理、发布工程造价信息，已成为工程造价管理机构非常重要的日常工作之一。

第二节　工程造价的构成

一、建设项目工程造价的构成

（一）建设投资

建设投资由工程费用（建筑工程费、设备购置费、安装工程费）、工程建设其他费用和预备费（基本预备费和价差预备费）组成。其中建筑工程费和安装工程费有时又统称为建筑安装工程费。

（二）建设期贷款利息

建设期贷款利息包括支付金融机构的贷款利息和为筹集资金而发生的融资费用。

（三）固定资产投资方向调节税

指国家对我国境内进行固定资产投资的单位和个人，就其固定资产投资的各种资金征收的一种税。

二、建筑安装工程造价的构成

（一）直接费

1.直接工程费

直接工程费指施工过程中耗费的构成工程实体的各项费用，包括人工费、材料费、施工机械使用费。

（1）人工费

直接从事建筑安装工程施工的生产工人开支的各项费用，内容包括：

①基本工资：发放给生产工人的基本工资。

②工资性补贴：按规定标准发放的物价补贴，煤、燃气补贴，交通补贴，住房补贴，流动施工津贴等。

③生产工人辅助工资：生产工人年有效施工天数以外非作业天数的工资，包括职工学习、培训期间的工资，调动工作、探亲、休假期间的工资，因气候影响的停工工资，女工哺乳时间的工资，病假在6个月以内的工资及产、婚、丧假期的工资。

④职工福利费：按规定标准计提的职工福利费。

⑤生产工人劳动保护费：按规定标准发放的劳动保护用品的购置费及修理费、徒工服装补贴、防暑降温费、在有碍身体健康环境中施工的保健费用等。

（2）材料费

施工过程中耗费的构成工程实体的原材料、辅助材料、构配件、零件、半成品的费用，内容包括：

①材料原价（或供应价格）。

②材料运杂费：是指材料自来源地运至工地仓库或指定堆放地点所发生的全部费用。

③运输损耗费：材料在运输装卸过程中不可避免的损耗。

④采购及保管费：为组织采购、供应和保管材料过程中所需要的各项费用。包括采购费、仓储费、工地保管费、仓储损耗。

⑤检验试验费：对建筑材料、构件和建筑安装物进行一般鉴定、检查所发生的费用，包括自设实验室进行试验所耗用的材料和化学药品等费用。不包括新结构、新材料的试验费和建设单位对具有出厂合格证明的材料进行检验，对构件做破坏性试验及其他特殊要求检验试验的费用。

（3）施工机械使用费

施工机械作业所发生的机械使用费，以及机械安拆费和场外运费。施工机械台班单价应由下列7项费用组成：

①折旧费：施工机械在规定的使用年限内，陆续收回其原值及购置资金的时间价值。

②大修理费：施工机械按规定的大修理间隔台班进行必要的大修理，以恢复其正常功能所需的费用。

③经常修理费：施工机械除大修理以外的各级保养和临时故障排除所需的费用，包括为保障机械正常运转所需替换设备与随机配备工具附具的摊销和维护费用、机械运转中日常保养所需润滑与擦拭的材料费用及机械停滞期间的维护和保养费用等。

④安拆费及场外运费：安拆费指施工机械在现场进行安装与拆卸所需的人工、材料、机械和试运转费用，以及机械辅助设施的折旧、搭设、拆除等费用；场外运费指施工机械整体或分体自停放地点运至施工现场或由一施工地点运至另一施工地点的运输、装卸、辅助材料及架线等费用。

⑤人工费：机上司机（司炉）和其他操作人员的工作日人工费及上述人员在施工机械规定的年工作台班以外的人工费。

⑥燃料动力费：施工机械在运转作业中所消耗的固体燃料（煤、木柴）、液体燃料（汽油、柴油）及水、电费等。

⑦养路费及车船使用税：施工机械按照国家规定和有关部门规定应缴纳的养路费、车船使用税、保险费及年检费等。

2.措施费

措施费指为完成工程项目施工，发生于该工程施工前和施工过程中非工程实体项目的费用，包括环境保护费、文明施工费、安全施工费、临时设施费、夜间施工费、二次搬运费、大型机械设备进出场及安拆费、混凝土和钢筋混凝土模板及支架费、脚手架费、已完工程及设备保护费、施工排水和降水费等。

（1）环境保护费：施工现场为达到环保部门要求所需要的各项费用。

（2）文明施工费：施工现场文明施工所需要的各项费用。

（3）安全施工费：施工现场安全施工所需要的各项费用。

（4）临时设施费：施工企业为进行建筑工程施工所必须搭设的生活和生产用的临时建筑物、构筑物和其他临时设施费用等。临时设施包括临时宿舍、文化福利及公用事业房屋与构筑物、仓库、办公室、加工厂，以及规定范围内的道路、水、电、管线等临时设施和小型临时设施。

（5）夜间施工费：因夜间施工所发生的夜班补助费、夜间施工降效、夜间施工照明设备摊销及照明用电等费用。

（6）二次搬运费：因施工场地狭小等特殊情况而发生的二次搬运费用。

（7）大型机械设备进出场及安拆费：机械整体或分体自停放场地运至施工现场或由一个施工地点运至另一个施工地点所发生的机械进出场运输转移费用及机械在施工现场进行安装、拆卸所需的人工费、材料费、机械费、试运转费和安装所需的辅助设施的费用。

（8）混凝土和钢筋混凝土模板及支架费：混凝土施工过程中需要的各种钢模板、木模板、支架等的支、拆、运输费用及模板、支架的摊销（或租赁）费用。

（9）脚手架费：施工需要的各种脚手架搭、拆、运输费用及脚手架的摊销（或租赁）费用。

（10）已完工程及设备保护费：竣工验收前，对已完工程及设备进行保护所需费用。

（11）施工排水和降水费：为确保工程在正常条件下施工，采取各种排水、降水措施所发生的各种费用。

（二）间接费

1.规费

规费指政府和有关权力部门规定必须缴纳的费用。包括工程排污费、工程定额测定费、养老保险费、失业保险费、医疗保险费、住房公积金、危险作业意外伤害保险费。

（1）工程排污费：施工现场按规定缴纳的工程排污费；

（2）工程定额测定费：按照规定支付工程造价（定额）管理部门的定额测定费，是规费的一种；

（3）社会保障费：养老保险费、失业保险费、医疗保险费；

（4）住房公积金：企业按规定标准为职工缴纳的住房公积金；

（5）危险作业意外伤害保险费：按照建筑法规定，企业为从事危险作业的建筑安装施工人员支付的意外伤害保险费。

2.企业管理费

企业管理费指施工企业为组织生产经营活动所发生的管理费用，包括管理人员工资、办公费、差旅交通费、固定资产使用费、工具用具使用费、劳动保险费、工会经费、职工教育经费、财产保险费、财务费、税金、其他。

（1）管理人员工资：管理人员的基本工资、工资性补贴、职工福利费、劳动保护费等；

（2）办公费：企业管理办公用的文具、纸张、账表、印刷、邮电、书报、会议、水电、烧水和集体取暖（包括现场临时宿舍取暖）用煤等费用；

（3）差旅交通费：职工因公出差、调动工作的差旅费、住勤补助费，市内交通费和误餐补助费，职工探亲路费，劳动力招募费，职工离退休、退职一次性路费，工伤人员就医路费，工地转移费，以及管理部门使用的交通工具的油料、燃料、养路费及牌照费；

（4）固定资产使用费：管理和试验部门及附属生产单位使用属于固定资产的房屋、设备仪器等的折旧、大修、维修或租赁费；

（5）工具用具使用费：管理使用的不属于固定资产的生产工具、器具、家具、交通工具和检验、试验、测绘、消防用具等的购置、维修和摊销费；

（6）劳动保险费：由企业支付离退休职工的易地安家补助费、职工退职金、6个月以上的病假人员工资、职工死亡丧葬补助费、抚恤费、按规定支付给离休干部的各项经费；

（7）工会经费：企业按职工工资总额计提的工会经费；

（8）职工教育经费：企业为职工学习先进技术和提高文化水平，按职工工资总额计提的费用；

（9）财产保险费：施工管理用财产、车辆保险；

（10）财务费：企业为筹集资金而发生的各种费用；

（11）税金：企业按规定缴纳的房产税、车船使用税、土地使用税、印花税等；

（12）其他：技术转让费、技术开发费、业务招待费、绿化费、广告费、公证费、法律顾问费、审计费、咨询费等。

（三）利润

利润指施工企业完成所承包工程所获得的盈利。

（四）税金

税金指国家税法规定的应计入建筑安装工程造价内的营业税、城市维护建设税及教育费附加。

三、设备及工器具购置费的构成

（一）设备购置费的构成

1.国产设备原价的构成及计算

（1）国产标准设备原价

国产标准设备是指按照主管部门颁布的标准图纸和技术要求，由我国设备生产厂批量生产的、符合国家质量检测标准的设备。国产标准设备原价有两种，即带有备件的原价和不带有备件的原价。在计算时，一般采用带有备件的原价。

（2）国产非标准设备原价

国产非标准设备是指国家尚无定型标准，各设备生产厂不可能在工艺过程中采用批量生产，只能按一次订货，并根据具体的设计图纸制造的设备。非标准设备原价有多种不同的计算方法，如成本计算估价法、系列设备插入估价法、分部组合估价法、定额估价法等。但无论采用哪种方法都应该使非标准设备计价接近实际出厂价，并且计算方法要简便。

2.进口设备原价的构成及计算

（1）进口设备的交货类别

内陆交货类，即卖方在出口国内陆的某个地点交货。在交货地点，卖方及时提交合同规定的货物和有关凭证，并承担交货前的一切费用和风险；买方按时接收货物，交付货款，承担接货后的一切费用和风险，并自行办理出口手续和装运出口。货物的所有权也在交货后由卖方转移给买方。

目的地交货类，即卖方在进口国的港口或内地交货，有目的港船上交货价、目的港船边交货价（FOS）和目的港码头交货价（关税已付）及完税后交货价（进口国的指定地点）等几种交货价。它们的特点是：买卖双方承担的责任、费用和风险以目的地约定交货点为分界线，只有当卖方在交货点将货物置于买方控制下才算交货，才能向买方收取货款。这种交货类别对卖方来说承担的风险较大，在国际贸易中卖方一般不愿采用。

装运港交货类，即卖方在出口国装运港交货，主要有装运港船上交货价（FOB），习惯称离岸价格，运费在内价（C&F）和运费、保险费在内价（CIF），习惯称到岸价格。它们的特点是：卖方按照约定的时间在装运港交货，只要卖方把合同规定的货物装船后提供货运单据便完成交货任务，可凭单据收回货款。

装运港船上交货价是我国进口设备采用最多的一种货价。采用船上交货价时卖方的责任是：在规定的期限内，负责在合同规定的装运港口将货物装上买方指定的船只，并及时通知买方；承担货物装船前的一切费用和风险，负责办理出口手续；提供出口国政府或有关方面签发的证件；负责提供有关装运单据。买方的责任是：负责租船或订舱，支付运费，并将船期、船名通知卖方；承担货物装船后的一切费用和风险；负责办理保险及支付保险费，办理在目的港的进口和收货手续；接收卖方提供的有关装运单据，并按合同规定支付货款。

（2）进口设备抵岸价的构成及计算

①货价，一般指装运港船上交货价。设备货价分为原币货价和人民币货价，原币货价一律折算为美元表示，人民币货价按原币货价乘外汇市场美元兑换人民币中间价确定。进口设备货价按有关生产厂商询价、报价、订货合同价计算。

②国际运费，即从装运港（站）到达我国抵达港（站）的运费。我国进口设备大部分

采用海洋运输，小部分采用铁路运输，个别采用航空运输。

③运输保险费。对外贸易货物运输保险由保险人（保险公司）与被保险人（出口人或进口人）订立保险契约，在被保险人交付议定的保险费后，保险人根据保险契约的规定对货物在运输过程中发生的承保责任范围内的损失给予经济上的补偿。这是一种财产保险。

④银行财务费，一般是指中国银行手续费。

⑤外贸手续费，指委托具有外贸经营权的经贸公司采购而发生的外贸手续费率计取的费用，外贸手续费率一般取15%。

⑥关税，由海关对进出国境或关境的货物和物品征收的一种税。其中，到岸价格包括离岸价格、国际运费、运输保险费，它作为关税完税价格。进口关税税率分为优惠税率和普通税率两种。优惠税率适用于与我国签订关税互惠条款的贸易条约或协定的国家的进口设备；普通税率适用于与我国签订关税互惠条款的贸易条约或协定的国家的进口设备。进口关税税率按我国海关总署发布的进口关税税率计算。

⑦增值税，是对从事进口贸易的单位和个人在进口商品报关进口后征收的税种。我国增值税条例规定，进口应税产品均按组成计税价格和增值税税率直接计算应纳税额。

3.设备运杂费的构成及计算

（1）设备运杂费的构

①运费和装卸费，包括国产设备由设备制造厂交货地点起至工地仓库（或施工组织设计指定的需要安装设备的堆放地点）止所发生的运费和装卸费；进口设备则由我国到岸港口或边境车站起至工地仓库（或施工组织设计指定的需安装设备的堆放地点）时所发生的运费和装卸费。

②包装费，指在设备原价中没有包含的，为运输而进行的包装支出的各种费用。

③设备供销部门的手续费按有关部门规定的统一费率计算。

④采购与仓库保管费，指采购、验收、保管和收发设备所发生的各种费用，包括设备采购人员、保管人员和管理人员的工资、工资附加费、办公费、差旅交通费，设备供应部门办公和仓库所占固定资产使用费、工具用具使用费、劳动保护费、检验试验费等。这些费用可按主管部门规定的采购与保管费费率计算。

（2）设备运杂费的计算

设备运杂费按设备原价乘设备运杂费率计算。

（二）工器具及生产家具购置费的构成

工器具及生产家具购置费是指新建或扩建项目初步设计规定的，保证初期正常生产必须购置的没有达到固定资产标准的设备、仪器、工卡模具、器具、生产家具和备品备件等的购置费用。其一般以设备费为计算基数，按照部门或行业规定的工器具及生产家具费率计算。

四、工程建设其他费用的构成

（一）固定资产其他费用

1.建设管理费

建设管理费是指建设单位从项目筹建开始直至工程竣工验收合格或交付使用为止发生的项目建设管理费用。费用内容包括：

（1）建设单位管理费：建设单位发生的管理性质的开支，包括工作人员工资工资性补贴、施工现场津贴、职工福利费、住房基金、基本养老保险、基本医疗保险费、失业保险费、工伤保险费、办公费、差旅交通费、劳动保护费、工具用具使用费、固定资产使用费、必要的办公及生活用品购置费、必要的通信设备及交通工具购置费、零星固定资产购置费、招募生产工人费、技术图书资料费、业务招待费、设计审查费、工程招标费、合同契约公证费、法律顾问费、咨询费、完工清理费、竣工验收费、印花税和其他管理性质开支。

（2）工程监理费：建设单位委托工程监理单位实施工程监理的费用。

（3）工程质量监督费：工程质量监督检验部门检验工程质量而收取的费用。

（4）招标代理费：建设单位委托招标代理单位进行工程、设备材料和服务招标支付的服务费用。

（5）工程造价咨询费：建设单位委托具有相应资质的工程造价咨询企业代为进行工程建设项目的投资估算、设计概算、施工图预算、标底或招标控制价、工程结算等或进行工程建设全过程造价控制与管理所发生的费用。

2.建设用地费

建设用地费是指按照《中华人民共和国土地管理法》等的规定，建设项目征用土地或租用土地应支付的费用。

（1）土地征用及补偿费。经营性建设项目通过出让方式购置的土地使用权（或建设项目通过划拨方式取得无限期的土地使用权）而支付的土地补偿费、安置补偿费、地上附着物和青苗补偿费、余物迁建补偿费、土地登记管理费等；行政事业单位的建设项目通过出让方式取得土地使用权而支付的出让金；建设单位在建设过程中发生的土地复垦费用和土地损失补偿费用；建设期间临时占地补偿费。

（2）征用耕地按规定一次性缴纳的耕地占用税。征用城镇土地在建设期间按规定每年缴纳的城镇土地使用税；征用城市郊区菜地按规定缴纳的新菜地开发建设基金。

（3）建设单位租用建设项目土地使用权在建设期支付的租地费用。

3.可行性研究费

可行性研究费是指在建设项目前期工作中，编制和评估项目建议书（或预可行性研究报告）、可行性研究报告所需的费用。

4.研究试验费

研究试验费是指为本建设项目提供或验证设计数据、资料等进行必要的研究试验及按照设计规定在建设过程中必须进行试验、验证所需的费用。

5.勘察设计费

勘察设计费是指委托勘察设计单位进行工程水文地质勘察、工程设计所发生的各项费用，包括工程勘察费、初步设计费（基础设计费）、施工图设计费（详细设计费）、设计模型制作费。

6.环境影响评价费

环境影响评价费是指按照《中华人民共和国环境保护法》《中华人民共和国环境影响评价法》等的规定，为全面、详细评价本建设项目对环境可能产生的污染或造成的重大影响所需的费用，包括编制环境影响报告书（含大纲）、环境影响报告表和评估环境影响报告书（含大纲）、评估环境影响报告表等所需的费用。

7.劳动安全卫生评价费

劳动安全卫生评价费是指按照劳动部《建设项目（工程）劳动安全卫生监察规定》和《建设项目（工程）劳动安全卫生预评价管理办法》的规定，为预测和分析建设项目存在的职业危险、危害因素的种类和危险危害程度，并提出先进、科学、合理可行的劳动安全卫生技术和管理对策所需的费用，包括编制建设项目劳动安全卫生预评价大纲和劳动安全卫生预评价报告书，以及为编制上述文件所进行的工程分析和环境现状调查等所需费用。

8.场地准备及临时设施费

（1）场地准备费：建设项目为达到工程开工条件所发生的场地平整和对建设场地余留的有碍于施工建设的设施进行拆除清理的费用；

（2）临时设施费：为满足施工建设需要而供应到场地界区的、未列入工程费用的临时水、电、路、通信、气等其他工程费用和建设单位的现场临时建（构）筑物的搭设、维修、拆除、摊销或建设期间租赁费用，以及施工期间专用公路养护费、维修费。

9.人员费用、银行担保及承诺费

（1）引进项目图纸资料翻译复制费、备品备件测绘费；

（2）出国人员费用，包括买方人员出国设计联络、出国考察、联合设计、监造、培训等所发的旅费、生活费等；

（3）来华人员费用，包括卖方来华工程技术人员的现场办公费用、往返现场交通费用、接待费用等；

（4）银行担保及承诺费，包括引进项目由国内外金融机构出面承担风险和责任担保所发生的费用，以及支付贷款机构的承诺费用。

10.工程保险费

工程保险费是指建设项目在建设期间根据需要对建筑工程、安装工程、机器设备和人身安全进行投保而发生的保险费用，包括建筑安装工程一切险、引进设备财产保险和人身意外伤害险等。

11.联合试运转费

联合试运转费是指新建项目或新增加生产能力的工程，在交付生产前按照批准的设计文件所规定的工程质量标准和技术要求，进行整个生产线或装置的负荷联合试运转或局部联动试车所发生的费用净支出（试运转支出大于收入的差额部分费用）。试运转支出包括试运转所需原材料、燃料及动力消耗、低值易耗品、其他物料消耗、工具用具使用费、机械使用费、保险金、施工单位参加试运转人员工资以及专家指导费等；试运转收入包括试运转期间的产品销售收入和其他收入。

12.特殊设备安全监督检验费

特殊设备安全监督检验费是指在施工现场组装的锅炉及压力容器、压力管道、消防设备、燃气设备、电梯等特殊设备和设施，由安全监察部门按照有关安全检查条例和实施细则及设计技术要求进行安全检验，应由建设项目支付的、向安全监察部门缴纳的费用。

13.市政公用设施费

市政公用设施费是指使用市政公用设施的建设项目，按照项目所在地省一级人民政府有关规定建设或缴纳的市政公用设施建设配套费用，以及绿化工程补偿费用。

（二）无形资产其他费用

形成无形资产费用的有专利及专有技术使用费。费用内容包括：

（1）国外设计及技术资料费，引进有效专利、专有技术使用费和技术保密费；

（2）国内有效专利、专有技术使用费；

（3）商标权、商誉和特许经营权费等。

（三）其他资产费用（递延资产）

形成其他资产费用（递延资产）的有生产准备及开办费，是指建设项目为保证正常生产（或营业、使用）而发生的人员培训费、提前进场费以及投产使用必备的生产办公、生活家具用具及工器具等购置费用，包括：

（1）人员培训费及提前进厂费，包括自行组织培训或委托其他单位培训的人员工资、工资性补贴、职工福利费、差旅交通费、劳动保护费、学习资料费等；

（2）为保证初期正常生产（或营业、使用）所必需的生产办公、生活家具用具购置费；

（3）为保证初期正常生产（或营业、使用）必需的第一套不够固定资产标准的生产工具、器具、用具购置费，不包括备品备件费。

一些具有明显行业特征的工程建设其他费用项目，如移民安置费、水资源费、水土保持评价费、地震安全性评价费、地质灾害危险性评价费、河道占用补偿费、超限设备运输特殊措施费、航道维护费、植被恢复费、种质检测费、引种测试费等，一般建设项目很少发生，各省（自治区、直辖市）、各部门有补充规定或具体项目发生时依据有关政策规定列入。

五、预备费、建设期贷款利息

（一）预备费

1.基本预备费

（1）在批准的初步设计范围内，技术设计、施工图设计及施工过程中所增加的工程费用；设计变更、局部地基处理等增加的费用。

（2）一般自然灾害造成的损失和预防自然灾害所采取的措施费用。实行工程保险的工程项目费用应适当降低。

（3）竣工验收时为鉴定工程质量，对隐蔽工程进行必要的挖掘和修复费用。

（4）超长、超宽、超重引起的运输增加费用等。

基本预备费估算一般是以建设项目的工程费用和工程建设其他费用之和为基础，乘基本预备费率进行计算。基本预备费率的大小应根据建设项目的设计阶段和具体的设计深度，以及在估算中所采用的各项估算指标与设计内容的贴近度、项目所属行业主管部门的具体规定确定。

2.价差预备费

价差预备费是指建设项目建设期间，由于价格等变化引起工程造价变化的预测预留费用。价差预备费包括人工、设备、材料、施工机械的价差费，建筑安装工程费及工程建设其他费用调整、利率、汇率调整等增加的费用。

价差预备费的测算方法，一般根据国家规定的投资综合价格指数，以估算年份价格水平的投资额为基数，根据价格变动趋势，预测价值上涨率，采用复利方法计算。

（二）建设期贷款利息

建设期贷款利息指在项目建设期发生的支付银行贷款、出口信贷、债券等的借款利息和融资费用。大多数的建设项目都会利用贷款来解决自有资金的不足，以完成项目的建设，从而达到项目运行获取利润的目的。而且贷款之后，必须支付相应的利息和融资利息，这都属于建设投资的一部分，在建设期支付的贷款利息，也构成了项目投资的一部分。

建设期贷款利息的估算，根据建设期资金用款计划，可按当年借款在当年年中支用考虑，即当年借款按半年计息，上年借款按全年计息。利用国外贷款的利息计算，年利率应综合考虑贷款协议中向贷款方加收的手续费、管理费、承诺费，以及国内代理机构向货款方收取的转贷费、担保费和管理费等。

（三）固定资产投资方向调节税

1.特点

（1）运用零税率制；

（2）实行多部门控管的方法；

（3）采用预征清缴的征收方法；

（4）计税依据与一般税种不同；

（5）税源无固定性。

2.实施细则

（1）征税范围

固定资产投资方向调节税征税范围亦称固定资产投资方向调节税"课税范围"。凡在我国境内用于固定资产投资的各种资金，均属固定资产投资方向调节税的征税范围。

各种资金包括国家预算资金、国内外贷款、借款、赠款、各种自有资金、自筹资金和其他资金。固定资产投资，是指全社会的固定资产投资，包括基本建设投资座新改造投资、商品房投资和其他固定资产投资。

（2）纳税人

固定资产投资方向调节税纳税义务的承担者。包括在我国境内使用各种资金进行固定资产投资的各级政府、机关团体、部队、国有企事业单位、集体企事业单位、私营企业、个体工商户及其他单位和个人。外商投资企业和外国企业不纳此税。固定资产投资方向调节税由中国人民建设银行、中国工商银行、中国农业银行、中国银行、交通银行、其他金融机构和有关单位负责代扣代缴。

（3）计税依据

计算固定资产投资方向调节税应纳税额的根据。固定资产投资方向调节税计税依据为固定资产投资项目实际完成的投资额，其中更新改造投资项目为建筑工程实际完成的投资额。

（4）税目

征收固定资产投资方向调节税的具体项目。固定资产投资方向调节税的税目分为两大系列。

①基本建设项目系列：

A.对国家急需发展的项目投资。列举规定的有农林、水利、能源、交通、邮电、原材料、科教、地质勘探、矿山开采等基础产业和薄弱环节的部分项目投资。对城乡个人修建和购置住宅的投资、外国政府赠款和其他国外赠款安排的投资，以及单纯设备购置投资等。

B.对国家鼓励发展但受能源、交通等条件制约的项目投资。列举规定的有钢铁、有色金属、化工、石油化工、水泥等部分重要原材料，以及一些重要机械、电子、轻纺工业和新型建材、饲料加工等项目投资。

C.对楼堂馆所以及国家严格限制发展的项目投资。

D.对职工住宅（包括商品房）的建设投资。

E.对一般的基地项目投资。

②更新改造项目系列：

A.对国家急需发展的项目投资（与基本建设项目投资相同）。

B.其他的更新改造项目投资。

第二章　工程造价信息管理

第一节　工程造价信息管理概述

一、信息

（一）信息的概念

信息，又称为资讯，普遍存在于自然界和人类社会活动中，它的表现形式远比物质和能量复杂，但又远比它们简单，其实信息就是客观存在的一切事物通过物质载体将发生的消息、指令、数据、信号等所包含的一切经传送交换的知识。随着社会的发展和科学技术的进步，人类对信息的认识和利用日趋深入和广泛，信息资源的地位与作用也日益凸显，信息已成为社会发展中的一个主导因素，是客观世界不可或缺的重要资源。

（二）信息的特征

信息具有很多基本特征，如普遍性与客观性、依附性、共享性、时效性、传递性等基本特征。

1.普遍性与客观性

在自然界和人类社会中，事物都是不断发展和变化的。事物所表达出来的信息也是每时每刻，无所不在的，因此，信息是普遍存在的。由于事物的发展和变化不以人的主观意识为主导，因此信息也是客观的。

2.依附性

信息不是具体的事物，也不是某种物质，而是客观事物的一种属性。信息必须依附于某个客观事物（媒体）而存在。同一个信息可以借助不同的信息媒体表现出来，如文字、图形、声音、影视和动画等。

3.共享性

非实物的信息不同于事物的材料、能源，材料和能源在使用之后，会被消耗、转化掉。信息也是一种资源，具有使用价值。信息传播的面积越广，使用信息的人越多，信息的价值和作用就会越大。信息在复制、传递、共享的过程中，可以不断地重复而产生副本，但是信息本身并不会减少，也不会被消耗掉。

4.时效性

随着事物的发展与变化，信息的可利用价值也会相应地发生变化。随着时间的推移，信息可能会失去其使用价值而变成无效的信息。这就要求人们必须及时获取信息、利用信息，这样才能体现信息的价值。

5.传递性

信息通过传输媒体的传播，可以实现信息在空间上的传递。如我国载人航天飞船"神舟九号"与"天宫一号"空间交会对接的现场直播，向全国及世界各地的人们介绍我国航天事业的发展历程，缩短了对接现场和电视观众之间的距离，实现了信息在空间上的传递。

信息通过存储媒体的保存，可以实现时间上的传递。如没能看到"神舟九号"与"天宫一号"对接的现场直播的人，可以采用回放或重播的方式来收看，这就是利用了信息存储媒体的协同性，实现了信息在时间上的传递。

二、工程造价信息

工程造价就是工程的建造价格。广义的工程造价表示工程项目从立项决策到竣工验收、交付使用全过程所需的全部费用，狭义的工程造价是指施工企业在建筑安装过程中发生的生产和经营管理等的费用总和。工程造价的任务是根据图纸、定额以及清单规范等，计算出工程中所包含的各项费用。

（一）工程造价信息的含义

工程造价信息是一切有关工程造价的特征、状态及其变动的详细组合。它是指已建成竣工和在建的有使用价值和有代表性的工程设计概算、施工预算、工程竣工结算、竣工决算、单位工程施工成本以及新材料、新结构、新设备、新工艺等建筑安装工程分部分项的单价分析等资料。

工程造价信息的重要性体现在以下几个方面：①工程造价信息是工程造价宏观管理、决策的基础；②工程造价信息是制订和修订投资估算指标、预算定额、其他技术经济指标以及研究工程实际变化规律的基础；③工程造价信息是编制、审查、评估项目建议书、可行性研究报告、投资估算、进行设计方案比较、编制设计概算、投标报价的重要参考。

（二）工程造价信息的特征

1.区域性

建筑材料大都质量大、体积大、产地远离消费地点，因而运输量大，费用高，这就要求客观上尽可能地就近使用建筑材料。因此，这类工程造价信息的交换和流通往往限制在一定的区域内。

2多样性

我国社会主义市场经济体制正处在探索发展阶段，各种市场均未达到规范化要求。因此，在内容和形式上，信息具有多样化的特点。

3.专业性

建设工程的专业化，例如水利、电力、铁道、邮电等建筑安装工程，所需的信息有它的专业特殊性。

4.系统性

工程造价信息是由若干具有特定内容和同类性质的、在一定时间和空间内形成的一连串信息。工程造价管理工作也同样是多种因素相互作用的结果，因此从工程造价信息源发出来的信息都不是孤立的、紊乱的，而是大量的、系统的。

5.动态性

工程造价信息需要经常不断地收集和补充，进行信息更新，真实反映工程造价的动态变化。

6.季节性

由于建筑生产受自然条件影响大，因此施工内容的安排必须充分考虑季节因素，但工程造价信息仍不能完全避免季节性的影响。

（三）工程造价信息的分类

为便于对信息的管理，有必要将各种信息按一定的原则和方法进行区分和归集，并建立起一定的分类系统和排列顺序。因此，对于工程造价信息管理，也应该按照不同的标准对信息进行分类。

1.工程造价信息的分类原则

（1）稳定性。信息分类要选择分类对象最稳定的本质属性或特征作为信息分类的基础和标准。

（2）兼容性。信息的分类体系要满足不同项目参与方高效信息交换的需要。

（3）可扩展性。信息分类应具备较强的灵活性，可以在使用过程中方便地追加新的信息。

（4）综合实用性。信息分类应从系统工程的角度出发，放在具体的应用环境中进行整体考虑。

2.工程造价信息的分类

（1）从管理组织的角度来划分，可以分为系统化和非系统化工程造价信息；

（2）从形式上划分，可以分为文件式工程造价信息和非文件式工程造价信息；

（3）按传递方向来划分，可以分为横向传递的工程造价信息和纵向传递的工程造价信息；

（4）按反应面来划分，可以分为宏观工程造价信息和微观工程造价信息；

（5）从时态上来划分，可以分为过去的工程造价信息、现在的工程造价信息和未来的工程造价信息；

（6）按稳定程度来划分，可以分为固定工程造价信息和流动工程造价信息；

（7）按信息来源划分，可以分为社会信息和企业内部信息。

（四）工程造价信息的主要内容

从广义上说，所有对工程造价的计价和控制过程起作用的资料都可以称为工程造价信息。例如各种定额资料、标准规范、政策文件等。但最能体现信息动态性变化特征，且在工程价格的市场机制中起重要作用的工程造价信息主要包括三类，即价格信息、工程造价指数和已完工程信息。

1.价格信息

价格信息包括各种建筑材料、装修材料、安装材料、人工工资、施工机械等的最新市场价格。材料价格信息在发布时，应对材料的类别、规格、单价、供货地区、供货单位及发布日期等作详细说明。机械价格信息包括设备市场价格信息和设备租赁市场价格信息两部分。后者对工程计价更为重要，发布的机械价格信息应包括机械种类、规格型号、供货厂商名称、租赁单价、发布日期等内容。

2.工程造价指数

在建筑市场供求和价格水平发生经常性波动的情况下，建设工程造价及其各组成部分也处于不断变化中，这不仅使不同时期的工程在"量"与"价"两方面都失去可比性，也给合理确定和有效控制造价造成了困难。根据工程建设的特点，编制工程造价指数是解决此类问题的最佳途径。

3.已完工程信息

已完工或在建工程的各种造价信息可以为拟建工程或在建工程造价提供依据。承发包单位或房地产企业可以通过采集、分析、测算以往工程的预算价、合同价、中标价、结算价和市场人工、材料、设备租赁价格等多种技术经济指标，建立一套完整的造价信息数据库，从而提高企业报价决策水平和合同执行过程中的成本控制管理水平。

第二节　定额信息管理

一、定额信息管理的基本内涵

定额信息管理是工程造价信息管理的重要组成部分。定额是企业生产经营活动中，对人力、物力、财力的配备、利用和消耗以及获得的成果等方面所应遵守的标准或应达到的水平。定额管理则是指利用定额来合理安排和使用人力、物力、财力的一种管理方法。

（一）信息管理下的定额

当今时代是信息化的时代，很多工作的完成都离不开计算机技术。早期的定额管理完全依靠人工进行，不仅信息收集工作量大，信息整理工作耗时长，思路模糊，修改频繁，信息的修改、增删等更新操作还严重受阻，最终甚至还会导致部分信息丢失。计算机的出现，解决了信息管理领域的种种难题。借助计算机，信息管理人员不仅能随时随地快速高效地完成对信息的收集、加工整理、存储、修改等操作，还能通过计算机的分析处理功能实现信息发展趋势的分析、预测，让信息管理人员通过预测结果采取相应的事前主动控制措施，从而更有利于目标实现的决策实现管理目的。

信息管理下的定额可认为是全数字化定额信息管理，即定额信息的收集、加工整理、编制、管理与服务等工作的数字化，是以计算机为主要管理手段，开发出具有相应定额管理功能的软件，再结合手工操作来对定额信息进行全面的管理。

（二）定额信息管理的内容

第一，建立和健全定额信息管理体系，明确定额信息管理的范围，确定定额制订依据、程序和方法；

第二，在技术革新和管理方法改革的基础上，制订和修订各项技术经济定额；

第三，制订定额执行、考核、奖惩的具体办法等有效措施，保证定额的贯彻执行；

第四，定期检查分析定额的完成情况，认真总结定额管理经验，研究定额管理工作的内在规律和科学方法，以求不断改进工作，不断谋求提高经济效益。

（三）定额信息管理制度

1.定额信息管理制度的主要内容

定额信息管理制度是指确定定额制订依据、制订程序、考核方法、奖惩措施等，其应包括以下内容：一是定额信息管理范围，如工时定额、物资消耗定额、成本费用定额、人员定额、用工定额等；二是制订和修订定额的依据、方法、程序；三是明确定额的执行、考核、奖惩的具体办法等。

2.形成定额信息的依据

（1）技术依据

第一，生产条件。如设备和工具的技术性能、原材料的物理化学性质、工艺加工的特点等；

第二，对工作地的供应服务和组织状况；

第三，操作者的技术水平、经验和技术等。把生产的技术潜力、工艺潜力和组织潜力充分估计在内的劳动定额，才是有技术依据的定额。

（2）经济依据

劳动者在一定的工作时间内的工作负荷程度，如工作范围和职务范围是扩大了还是减少了、是否兼职兼岗作业、是否实现多机台看管。尽可能地把提高劳动经济效益考虑在内的劳动定额，才是有经济根据的劳动定额。

（3）心理、生理依据

第一，劳动环境和生产环境条件对操作者的影响，如劳动者的负重、体态、神经紧张程度、工作的照明度、操作速度，温度、湿度、热辐射、噪声、振动等。

第二，工作时间的长度和休息时间的比重、劳动分工和协作的状况。如工作单调性会引起劳动生产率下降。只有采用有效的措施，减少上述不利的因素对人体的影响，建立必要的劳动休息制度，保护劳动者的心理、生理健康，提高工作兴趣，使劳动者的积极性和创造性得以发挥的劳动定额，才是有心理、生理科学依据的劳动定额。

企业在制订劳动定额时，必须从上述技术依据，经济依据，心理、生理依据出发，才能保证劳动定额的先进合理。

3.形成定额信息的要求

在对定额信息进行收集和整理加工的过程中，我们必须满足"快、准、全"三个方面的要求。"快"是时间上的要求，即定额的制订应该迅速及时，以满足生产和管理的需要。"准"是质量上的要求，即制订的劳动定额应该先进合理，同时在不同产品、不同车间和工种之间保持水平平衡。只有这样，才能使劳动定额在生产和分配中发挥积极的作用。"全"是定额制订范围上的要求，即制订劳动定额应该完整齐全，凡需要和可能制订劳动定额的产品、车间、工种、岗位都要有定额，即使是一些临时性任务，也应该尽可能地制订劳动定额。只有这样，才能使得所有能计算和考核作业量的人员和班组都实行劳动定额。

二、定额信息管理的作用

建设工程定额是指在正常的施工条件和合理施工组织设计、合理分配材料及机械的条件下，完成单位合格产品所需消耗的人工、材料、机械台班和资金的数量标准。建筑安装工程定额是国家控制基本建设规模，利用经济杠杆对建筑安装企业加强宏观管理，促进企业提高自身素质，加快技术进步，提高经济效益的立法性文件。因此，设计、计划、生产、分配、预算、结算、奖励、财务等各项工作，各个部门都应以它作为自己工作的主要依据。定额信息管理的作用主要表现在以下方面。

（一）计划管理的重要基础

建筑安装企业在计划管理中为了组织和管理施工生产活动，必须编制各种计划，而计划的编制又依据各种定额和指标来计算人力、物力、财力等需用量，因此定额是计划管理的重要基础。

（二）提高劳动生产率的重要手段

施工企业要提高劳动生产率，除了加强思想政治工作，提高群众积极性，还要贯彻执行现行定额。企业要把提高劳动生产率的任务具体落实到每个工人身上，促使他们采用新技术和新工艺，改进操作方法，从而提高劳动生产率。

（三）衡量设计方案的尺度和确定工程造价的依据

同一工程项目的投资多少，是由使用定额和指标对不同设计方案进行技术经济分析与比较之后确定的。因此，定额是衡量设计方案经济合理性的尺度。工程造价是根据设计规定的工程标准和工程数量，并依据定额指标规定的劳动力、材料、机械台班数量，单位价值和各种费用标准来确定的，因此定额是确定工程造价的依据。

（四）推行经济责任制的重要环节

推行的投资包干和以招标承包为核心的经济责任制，其中签订投资包干协议、计算招标标底和投标标价、签订总包和分包合同协议，以及企业内部实行适合各自特点的各种形式的承包责任制等，都必须以各种定额为主要依据。因此，定额是推行经济责任制的重要环节。

（五）企业实行经济核算制的重要基础

企业为了分析比较施工过程中的各种消耗，必须用各种定额为核算依据，因此工人完成定额的情况是实行经济核算制的主要内容。

三、定额信息管理的方法

（一）定额信息管理的基本原则

1.标准化原则

建筑安装企业在收集定额信息之前应制订统一的信息收集表格，信息收集之时，应按统一的标准进行数据的筛选。建筑安装企业应该按统一的分类标准、处理原则、处理流程等对信息进行处理，用格式化和标准化的文本将信息表达出来。

2.有效性原则

不同层次的管理者所需要的信息是不同的，定额信息应针对不同层次管理者的要求进行适当加工，针对不同管理层提供不同要求和浓缩程度的信息，以保证信息产品对于决策支持的有效性。

3.高效处理原则

定额反映的是完成某一单位工作内容所需的各消耗量标准、组成定额的基础数据，基本是定额管理人员通过现场实际测算出来的。在对基础数据进行处理的时候，如果完全依靠人工来进行，不可能在短时间内得到准确、合理、反映实际情况的结果，鉴于此，在对定额的基础数据进行处理时，我们应选择更快捷、准确的处理方式，即采用高性能的信息处理工具，如定额信息管理系统等对其进行数据的整理、加工、分析和处理。

4.时效性原则

定额中所规定的各种活劳动与物化劳动消耗量的多少是由一定时期社会生产力水平确定的，随着科技的发展，新技术、新工艺、新材料、新设备等也不断涌现，这势必影响相关的消耗量标准。当完成统一工作内容消耗量标准发生改变时，建筑安装企业必须重新编制适应目前社会生产力实际水平的定额。因此，在对定额进行管理时，建筑安装企业应注意定额的时效，对于不符合目前情况的消耗量应给予及时更新，使其更能反映实际情况，更好地为用户服务。

5.定量化原则

定额信息不应是项目实施过程中产生数据的简单记录，应该是经过信息处理人员的比较与分析，采用定量工具对有关数据进行分析和比较而得出的具体的量化结论。

（二）定额信息管理方法

第一，定额信息管理实行归口管理：一是劳动定额由经营管理部牵头组织编制并进行管理；二是物耗定额由生产技术部牵头组织编制并进行管理；三是物资储备定额由生产技术部牵头组织编制，供销部进行管理；四是费用限额由经合部牵头组织编制并进行管理。

第二，定额需要保持相对的稳定性，但也要随着企业生产技术条件、管理条件的变化，及时修订、补充，以保持定额的平均先进水平。

第三，若因为产品设计、工艺改变或材料质量改变、设备或工艺装备改变、生产组织形式改变等，确需修订，可由相关单位提出申请，归口管理部门审核确认，经定额管理小组同意后，由归口管理部门组织修订。

第四，定额在执行过程中必须经常检查，以了解定额的执行情况及取得的效果，检查定额在执行过程中的缺点和不足。检查的方法以统计分析和实际查定相结合的办法为主，进行定额分析，找出节约和浪费的原因，从而采取有效措施，推动设计、工艺、操作、管理等方面的改进。

第三节　价格信息管理

一、价格信息管理的重要性

从广义上说，所有对工程造价的确定和控制过程起作用的资料都可以称为价格信息。例如各种定额资料、标准规范、正常文件等。在工程价格的市场机制中，价格信息起着重要的作用，我们可以从以下三方面进行论述。

（一）价格信息

价格包括各种建筑材料、装修材料、安装材料、人工工资、施工机械等的最新市场价格。这些信息是比较初级的，一般没有经过系统的加工处理，也可以称其为数据。

1.人工价格信息

人工价格信息（也称人工成本信息）的测算和发布工作，其成果是引导建筑劳务合同双方合理确定建筑工人工资水平的基础，是建筑业企业合理支付工人劳动报酬和调解、处理建筑工人劳动工资纠纷的依据，也是工程招投标评定成本的依据。

（1）建筑工程实物工程量人工价格信息

建筑工程实物工程量人工价格信息是以建筑工程的不同划分标准为对象，反映了单位实物工程量的人工价格信息。根据工程不同部位，体现作业的难易，结合不同工种作业情况将建筑工程划分为土石方工程、架子工程、砌筑工程、模板工程、钢筋工程、混凝土工程、防水工程、抹灰工程、木作与木装饰工程、油漆工程、玻璃工程、金属制品制作及安装、其他工程共13项。

（2）建筑工种人工成本信息

建筑工种人工成本信息是按照建筑工人的工种分类，反映不同工种的单位人工日工资单价。建筑工种是根据劳动法和职业教育法的有关规定，对从事技术复杂、通用性广、涉及国家财产、人民生命安全和消费者利益的职业（工种）的劳动者实行就业准入的规定，结合建筑行业实际情况确定的。

2.材料价格信息

材料价格信息主要包括应披露材料类别、规格、单价、供货地区、供货单位及发布日期等信息。

3.机械价格信息

机械价格信息包括设备市场价格信息和设备租赁市场价格信息两部分。相对而言，后者对于工程计价更为重要，发布的机械价格信息应包括机械种类、规格型号、供货厂商名称、租赁单价、发布日期等内容。

（二）工程造价指数

1.工程造价指数的概念及编制意义

工程造价指数主要指根据原始价格信息加工整理得到的各种工程造价指数。随着我国经济体制改革，特别是价格机制改革的不断深化，设备、材料价格和人工费的变化对工程造价的影响日益增大。

在建筑市场供求和价格水平发生经常性波动的情况下，建设工程造价及其各组成部分也处于不断变化之中，这不仅使不同时期的工程在"量"与"价"两方面都失去可比性，也给合理确定和有效控制造价造成了困难。根据工程建设的特点，编制工程造价指数是解决这些问题的最佳途径。以合理方法编制的工程造价指数能够较好地反映建筑市场的供求关系和生产力发展水平。

工程造价指数是反映一定时期价格变化对工程造价影响程度的一种指标，它是调整工程造价价差的依据。工程造价指数反映了报告期与基期相比的价格变动趋势，利用它来研究实际工作中的下列问题很有意义。

（1）可以利用工程造价指数分析价格变动趋势及其原因；

（2）可以利用工程造价指数工程造价变化对宏观经济的影响；

（3）工程造价指数是工程承发包双方进行工程估价和结算的重要依据。

2.工程造价指数的内容及特征

根据工程造价的形成，工程造价指数的内容包括以下四种。

（1）各种单项价格指数

单项价格指数包括了反映各类工程的人工费、材料费、施工机械使用费报告期价格对基期价格的变化程度的指标。可利用它研究主要单项价格变化的情况及其发展变化的趋势，其计算过程可以简单表示为报告期价格与基期价格之比。以此类推，可以把各种费率指数也归于其中。例如措施费指数、间接费指数，甚至工程建设其他费用指数等。这些费率指数的编制可以直接用报告期费率与基期费率之比求得。很明显，这些单项价格指数都属于个体指数，其编制过程相对比较简单。

（2）设备、工器具价格指数

设备、工器具的种类、品种和规格很多。设备、工器具费用的变动通常是由两个因素引起的，即设备、工器具单价采购价格的变化的采购数量的变化。并且工程所采购的设备、工器具是由不同规格、不同品种组成的，因此设备、工器具价格指数属于总指数。由于采购价格与采购数量的数据无论是基期还是报告期都比较容易获得，因此设备、工器具价格指数可以用综合指数的形式来表示。

（3）建筑安装工程造价指数

建筑安装工程造价指数也是一种综合指数，其中包括了人工费指数、材料费指数、施工机械使用费指数以及措施费、间接费等各项个体指数的综合影响。由于建筑安装工程造价指数相对比较复杂，涉及的方面较广，利用综合指数来进行计算分析难度较大，因此可以通过对各项个体指数的加权平均，用平均数指数的形式来表示。

（4）建设项目或单项工程造价指数

建设项目或单项工程造价指数是由设备、工器具指数、建筑安装工程造价指数、工程建设其他费用指数综合得到。它也属于总指数，并且与建筑安装工程造价指数类似，一般也用平均数指数的形式来表示。当然，根据造价资料的期限长短来分类，也可以把工程造价指数分为时点造价指数、月指数、季指数和年指数等。

3.工程造价指数的编制

（1）各种单项价格指数的编制

第一，人工费、材料费、施工机械使用费等价格指数的编制。这种价格指数的编制可以直接用报告期价格与基期价格相比后得到。

第二，企业管理费及工程建设其他费等费率指数的编制。

（2）设备、工器具价格指数的编制

设备工器具价格指数是用综合指数形式表示的总指数。运用综合指数计算总指数时，一般要涉及两个因素：一个是指数所要研究的对象，称为指数化因素；另一个是将不能同度量现象过渡为可以同度量现象的因素，称为同度量因素。当指数化因素是数量指标时，这时计算的指数称为数量指标指数；当指数化因素是质量指标时，这时指数称为质量指标指数。很明显，在设备、工器具价格指数中，指数化因素是设备、工器具的采购价格，同度量因素是设备、工器具的采购数量。因此，设备、工器具价格指数是指标指数。

（3）建筑安装工程价格指数的编制

设备、工器具价格指数类似，建筑安装工程价格指数也属于质量指标指数，因此也应用派氏公式计算。但考虑到建筑安装工程价格指数的特点，因此用综合指数的变形，即平均数指数的形式表示。

（4）建设项目或单项工程造价指数的编制

建设项目或单项工程造价指数是由建筑安装工程造价指数，设备、工器具价格指数和工程建设其他费用指数综合而成的。与建筑安装工程造价指数相类似，其计算也采用加权调和平均数指数的推导公式。

（三）已完工程信息

已完工或在建工程的各种造价信息可以为拟建工程或在建工程造价提供依据。这种信息也可称为工程造价资料。

二、价格信息的组成

（一）按费用构成要素划分

价格信息按照费用构成要素划分，由人工费、材料（包含工程设备，下同）费、施工机具使用费、企业管理费、利润、规费和税金组成。其中人工费、材料费、施工机具使用费、企业管理费和利润包含在分部分项工程费、措施项目费、其他项目费中。

（二）按造价形成划分

价格信息按照工程造价形成划分，由分部分工程费措施项费、其他项目费、规费和税金组成。分部分项工程费、项目费、其他项目费包含人工费、材料费、施工机具使用费、企业管理费和利润。

三、价格信息的作用

（一）价格信息的一般作用

1.为宏观经济决策提供依据

价格形成的过程十分复杂，各种经济活动的变化和经济杠杆的运用都会引起价格的变化。相应地，价格的变化反过来又是宏观经济状况的综合反映。及时掌握价格信息，科学地分析和判断价格变化的因素，做好价格预测，就能为国家的宏观经济决策提供重要的依据。

2.指导企业的生产经营活动

价格是企业了解商品在市场上动态的晴雨表，是帮助企业选择生产经营方向的指示器。

根据价格上的变化，生产部门可以知道应该生产什么，生产多少，以及应该进行哪些方面的技术改造；商业部门可以知道应该经营什么，经营多少，以及应该如何经营等。市场经济中的竞争很大程度上就是价格竞争。

3.引导消费者的货币购买力投向

商品价格在市场上的多变，往往标志着商品的消费趋势。但是消费者的视野有限，难以了解全面情况。向消费者传递价格信息，可以引导消费者的消费行为。

（二）价格信息对企业定价的指导作用

1.为企业定价指明方向

企业定价不仅需要核算、控制成本，还要分析和预测成本，并分析市场供求变化，研究消费者心理，了解竞争对手。因此，企业定价离不开对价格信息的利用。

2.决策源于信息

每一次科学的价格决策都建立在对大量的价格信息的处理和利用的基础上。通过信息分析，企业可以在成本之上明确定价的最高限度；可以准确地判断商品需求，按需求差别定价；可以了解竞争对手的定价意图，有针对性地制定竞争定价策略。

第四节　工程造价信息管理信息化

一、工程造价管理信息化的概念

工程造价管理是建筑工程管理的重要组成部分，贯穿了从项目决策到竣工验收的整个过程，它涉及的部门众多，决定了建筑工程管理的整体效果。工程造价管理的根本目的是通过对工程建设全过程的控制和管理，使相关的技术和经济紧密结合，充分利用人力、资金和物力，使其达到完全合理化，最终保证质量并实现投资收益的最大化。而在这一目标的实现过程中，工程造价的信息化管理起着重要的作用。

在信息技术日益发展和深入应用的今天，工程造价管理信息化将作为建设领域信息化的一个重要组成部分，将在工程造价管理活动中发挥重要作用。计算机技术和网络技术在企业经营管理中广泛应用，这给工程造价管理带来很多新的特点。在简要分析工程造价管理信息化建设现状及存在问题的基础上，从信息标准化、数字化、软件开发等方面进行了初步探讨，进而对推进工程造价管理信息化建设提出一些设想。建筑产品进入市场后，市场对工程造价信息的需求不断膨胀，我们只有利用高科技信息化，充分发挥我国工程造价的自身优势，加强工程造价的信息化管理，才能使工程造价管理向着更高效、更合理的方向发展。因此，高度重视工程造价的信息化管理，并通过采用动态工程造价管理系统使工程造价信息作为一种资源进行开发、利用和共享是我国的工程造价领域乃至建筑业实现更好发展的必由之路。

二、工程造价管理信息化的内涵

建筑工程造价进行信息化管理指的是把工程造价信息化技术或者信息化系统运用于建筑工程的项目当中，针对建筑项目建设的整个进程实施财务评价与投资估算等，从承包商的承包、招标模式、项目相关技术的设计水平、前期融资方案的设计以及项目的投资规模等相关内容实施造价管理。信息化技术对于建筑工程造价管理工作来说不仅是挑战，同时也是机遇，未来高速发展的信息化技术在建筑工程造价的管理当中必然会得到越来越广泛的应用，对建筑工程造价管理产生深远的影响。工程造价管理信息化并不简单地等同于计算机化或网络化，而是一个关系到整个工程造价管理改革和工程造价管理现代化的系统工程。在工程造价管理信息化的建设过程中，将信息技术与工程造价管理业务流程紧密结合，高度重视用信息的观点进行工程造价信息分析，并在此基础上将信息技术、工程造价信息资源融入工程造价管理活动的业务中。关于工程造价管理信息化的内涵，我们需要从以下五个方面深入理解。

（一）一个动态发展的过程

工程造价管理信息化是从初级、中级到高级的发展过程，是随着信息技术的进步、工程造价管理改革与组织管理的变化而不断演进和深化的动态过程。不同时期的工程造价管理信息化进程是不相同的，不同时期的工程造价管理信息化建设是不一样的。

（二）需要掌握自身的特点

工程造价管理各类组织的工程造价信息流构成是不同的，各种工程造价信息流的比重、作用、规模也有所不同，它们面向市场的角度、程度和应用信息技术的范围、作用也都不尽相同。我们应当根据自身的特点，在工程造价管理信息化建设过程中，充分考虑上述情况及特点。在工程造价管理信息化建设实践过程中，我们要把握好平衡点和主要因素。

（三）工程造价信息资源的作用

工程造价信息资源是人们借以对其他资源进行有效管理的工具。也就是说，人们对各种工程造价信息资源的有效获取、有效分配和有效利用无一不是凭借对工程造价信息资源的开发利用来实现的。工程造价信息资源及其有序管理在推动工程项目建设全过程一体化管理中显示出日益重要的作用。其主要作用有先导作用、中枢神经作用、支持保障作用和增值作用。

（四）提高工程造价管理决策的效率和水平

工程造价管理理念的创新是实施工程造价管理信息化的根本，而不断发展的信息技术作为推动工程造价管理组织创新和提高竞争力的手段，无疑会大大提高工程造价管理决策的效率和水平。我们应整合各种信息技术的应用侧重点，抓住工程造价管理组织机构所需要的信息技术。

（五）信息化建设成效以工程造价管理整体协调发展为依据

从工程造价管理信息化的内涵我们知道，充分运用信息技术手段实现工程造价管理整体协调发展集中体现在工程造价信息资源的共享和有效利用上，确保不同工程造价管理主体及组织机构内部各层级人员都能及时得到所需的工程造价信息，使之为完成工程项目与实现目标而协同工作。

三、工程造价信息化管理的意义

（一）有利于工程造价的降低

在我国的建筑工程安装费中，材料设备费占整个投资的65%～70%，而且近几年来这一比例正在逐年加大。由此可以看出，控制好建筑工程的材料设备费用对于实现工程管理的合理化、高效化是很重要的。在实现工程造价信息化管理之后，其中的价格信息系统可为使用者提供材料设备的厂家最新报价，并且每一种材料都与相应的厂家进行了链接，用户可以很清楚地选择最适合的材料和设备。并且，系统中还备有价格栏，提供对工程造价有重要影响的主要材料价格，以及不同地区的横向价格系统和纵向的价格比较走势图。通过研究价格栏相应内容，造价人员可以充分判断建筑材料和建筑设备的价格走势，并对造价信息有更清楚和详细的掌握，有利于进行合理选择，降低工程造价。

（二）有利于建筑市场管理服务的加强

所有与工程造价特征及其变动信息有关的内容组成了工程造价系统的核心。建立具有共享性的资源，完善工程造价信息系统，可以使工程造价信息化有更大的普及，使其起到更大的作用。此外，建筑工程信息的共享可以使其更好地为工程建设市场和工程造价管理服务，可以为建筑项目的承包商、工程咨询单位、业主及其他参与工程各个方面工作的人员提供各类信息，包括工程法规、各个部分的造价、细化的各部分材料价格信息等，加强了建筑市场的管理服务。

（三）为招投标工作提供合理依据

当下，在我国招投标相关制度不同的地区，工程造价信息中的人工费、材料价格和机械费等方面也截然不同。而且众所周知，建筑施工企业流动性很大，而招投标活动却不受地区限制，对于其他地区的施工单位，招标方可能并不了解其具体资质和实力，而通过建筑工程造价信息化管理的实现，招标方可以全方位地了解竞标企业的相关情况，选择最适合的施工企业，这使得评标工作更客观，减少了人为操作的可能性。而且，实现工程造价信息化管理之后，建筑施工企业即可以通过工程造价信息系统来查看工程的相关情况，在确定施工方案之前，可以先考察投标地区的材料价格、周围环境等方面，据此规划出更合理的方案。

四、我国工程造价管理信息化的应用方向

随着信息技术和工程造价行业的不断发展，面向将来的工程造价行业信息技术应用，将不断向着网络化、全过程、全方位的方向快速展开。

（一）利用信息技术的网络化管理

行业信息的有效收集、分析、整理、发布、获取全部网络化，有能力的网络化信息供应商将在整个工程造价行业中扮演至关重要的角色。建筑市场的交易网络化（电子商务）之后，招投标工作将全部转移到网络平台，软件系统将会自动监测网上的信息，并及时告知用户网上的商机，供用户迅速把握机会。资源的有效利用网络化，使得在工程造价的每个过程中用户都可以充分发掘和利用网络资源。

（二）利用信息技术的动态的全过程造价管理

全过程造价管理的含义是：在造价工作的全过程中对建筑工程造价信息进行收集和有目的地进行分析整理，并将分析得出的数据用于形成使用者自己的企业个体的实际消耗量标准（或者称为企业的真实成本），并在后续的商业活动中发挥重要的参考作用。全过程造价管理的信息技术应用强调的关键是动态管理。只有充分收集各方面的相关信息，把握全过程造价的各个关键环节，并且能不断利用数据挖掘、分析技术对历史数据和新的工程数据进行动态提取和分析，形成经验性的积累，从而形成一个不断循环积累的平台型全过程造价管理软件，这样的应用才能从根本上帮助用户实行有效的成本控制和管理，从而获得持久的竞争力。

（三）利用信息技术的全方位管理

随着信息技术的快速发展，整个工程造价行业都将工作在以互联网为基础的信息平台上，不论是行业协会，还是甲方、乙方、中介等相关企业和单位，都将在信息技术的帮助下，重建自己的工作模式，以适应未来社会的竞争模式。从工作内容上，行业信息发布、收集、获取，企业商务交易模式，或者工程造价计算及分析，以及各个企业的全面内部管理都将全面借助信息技术。

工程造价管理是工程建设的重要组成部分。工程造价管理的目标按照经济规律的要求，根据市场经济发展形势，采用科学管理方法和先进管理手段，合理确定造价和有效控制造价，以提高投资效益和建筑企业的经营效果。工程造价管理就是利用现代信息手段改造传统造价管理，创造新的造价管理理念和管理体系，提高造价管理水平和效率。工程造价管理信息化是建设领域信息化的一个重要组成部分。工程造价管理信息化建设是我国建

设领域的一次新的技术革命。广大造价人员需要更新观念、提高认识，合理利用工程造价信息资源，充分发挥工程造价信息的作用，为实行全过程造价管理提供信息技术和内容上的支持，尽早实现工程造价管理现代化。

第三章 建筑工程造价审核

第一节 工程造价审核基础

一、工程造价审核的中介机构

（一）甲级资质

（1）已取得乙级工程造价咨询企业资质证书满3年；

（2）技术负责人已取得造价工程师注册资格，并具有工程或者经济系列高级专业技术职称，且从事工程造价专业工作15年以上；

（3）专职从事工程造价专业工作的人员（简称专职专业人员）不少于20人，其中工程或者工程经济系列中级以上专业技术职称的人员不少于16人，取得造价工程师注册证书的人员不少于10人，其他人员具有从事工程造价专业工作的经历；

（4）企业注册资本不得少于人民币100万元；

（5）近3年企业工程造价咨询营业收入累计不低于人民币500万元；

（6）具有固定办公场所，人均办公面积不少于10平方米；

（7）技术档案管理制度、质量控制制度和财务管理制度齐全；

（8）员工的社会养老保险手续齐全；

（9）专职专业人员符合国家规定的职业年龄，人事档案关系由国家认可的人事代理机构代为管理；

（10）企业的出资人中造价工程师人数不低于60%，出资额不低于注册资本总额的60%。

（二）乙级资质

（1）技术负责人已取得造价工程师注册资格，并具有工程或者经济系列高级专业技术职称，且从事工程造价专业工作10年以上；

（2）专职从事工程造价专业工作的人员（简称专职专业人员）不少于12人，其中工程或者经济系列中级以上专业技术职称的人员不少于8人，取得造价工程师注册证书的人员不少于6人，其他人员具有从事工程造价专业工作的经历；

（3）企业注册资本不得少于人民币50万元；

（4）在暂定期内企业工程造价咨询营业收入累计不低于人民币50万元；

（5）具有固定办公场所，人均办公面积不得少于10平方米；

（6）技术档案管理制度、质量控制制度、财务管理制度齐全；

（7）员工的社会养老保险手续齐全；

（8）专职专业人员符合国家规定的职业年龄，人事档案关系由国家认可的人事代理机构代为管理；

（9）企业的出资人中造价工程师人数不低于60%，出资额不低于注册资本总额的60%。

二、工程造价审核的中介机构的从业人员——注册造价工程师

（一）造价工程师考试简介

造价工程师是指经全国统一考试合格，取得造价工程师执业资格证书并经注册登记，在建设工程中从事造价业务活动的专业技术人员。

造价工程师执业资格考试实行全国统一大纲、统一命题、统一组织的办法。

住建部负责考试大纲的拟定、培训教材的编写和命题工作。培训工作按照与考试分开、自愿参加的原则进行。人事部负责审定考试大纲、考试科目试题，组织或授权实施各项考务工作。会同住建部对考试进行监督、检查、指导和确定合格标准。考试每年举行一次，考试时间一般安排在10月中旬。原则上只在省会城市设立考点。

（二）造价工程师考试科目

考试设 4 个科目。具体是《工程造价管理相关知识》《工程造价的确定与控制》《建设工程技术与计量》（本科目分土建和安装两个专业，考生可任选其一，下同）、《工程造价案例分析》。其中，《工程造价案例分析》为主观题，在答题纸上作答；其余3科均为客观题，在答题卡上作答。

（三）造价工程师报考条件

凡中华人民共和国公民，遵纪守法并具备以下条件之一者，均可参加造价工程师执业资格考试：

第一，工程造价专业大专毕业后，从事工程造价业务工作满5年；工程或工程经济类大专毕业后，从事工程造价业务工作满6年。

第二，工程造价专业本科毕业后，从事工程造价业务工作满4年；工程或工程经济类本科毕业后，从事工程造价业务工作满5年。

第三，获上述专业第二学士学位或研究生班毕业和取得硕士学位后，从事工程造价业务工作满3年。

第四，获上述专业博士学位后，从事工程造价业务工作满2年。

在《人事部、建设部关于印发〈造价工程师执业资格制度暂行规定〉的通知》下发之日前已受聘担任高级专业技术职务并具备下列条件之一者，可免试《工程造价管理相关知识》和《建设工程技术与计量》2个科目。

（1）工程或工程经济类本科毕业，从事工程造价业务工作满15年；

（2）工程或工程经济类大专毕业，从事工程造价业务工作满20年；

（3）工程或工程经济类中专毕业，从事工程造价业务工作满25年。

（四）造价工程师注册管理

造价工程师执业资格考试合格者，由各省、自治区、直辖市人事（职改）部门颁发人事部统一印制的、人事部与建设部盖印的造价工程师执业资格证书。该证书在全国范围内有效。

取得造价工程师执业资格证书者，须按规定向所在省（区、市）造价工程师注册管理机构办理注册登记手续，造价工程师注册有效期为3年。有效期满前3个月，持证者须按规定到注册机构办理再次注册手续。

三、工程造价审核的方式

按照审核发生的不同阶段，可以分为投资估算审核、设计概算审核、施工图预算审核、施工合同审核、工程结算审核等。按照工程计价方式的不同，可以分为定额计价方式下的审核、清单计价方式下的审核。按照造价审计的持续阶段，可以分为事前审核、事中审核、事后审核、全过程的跟踪审核。

四、工程项目设计阶段工程造价的控制与审核

（一）工程设计、设计阶段及设计程序

1.工程设计的含义

工程设计是指在工程开始施工之前，设计者根据已批准的设计任务书，为具体实现拟建项目的技术、经济要求，拟定建筑、安装及设备制造等所需的规划、图纸、数据等技术文件的工作。设计是建设项目由计划变为现实具有决定意义的工作阶段。设计文件是建筑安装施工的依据。拟建工程在建设过程中能否保证进度、保证质量和节约投资，在很大程度上取决于设计质量的优劣。工程建成后，能否获得满意的经济效果，除了项目决策之外设计工作起着决定性的作用。设计工作的重要原则之一是保证设计的整体性。为此设计工作必须按一定的程序分阶段进行。

2.设计阶段

为保证工程建设和设计工作有机的配合和衔接，将工程设计分为几个阶段，我国规定，一般工业项目与民用建设项目设计按初步设计和施工图设计两个阶段进行，称为"两阶段设计"；对于技术上复杂而又缺乏设计必验的项目，可按初步设计、技术设计和施工图设计三个阶段进行，称为"三阶段设计"。

3.设计程序

（1）设计准备

设计者在动手设计之前，首先要了解并掌握各种有关的外部条件和客观情况：地形、气候、地质、自然环境等自然条件；城市规划对建筑物的要求；交通、水、电、气、通信等基础设施状况；业主对工程的要求，特别是工程应具备的各项使用要求；对工程经济估算的依据和所能提供的资金、材料、施工技术和装备等，以及可能影响工程的其他客观因素。

（2）初步方案

在第一阶段搜集资料的基础上，设计者对工程主要内容（包括功能与形式）的安排有个大概的布局设想，然后要考虑工程与周围环境之间的关系。在这一阶段，设计者可以同使用者和规划部门充分交换意见，最后使自己的设计取得规划部门的同意，与周围环境有机地融为一体。对于不太复杂的工程，这一阶段可以省略，把有关的工作并入初步设计阶段。

（3）初步设计

这是设计过程中的一个关键性阶段，也是整个设计构思基本形成的阶段。通过初步设计可以进一步明确拟建工程在指定地点和规定期限内进行建设的技术可行性和经济合理

性，并规定主要技术方案、工程总造价和主要技术经济指标，以利于在项目建设和使用过程中最有效地利用人力、物力和财力。工业项目初步设计包括总平面设计、工艺设计和建筑设计二部分。在初步设计阶段应编制设计总概算。

（4）技术设计

技术设计是初步设计的具体化，也是各种技术问题的定案阶段。技术设计所应研究和决定的问题，与初步设计大致相同，但需要根据更详细的勘察资料和技术经济计算加以补充修正。技术设计的详细程度应能满足确定设计方案中重大技术问题和有关实验、设备选制等方面的要求，应能保证根据它编制施工图和提出设备订货明细表。技术设计的着眼点，除体现初步设计的整体意图，还要考虑施工的方便易行，如果对初步设计中所确定的方案有所更改，应对更改部分编制修正概算书。对于不太复杂的工程，技术设计阶段可以省略，把这个阶段的一部分工作纳入初步设计（承担技术设计部分任务的初步设计称为扩大初步设计），另一部分留待施工图设计阶段进行。

（5）施工图设计

这一阶段主要是通过图纸，把设计者的意图和全部设计结果表示出来，作为工人施工制作的依据。它是设计工作和施工工作的桥梁。具体包括建设项目各部分工程的详图和零部件、结构件明细表，以及验收标准、方法等。施工图设计的深度应能满足设备材料的选择与确定、非标准设备的设计与加工制作、施工图预算的编制、建筑工程施工和安装的要求。

（6）设计交底和配合施工

施工图发出后，根据现场需要，设计单位应派人到施工现场，与建设、施工单位共同汇审施工图，进行技术交底，介绍设计意图和技术要求，修改不符合实际和有错误的图纸，参加试运转和竣工验收，解决试运转过程中的各种技术问题，并检验设计的正确和完善程度。

（二）设计阶段影响工程造价的因素

1.总平面设计

总平面设计是指总图运输设计和总平面配置。主要包括的内容有厂址方案、占地面积和土地利用情况；总图运输、主要建筑物和构筑物及公用设施的配置；外部运输、水、电、气及其他外部协作条件等。

总平面设计是否合理对于整个设计方案的经济合理性有重大影响。正确合理的总平面设计可以大大减少建筑工程量，节约建设用地，节省建设投资，降低工程造价和项目运行后的使用成本，加快建设进度，并可以为企业创造良好的生产组织、经营条件和生产环境；还可以为城市建设和工业区创造完美的建筑艺术整体。总平面设计中影响工程造价的

因素有以下几种:

(1)占地面积

占地面积的大小一方面影响征地费用的高低,另一方面也会影响管线布置成本及项目建成运营的运输成本。因此,在总平面设计中应尽可能节约用地。

(2)功能分区

无论是工业建筑还是民用建筑都有许多功能组成,这些功能之间相互联系,相互制约。合理的功能分区既可以使建筑物的各项功能充分发挥,又可以使总平面布置紧凑、安全:避免大挖大填、减少土石方量和节约用地,降低工程造价。同时,合理的功能分区还可以使生产工艺流程通畅,运输简便,降低项目建成后的运营成本。

(3)运输方式的选择

不同的运输方式其运输效率及成本不同。有轨运输运量大,运输安全,但需要一次性投入大量资金;无轨运输无须一次性大规模投资,但是运量小,运输安全性较差。从降低工程造价的角度来看,应尽可能选择无轨运输,可以减少占地,节约投资。但是运输方式的选择不能仅仅考虑工程造价,还应考虑项目运营的需要,如果运输量较大,则有轨运输往往比无轨运输成本低。

2.工艺设计

工艺设计部分要确定企业的技术水平。主要包括建设规模、标准和产品方案,工艺流程和主要设备的选型,主要原材料、燃料供应,"三废"治理及环保措施,此外还包括三产组织及生产过程中的劳动定员情况等。按照建设程序,建设项目的工艺流程在可行性研究阶段已经确定。设计阶段的任务就是严格按照批准的可行性研究报告的内容进行工艺技术方案的设计,确定从原料到产品整个生产过程的具体工艺流程和生产技术。

3.建筑设计

建筑设计部分,要在考虑施工过程的合理组织和施工条件的基础上,决定工程的立体平面设计和结构方案的工艺要求。建筑物和构筑物及公用辅助设施的设计标准,提出建筑工艺方案、暖气通风、给排水等问题的简要说明。在建筑设计阶段影响工程造价的主要因素如下:

(1)平面形状

一般来说,建筑物平面形状越简单,它的单位面积造价就越低。当一座建筑物的平面又长又窄,或它的外形做得复杂而不规则时,其周长与建筑面积的比率必将增加,伴随而来的是较高的单位造价。因为不规则的建筑物将导致室外工程、排水工程、砌砖工程及屋面工程等复杂化,从而增加工程费用。一般情况下,建筑物周长与建筑面积之比(单位建筑面积所占外墙长度)越低,设计越经济。

（2）流通空间

建筑物的经济平面布置的主要目标之一是在满足建筑物使用要求的前提下，将流通空间减少到最小。因为门厅、过道、走廊、楼梯及电梯井的流通空间都可以认为是"死空间"，都不能为了获利而加以使用，但是却需要相当多的采暖、采光、清扫和装饰及其他方面的费用。但是造价不是检验设计是否合理的唯一标准，其他如美观和功能质量的要求也是非常重要的。

（3）层高

在建筑面积不变的情况下，建筑层高增加会引起各项费用的增加：墙与隔墙及其有关粉刷、装饰费用的提高；供暖空间体积增加，导致热源及管理费增加；卫生设备、上下水管道长度增加；楼梯间造价和电梯设备费用的增加；另外，施工垂直运输量的增加，可能增加屋面造价；如果由于层高增加而导致建筑总高度增加很多，则还可能需要增加基础造价。

（4）建筑物层数

毫无疑问，建筑工程造价是随着建筑物的层数增加而提高的。但是当建筑层数增加时，单位建筑面积所分担的土地费用及外部流通空间费用将有所降低，从而使建筑物单位面积造价发生变化。建筑物层数对造价的影响，因建筑类型、形式和结构不同而不同。如果增加一个楼层不影响建筑物的结构形式，单位建筑面积的造价可能会降低。但是当建筑物超过一定层数时，结构形式就要改变，单位造价通常会增加。建筑物越高，电梯及楼梯的造价将有提高的趋势，建筑物的维修费用也将增加，但是采暖费用有可能下降。

（5）柱网布置

柱网布置是确定柱子的行距（跨度）和间距（每行柱子中相邻两个柱子间的距离）的依据。柱网布置是否合理，对工程造价和厂房面积的利用效率都有较大的影响。由于科学技术的飞跃发展，生产设备和生产工艺都在不断地变化。为适应这种变化，厂房柱距和跨度应当适当地扩大，以保证厂房有更大的灵活性，避免生产设备和工艺的改变受到柱网布置的限制。

（6）建筑物的体积与面积

通常情况下，随着建筑物体积和面积的增加，工程总造价会提高。因此应尽量减少建筑物的体积与总面积。为此，对于工业建筑，在不影响生产能力的条件下，厂房、设备布置力求紧凑合理；要采用先进工艺和高效能的设备，节省厂房面积；要采用大跨度、大柱距的大厂房平面设计形式，提高平面利用系数。对于民用建筑，尽量减少结构面积比例，增加有效面积。住宅结构面积与建筑面积之比称为结构面积系数。这个系数越小，设计越经济。

（7）建筑结构

建筑结构是指建筑工程中由基础、梁、板、柱、墙屋架等构件所组成的起骨架作用的、能承受直接和间接"荷载"的体系。建筑结构按所用材料可分为砌体结构、钢筋混凝土结构、钢结构和木结构等。

①砌体结构，是由墙砖、砌块、料石等块材通过砂浆砌筑而成的结构。具有就地取材、造价低廉、耐火性能好及容易砌筑等优点。有关资料研究表明，5层以下的建筑物砌体结构比钢筋混凝土结构经济。

②钢筋混凝土结构坚固耐久，强度、刚度较大，抗震、耐热、耐酸、耐碱、耐火性能好，便于预制装配和采用工业化方法施工，在大中型工业厂房中广泛应用。对于大多数多层办公楼和高层公寓的主要框架工程来说，钢筋混凝土比钢结构便宜。

③结构是由钢板和型钢等钢材，通过焊、螺栓等连接而成的结构。多层房屋采用钢结构在经济上的主要优点为：

A.因为柱的截面较小，而且比钢筋混凝土结构所要求的柱子占用的楼层空间也少，因而结构尺寸减小；

B.安装精确，施工迅速；

C.由于结构自重较小而降低了基础造价；

D.由于钢结构在柱网布置方面具有较大的灵活性，因而平面布置灵活；

E.外墙立面、窗的组合方式及室内布置可以适应未来变化的需要。

④木结构是指全部或大部分采用木材搭建的结构。具有就地取材、制作简单、容易加工等优点。但由于大量消耗木材资源，会对生态环境带来不利影响，因此，在各类建筑工程中较少使用木结构。木结构的主要缺点是易燃、易腐蚀、易变形等。

以上分析可以看出，建筑材料和建筑结构是否合理，不仅直接影响到工程质量、使用寿命、耐火抗震性能，而且对施工费用、工程造价有很大的影响。尤其是建筑材料，一般占直接费的70%，降低材料费用，不仅可以降低直接费，而且也会导致间接费的降低。采用各种先进的结构形式和轻质高强度建筑材料，能减轻建筑物自重，简化基础工程，减少建筑材料和构配件的费用及运费，并能提高劳动生产率和缩短建设工期，经济效果十分明显。

五、工程项目施工阶段工程造价的控制与审核

（一）工程变更概述

1.工程变更的分类

（1）设计变更

在施工过程中如果发生设计变更，将对施工进度产生很大的影响。因此，应尽量减少设计变更，如果必须对设计进行变更，必须严格按照国家的规定和合同约定的程序进行。

由于发包人对原设计进行变更，以及经工程师同意的、承包人要求进行的设计变更，导致合同价款的增减及造成的承包人损失，由发包人承担，延误的工期相应顺延。、

（2）其他变更

合同履行中发包人要求变更工程质量标准及发生其他实质性变更，由双方协商解决。

2.工程变更的处理要求

第一，如果出现了必须变更的情况，应当尽快变更。如果变更不可避免，不论是停止施工等待变更指令，还是继续施工，无疑都会增加损失。

第二，工程变更后，应当尽快落实变更。工程变更指令发出后，应当迅速落实指令，全面修改相关的各种文件。承包人也应当抓紧落实，如果承包人不能全面落实变更指令，则扩大的损失应当由承包人承担。

第三，对工程变更的影响应当做进一步分析。工程变更的影响往往是多方面的，影响持续的时间也往往较长，对此应当有充分的分析。

（二）《建设工程施工合同（示范文本）》条件下的工程变更

1.工程变更的程序

（1）设计变更的程序

从合同角度看，不论因为什么原因导致的设计变更，必须首先由一方提出，因此，可以分为发包人对原设计进行变更和承包人原因对原设计进行变更两种情况。

①发包人对原设计进行变更。施工中发包人如果需要对原工程设计进行变更，应不迟于变更前14天内以书面形式向承包人发出变更通知。承包人对于发包人的变更通知没有拒绝的权利，这是合同赋予发包人的一项权利。因为发包人是工程的出资人、所有人和管理者，对将来工程的运行承担主要的责任，只有赋予发包人这样的权利才能减少更大的损失。但是，变更超过原设计标准或者批准的建设规模时，须经原规划管理部门和其他有关部门审查批准，并由原设计单位提供变更的相应的图纸和说明。

②承包人原因对原设计进行变更。承包人应当严格按照图纸施工，不得随意变更设计。施工中承包人提出的合理化建议及对设计图纸或者施工组织设计的更改及对原材料、设备更换，须经工程师同意。工程师同意变更后，也须经原规划管理部门和其他有关部门审查批准，并由原设计单位提供变更的相应的图纸和说明。承包人未经工程师同意不得擅自更改或换用，否则承包人承担由此发生的费用，赔偿发包人的有关损失，延误的工期不予顺延。

③设计变更事项。能够构成设计变更的事项包括以下变更：

A.更改有关部分的标高、基线、位置和尺寸；

B.增减合同中约定的工程量；

C.改变有关工程的施工时间和顺序；

D.其他有关工程变更需要的附加工作。

（2）其他变更的程序

从合同角度看，除设计变更外，其他能够导致合同内容变更的都属于其他变更。如双方对工程质量要求的变化（当然是强制性标准以上的变化）、双方对工期要求的变化、施工条件和环境的变化导致施工机械和材料的变化等。这些变更的程序，首先应当由一方提出，与对方协商一致签署补充协议后，方可进行变更。

2.变更后合同价款的确定程序

（1）变更后合同价款的确定程序

设计变更发生后，承包人在工程设计变更确定后14天内，提出变更工程价款的报告，经工程师确认后调整合同价款。承包人在确定变更后14天内不向工程师提出变更工程价款报告的，视为该项设计变更不涉及合同价款的变更。工程师收到变更工程价款报告之日起7天内，予以确认。工程师无正当理由不确认时，自变更价款报告送达之日起14天后变更工程价款报告自行生效。其他变更也应当参照这一程序进行。

（2）变更后合同价款的确定方法

变更合同价款按照下列方法进行：

①合同中已有适用于变更工程的价格，按合同已有的价格计算、变更合同价款；

②合同中只有类似于变更工程的价格，可以参照此价格确定变更价格，变更合同价款；

③合同中没有适用或类似于变更工程的价格，由承包人提出适当的变更价格，经工程师确认后执行。

因此，在变更后合同价款的确定上，首先应当考虑适用合同中已有的、能够适用或者能够参照适用的，其原因在于合同中已经订立的价格（一般是通过招标投标）是较为公平合理的，因此应当尽量适用。由承包人提出的变更价格，工程师如果能够确认，则按照这一价格执行。如果工程师不确认，则应当提出新的价格，由双方协商，按照协商一致的价格执行。如果无法协商一致，则可以由工程造价部门调解，如果双方或者一方无法接受，则应当按照合同纠纷的解决方法解决。

第二节 定额计价方式下的造价审核

一、设计概算的审查

（一）设计概算的审查内容

1.审查设计概算的编制依据

（1）审查编制依据的合法性

采用的各种编制依据必须经过国家和授权机关的批准，符合国家的编制规定，未经批准的不能采用。不能强调情况特殊，擅自提高概算定额、指标或费用标准。

（2）审查编制依据的时效性

各种依据，如定额、指标、价格、取费标准等，都应根据国家有关部门的现行规定进行，注意有无调整和新的规定，如有，应按新的调整办法和规定执行。

（3）审查编制依据的适用范围

各种编制依据都有规定的适用范围。如各部门规定的各种专业定额及其取费标准，只适用于该部门的专业工程；各地区规定的各种定额及其取费标准，只适用于该地区范围内，特别是地区的材料预算价格区域性更强，如某市有该市区的材料预算价格，又编制了地区内一个矿区的材料预算价格，在编制该矿区某工程概算时，应采用该矿区的材料预算价格。

2.审查概算编制深度

（1）审查编制说明

审查编制说明可以检查概算的编制方法、深度和编制依据等重大原则问题，若编制说明有差错，具体概算必有差错。

（2）审查概算编制深度

一般大中型项目的设计概算，应有完整的编制说明和"三级概算"（总概算表、单项工程综合概算表、单位工程概算表），并按有关规定的深度进行编制。审查是否有符合规定的"三级概算"，各级概算的编制、核对、审核是否是按规定签署，有无随意简化，有无把"三级概算"简化为"二级概算"，甚至"一级概算"。

（3）审查概算的编制范围

审查概算编制范围及具体内容是否与主管部门批准的建设项目范围及具体工程内容一致；审查分期建设项目的建筑范围及具体工程内容有无重复交叉，是否重复计算或漏算；审查其他费用应列的项目是否符合规定，静态投资、动态投资和经营性项目铺底流动资金是否分别列出等。

3.审查工程概算的内容

第一，审查概算的编制是否符合党的方针、政策，是否根据工程所在地的自然条件的编制。

第二，审查建设规模（投资规模、生产能力等）、建设标准（用地指标、建筑标准等）配套工程、设计定员等是否符合原批准的可行性研究报告或立项批文的标准。对总概算投资超过批准投资估算10%以上的，应查明原因，重新上报审批。

第三，审查编制方法、计价依据和程序是否符合现行规定，包括定额和指标的适用范围和调整方法是否正确。进行定额或指标的补充时，要求补充定额的项目划分、内容组成、编制原则等要与现行的定额精神相一致等。

第四，审查工程量是否正确。工程量的计算是否根据初步设计图纸、概算定额、工程量计算规则和施工组织设计的要求进行，有无多算、重算和漏算，尤其对工程量大、造价高的项目要重点审查。

第五，审查材料用量和价格。审查主要材料（钢材、木材、水泥、砖）的用量数据是否正确，材料预算价格是否符合工程所在地的价格水平、材料价差调整是否符合现行规定及其计算是否正确等。

第六，审查设备规格、数量和配置是否符合设计要求，是否与设备清单相一致，设备预算价格是否真实，设备原价和运杂费的计算是否正确，非标设备原价的计价方法是否符合规定，进口设备的各项费用的组成及其计算程序、方法是否符合国家主管部门的规定。

第七，审查建筑安装工程的各项费用的计取是否符合国家或地方有关部门的现行规定，计算程序和取费标准是否正确。

第八，审查综合概算、总概算的编制内容、方法是否符合现行规定和设计文件的要求，有无设计文件外项目，有无将非生产性项目以生产性项目列入。

第九，审查总概算文件的组成内容，是否完整地包括了建设项目从筹建到竣工投产为止的全部费用组成。

第十，审查工程建设其他各项费用。这部分费用内容多、弹性大，约占项目总投资25%以上，要按国家和地区规定逐项审查，不属于总概算范围的费用项目不能列入概算，具体费率或计取标准是否按国家、行业有关部门规定计算，有无随意列项、有无多列、交叉计列和漏项等。

第十一，审查项目的"三废"治理。拟建项目必须同时安排"三废"（废水、废气、废渣）的治理方案和投资，对于未做安排或漏项或多算、重算的项目，要按国家有关规定核实投资，以满足"三废"排放达到国家标准。

第十二，审查技术经济指标。技术经济指标计算方法和程序是否正确，综合指标和单项指标与同类型工程指标相比，是偏高还是偏低，其原因是什么，并予以纠正。

第十三，审查投资经济效果。设计概算是初步设计经济效果的反映，要按照生产规模、工艺流程、产品品种和质量，从企业的投资效益和投产后的运营效益全面分析，是否达到了先进可靠、经济合理的要求。

（二）审查设计概算的方法

1.对比分析法

对比分析法主要是建设规模、标准与立项批文对比，工程数量与设计图纸对比，综合范围、内容与编制方法、规定对比，各项取费与规定标准对比，材料、人工单价与统一信息对比，引进设备、技术投资与报价要求对比，技术经济指标与同类工程对比，等等。通过以上对比，容易发现设计概算存在的主要问题和偏差。

2.查询核实法

查询核实法是对一些关键设备和设施、重要装置、引进工程图纸不全、难以核算的较大投资进行多方查询核对，逐项落实的方法。主要设备的市场价向设备供应部门或招标公司查询核实；重要生产装置、设施向同类企业（工程）查询了解；引进设备价格及有关费税向进出口公司调查落实；复杂的建筑安装工程向同类工程的建设、承包、施工单位征求意见；深度不够或不清楚的问题直接同原概算编制人员、设计者询问清楚。

3.联合会审法

联合会审前，可先采取多种形式分头审查，包括设计单位自审，主管、建设、承包单位初审，工程造价咨询公司评审，邀请同行专家预审，审批部门复审等，经层层审查把关后，由有关单位和专家进行联合会审。在会审大会上，由设计单位介绍概算编制情况及有关问题，各有关单位、专家汇报初审、预审意见。然后进行认真分析、讨论，结合对各专业技术方案的审查意见所产生的投资增减，逐一核实原概算出现的问题。经过充分协商，认真听取设计单位意见后，实事求是地处理和调整。

通过以上复审后，对审查中发现的问题和偏差，按照单项、单位工程的顺序，先按设备费、安装费、建筑费和工程建设其他费用分类整理。然后按照静态投资、动态投资和铺底流动资金三大类，汇总核增或核减的项目及其投资额。最后将具体单据，按照"原编概算""审核结果""增减投资""增减幅度"4栏列表，并按照原总概算表汇总顺序，将增减项目逐一列出，相应调整所属项目投资合计，再依次汇总审核后的总投资及增减投资额。对于差错较多、问题较大或不能满足要求的，责成按会审意见修改返工后，重新报批；对于无重大原则问题，深度基本满足要求，投资增减不多的，当地核定概算投资额，并提交审批门复核后，正式下达审批概算。

二、施工图预算的审查

（一）审查施工图预算的内容

1.审查工程量

（1）土方工程

①平整场地、挖地槽、挖地坑、挖土方，工程量的计算是否符合现行定额计算规定和施工图纸标注尺寸，土壤类别是否与勘察资料一致，地槽与地坑放坡、带挡土板是否符合设计要求，有无重算和漏算。

②回填土工程量应注意地槽、地坑回填土的体积是否扣除了基础所占体积，地面和室内填土的厚度是否符合设计要求。

③运土方的审查除了注意运土距离，还要注意运土数量是否扣除了就地回填的土方。

（2）打桩工程

①注意审查各种不同桩料，必须分别计算，施工方法必须符合设计要求。

②桩料长度必须符合设计要求，桩料长度如果超过一般桩料长度需要接桩时，注意审查接头数是否正确。

（3）砖石工程

①墙基和墙身的划分是否符合规定。

②按规定不同厚度的内、外墙是否分别计算的，应扣除的门窗洞口及埋入墙体的各种钢筋混凝土梁、柱等是否已扣除。

③不同砂浆标号的墙和定额规定按立方米或按平方米计算的墙，有无混淆、错算或漏算。

④混凝土及钢筋混凝土工程：

A.现浇与预制构件是否分别计算，有无混淆；

B.现浇与梁，主梁与次梁及各种构件计算是否符合规定，有无重算或漏算；

C.有筋与无筋构件是否按设计规定分别计算，有无混淆；

D.钢筋混凝土的含钢量与预算定额的含钢量发生差异时，是否按规定予以增减调整。

⑤木结构工程：

A.门窗是否分为不同种类按门、窗洞口面积计算；

B.木装修的工程量是否按规定分别以延长米或平方米计算。

⑥楼地面工程：

A.楼梯抹面是否按踏步和休息平台部分的水平投影面积计算；

B.细石混凝土地面找平层的设计厚度与定额厚度不同时，是否按其厚度进行换算。

⑦层面工程：

A.卷材屋面工程是否与屋面找平层工程量相等；

B.屋面保温层的工程量是否按屋面层的建筑面积乘保温层平均厚度计算，不做保温层的挑檐部分是否按规定不做计算。

⑧构筑物工程：

当烟囱和水塔定额是以座编制时，地下部分已包括在定额内，按规定不能再另行计算。审查是否符合要求，有无重算。

⑨装饰工程内墙抹灰的工程量是否按墙面的净高和净宽计算，有无重算或漏算。

⑩金属构件制作工程金属构件制作工程量多数以吨为单位，在计算时，型钢按图示尺寸求出长度，再乘每米的质量；钢板要求算出面积再乘每平方米的质量，审查是否符合规定。

（4）水暖工程

①室内排水管道、暖气管道的划分是否符合规定。

②各种管道的长度、口径是否按设计规定计算。

③室内给水管道不应扣除阀门、接头零件所占的长度，但应扣除卫生设备（浴盆、卫生盆、冲洗水箱、淋浴器等）本身所附带的管道长度，审查是否符合要求，有无重算。

④室内排水工程采用承插铸铁管，不应扣除异形管及检查口所占长度。

⑤室外排水管道是否已扣除了检查井与连接井所占的长度。

⑥暖气片的数量是否与设计一致。

（5）电气照明工程

①灯具的种类、型号、数量是否与设计图一致。

②线路的敷设方法、线材品种等，是否达到设计标准，工程量计算是否正确。

（6）设备及其安装工程

①设备的种类、规格、数量是否与设计相符，工程量计算是否正确。

②需要安装的设备和不需要安装的设备是否分清，有无把不需安装的设备作为安装的设备计算安装工程费用。

2.审查设备、材料的预算价格

设备、材料预算价格是施工图预算造价所占比重最大、变化最大的内容，要重点审查。

第一，审查设备、材料的预算价格是否符合工程所在地的真实价格及价格水平。若是采用市场价，要核实其真实性、可靠性；若是采用有权部门公布的信息价，要注意信息价的时间、地点是否符合要求，是否要按规定调整。

第二，设备、材料的原价确定方法是否正确。非标准设备的原价的计价依据、方法是否正确、合理。

第三，设备的运杂费率及其运杂费的计算是否正确，材料预算价格的各项费用计算是否符合规定。

3.审查预算单价的套用

审查预算单价套用是否正确，是审查预算工作的主要内容之一。审查时应注意以下几个方面：

第一，预算中所列各分项工程预算单价是否与现行预算定额的预算单价相符，其名称、规格、计量单位和所包括的工程内容是否与单位估价表一致。

第二，审查换算的单价，首先要审查换算的分项工程是否为定额中允许换算的，其次审查换算是否正确。

第三，审查补充额和单位估价表的编制是否符合编制原则，单位估价表计算是否正确。

4.审查有关费用项目及其计取

其他直接费包括的内容，各地不一，具体计算时，应按当地的现行规定执行。审查时要注意是否符合规定和定额要求。审查现场经费和间接费的计取是否按有关规定执行。有关费用项目计取的审查，要注意以下几个方面：

第一，其他直接费和现场经费及间接费的计取基础是否符合现行规定，有无不能作为计费基础的费用，列入计费的基础。

第二，预算外调增的材料差价是否计取了间接费。直接费或人工费增减后，有关费用是否相应做了调整。

第三，有无巧立名目、乱计费、乱摊费现象。

（二）审查施工图预算方法

审查施工图预算的方法较多，主要有全面审查法、标准预算审查法、分组计算审查法、筛选审查法、重点抽查法、对比审查法、利用手册审查法和分角对比审查法等。

1.全面审查法

全面审查法又叫逐项审查法，就是按预算定额顺序或施工的先后顺序，逐一地全部进行审查的方法。其具体计算差错比较少，质量比较高。缺点是工作量大。对于一些工程量比较小、工艺比较简单的工程，编制工程预算的技术力量又比较薄弱，可采用全面审善法。

2.标准预算审查法

对于利用标准图纸或通用图纸施工的工程，先集中力量，编制标准预算，以此为标准审查预算的方法。按标准图纸设计或通用图纸施工的工程一般上部结构和做法相同，可集中力量细审一份预算或编制一份预算，作为这种标准图纸的标准预算，或以这种标准图纸的工程量为标准，对照审查，而对局部不同的部分做单独审查即可。这种方法的优点是时间短、效果好、好定案；缺点是只适应按标准图纸设计的工程，适用范围小。

3.分组计算审查法

分组计算审查法是一种加快审查工程量速度的方法，把预算中的项目划分为若干组，并把相邻且有一定内在联系的项目编为一组，审查或计算同一组中某个分项工程量，利用工程量间具有相同或相似计算基础的关系，判断同组中其他几人分项工程量计算的准确程度的方法。一般土建工程可以分为以下几个组：

（1）地槽挖土、基础砌体、基础垫层、槽坑回填土、运土。

（2）底层建筑面积、地面面层、地面垫层、楼面面层、楼面找平层、楼板体积、天棚抹灰、天棚刷浆、屋面层。

（3）内墙外抹灰、外墙内抹灰、外墙内面刷浆、外墙上的门窗和圈过梁、外墙砌体。

在第（1）组中，先将挖地槽土方、基础砌体体积（室外地坪以下部分）、基础垫层计算出业，而槽坑回填土、外运的体积按下式确定：

回填土量=挖土量−（基础砌体+垫层体积）；余土外运量=基础砌体+垫层体积。

在第②组中，先把底层建筑面积、楼（地）面积计算出来。而楼面找平层、顶棚抹灰、刷白的工程量与楼（地）面面积相同；垫层工程量等于地面面积乘垫层厚度，空心楼板工程量由楼面工程量乘楼板的折算厚度（三种空心板折算厚度）底层建筑面积加挑檐面积，乘坡度系数（平屋面不乘）就是屋面工程量；底层建筑面积乘坡度系数（平屋面不乘）再乘保温层的平均厚度为保温层工程量。

4.对比审查法

是用已建成工程的预算或虽未建成但已审查修正的工程预算对比审查拟建的类似工程预算的一种方法。对比审查法，一般有以下几种情况，应根据工程的不同条件，区别对待。

第一，两个工程采用同一个施工图，但基础部分和现场条件不同。其新建工程基础以上部分可采用对比审查法；不同部分可分别采用相应的审查方法进行审查。

第二，两个工程设计相同，但建筑面积不同。根据两个工程建筑面积之比与两个工程分部分项工程量之比例基本一致的特点，可审查新建工程各分部分项工程的工程量。或者用两个工程每平方米建筑面积造价以及每平方米建筑面积的各分部分项工程量，进行对比审查，如果基本相同时，说明新建工程预算是正确的，反之，说明新建工程预算有问题，找出差错原因，加以更正。

第三，两个工程的面积相同，但设计图纸不完全相同时，可把相同的部分，如厂房中的柱子、房架、屋面、砖墙等，进行工程量的对比审查，不能对比的分部分项工程按图纸计算。

5.筛选审查法

筛选法是统筹法的一种，也是一种对比方法。建筑工程虽然有建筑面积和高度的不同，但是它们的各个分部分项工程的工程量、造价、用工量在每个单位面积上的数值变化不大，我们把这些数据加以汇集、优选、归纳为工程量、造价（价值）、用工三个单方基本值表，并注明其适用的建筑标准。这些基本值犹如"筛子孔"用来筛选各分部分项工程，筛下去的就不审查了，没有筛下去的就意味着此分部分项的单位建筑面积数值不在基本值范围之内，应对该分部分项工程详细审查。当所审查的预算的建筑面积标准与"基本值"所适用的标准不同时，就要对其进行调整。筛选法的优点是简单易懂，便于掌握，审查速度和发现问题快。但解决差错分析其原因需继续审查。因此，此法适用于住宅工程或不具备全面审查条件的工程。

6.重点抽查法

此法是抓住工程预算中的重点进行审查的方法。审查的重点一般是：工程量大或造价较高、工程结构复杂的工程，补充单位估价表，计取各项费用（计费基础、取费标准等）。重点抽查法的优点是重点突出，审查时间短、效果好。

7.利用手册审查法

此法是把工程中常用的构件、配件事先整理成预算手册，按手册对照审查的方法。如工程常用的预制构配件；洗池、大便台、检查井、化粪池、碗柜等，几乎每个工程量，套上单价，编制成预算手册使用，可大大简化预算结算的编审工作。

8.分解对比审查法

一个单位工程，按直接费与间接费进行分解，然后再把直接费按工种和分部工程进行分解，分别与审定的标准预算进行对比分析的方法，叫分解对比审查法；分解对比审查法一般有三个步骤：

第一步，全面审查某种建筑的定型标准施工图或复用施工图的工程预算，经审定后作为审查其他类似工程预算的对比基础。而且将审定预算按直接费与应取费分解成两部分，再把直接费分解为各工种工程和分部工程预算，分别计算出它们的每平方米预算价格。

第二步，把拟审的工程预算与同类型预算单方造价进行对比，若出入在1%～3%以内（根据本地区要求）再按分部分项工程进行分解，边分解边对比，对出入较大者，就进一步审查。

第三步，对比审查。其方法是：

第一，经分析对比，如发现应取费用相差较大，应考虑建设项目投资来源、级别、取费项目和取费标准是否符合现行规定；材料调价相差较大，则应进一步审查材料调价统一表，将各种调价材料的用量、单位差价及其调增数量等进行对比。

第二，经过分解对比，如发现土建工程预算价格出入较大，首先审查其土方和基础工程，再对比其余各个分部工程，发现某一分部工程预算价格相差较大时，再进一步对比各分项工程和工程细目。在对比时，先检查所列工程细目是否正确，预算价格是否一致。发现相差较大者，再进一步审查所套预算单价，最后审查该项工程细目的工程量。

（三）审查施工图预算的步骤

1.做好审查前的准备工作

（1）熟悉施工图纸

施工图纸是编审预算分项数量的重要依据，必须全面熟悉了解，核对所有图纸，清点无误后，依次识读。

（2）了解预算采用的单位估价表

任何单位估价表或预算定额都有一定的适用范围，应根据工程性质，收集熟悉相应的单价、定额资料。

（3）弄清预算采用的单位估价表

任何单位估价表或预算定额都有一定的适用范围，应根据工程性质，收集熟悉相应的单价、定额资料。

2.选择合适的审查方法，按相应内容审查

由于工程规模、繁简程度不同，施工方法和施工单位情况不一样，所编工程预算的质量也不同，因此，需选择适当的审查方法进行审查。综合整理审查资料，并与编制单位交换意见，定案后编制调整预算。审查后，需要进行增加或核减的，经与编制单位协商，统一意见，进行相应的修正。

三、工程造价结算审核

（一）工程结算审计依据

审计依据即执行审计的法律依据、制度依据，说白了即是一个判罚尺度和标准，即根据什么去判断施工单位提供的结算的合理性、合法性和正确性。有了这个依据，施工单位提报的工程结算是对是错就有了一个衡量尺度，否则判断对错高低没有一个根据和尺度，施工单位没有理由证明自己编制的结算是正确的，同样，审计人员也没有理由去证明施工单位提报的结算是错误的。只有有了统一的尺度，用一个统一的尺度去度量同一对象，才有一个正确的结果，才能据此判断事物的对错，这道理和法官判案（先有法律）和足球裁判判罚（先有比赛规则）一样。这样，拿审计对象的具体行为和事先制定的法律法规去比较，符合法律法规的就是正确的，不符合法律法规的，就是错误的。如果没有这种尺度和依据，那么法官判案、裁判制罚就没有一个统一的尺度，就会带有很大的主观随意性。为了保证工程结算的编制有法可依，国家建设部及各省市地定额站，都制定了自己的定额，并颁布了一些相关的地方性法规，但这些定额和法规，仅仅对定额编制提供了一个尺度和依据，为了保证有法必依，执法必严，还必须由中介机构对这些结算进行审计，为了保证审计的规范性和有效性，财政部、住建部也颁布了一些审计程序、依据等方面法规，制定一些审计法规是为了保证审计有法可依，其最终目的也只是保证工程结算有法可依，执法必严（至于违法现象，则由国家有关部门来执行处罚）。下面分别从两个方面来说明工程结算编制和工程结算审计方面的法规：

第一，审计的判断依据——定额编制方面的法规制度。为了保证定额编制有法可依，各省市地都制定了自己的定额，并颁布了一些相关地方性法规，这些法规都是编制工程结算应遵循的法律依据。

第二，审计本身遵循的审计依据——审计程序及法规。如果仅仅编制工程结算，了解以上法规之后就足够了，但如果开展审计，就不一样，开展审计时，了解以上法规仅仅是问题的一个方面，就像财务审计一样，仅仅了解财务会计规定是不行的，必须了解审计本身的有关规定，这也像人们经常说的那样"有不懂财务审计的会计，但是没有不懂会计的财务审计"，同样道理，有不懂审计的结算人员，但没有不懂结算的审计人员。

第三，关于审计依据需要说明的几个问题。

①无论是施工单位编制工程结算，还是造价咨询公司对工程结算进行审计，都要以国家法律、定额规定为前提和依据，即使这个法律有缺陷和纰漏，也不能自行更改，而应提出自己的看法，向定额站进行请示，待定额站答复后再据答复结论进行编制或审计。不能自己认为定额编得不恰当而自己调高或调低，那样就降低了法律的尊严和权威性，同时也把建设单位、施工单位和造价咨询公司之间好不容易建立起来的统一尺度给破坏了，导致审计无从下手。因为法律法规是随着人们对事物的不断认识了解进行修订、不断完善的，法规总是滞后于客观现实。不能因为目前法律落后而不遵守它，有意见可以向法规制定部门提出，但在批复以前，仍应执行现行法律规定。

②定额本身的综合性很强，有的定额可能算低了，有的算高了，不能单挑出一个定额来说定额本身是否有问题，况且定额的编制和制定考虑的是在社会市场条件下、平均工资和平均生产能力，不能以个别否定全部。

③通过上述依据可以看出，有几项属于建筑工程结算编制本身的规定，而另外一些则是在有了建筑工程结算规定以后，如何执行落实的法规、规定，二者相辅相成，共同构成了一个整体，不可分割，前者是判罚尺度和依据，后者则是有了这个依据尺度如何去判罚，判罚的过程需要遵守的制度、法规。仅仅有尺度而没有正确的实施程序，也不会出现正确的结果。这样有了工程结算编制的依据——定额以后，还必须有执行工程结算法规的监督性规定，以保证结算按工程定额及有关规定合理编制，保证工程造价公平合理。

（二）审计程序

审计程序就是审计的工作步骤问题。目前，中国的工程结算审计业务一般由建设单位委托具备造价咨询资格的中介机构来进行。下面以造价咨询公司的审计为例说明从受托审计到出具审计报告的工程结算审核的大致流程。

第一，考虑自身业务能力和能否保持独立性，决定是否承接该业务。

第二，接受建设单位委托，与建设单位签订合同书，明确双方的委托、受托关系，确定审计范围、审计收费、双方的责任和义务等。

第三，了解建设单位和施工单位的基本情况：

询问建设单位施工代表和内部审计人员，了解施工单位内部控制的强弱及管理机构、组织机构的重大变化，了解施工单位的实际建筑能力、管理水平、质量信誉和经营状况等方面的情况；

了解建设资金的来源，对工程的管理形式和过程，对施工单位的选择及合同的订立、执行情况，听取对施工单位的意见和对审计的看法；

施工单位与建设单位关系（更加侧重于施工单位怎么承揽到业务，靠的是关系还是信誉，是招标还是投标等）。

首先检查送来的资料是否齐全（对送审资料应在送审资料明细表中进行登记并附于报告后），然后根据项目大小、繁简程度，有选择地组成审计小组，小组内部进行分工，进行审计前准备。

执行分析程序。审计人员应分析工程造价的重要比率，重视特殊交易情况。分析程序主要有三种用途：

第一，在审计计划阶段，帮助审计人员确定其他审计政策的性质、时间与范围。

第二，在审计实施阶段，直接作为实质性测试程序，以收集与各单位项目和各种交易有关的特殊认定的证据。

第三，在审计报告阶段，用于对被审计的工程结算的整体合理性做最后复核。第一、三阶段都必须执行分析程序，第二阶段的使用则是任意的。重要的比率有单位平方造价，又可细分为土建平方造价、装饰平方造价、安装平方造价等。在审计开始前，分析一下比率，审计完毕后，再分析一下，看是否和自己预计的一样，从整体来看这个结果是否合理，例如，普通平房的造价为1500元/㎡，一看就不合理，不用审也知道有问题。

编制审并计划，确定审计程序，审计人员在做好一系列准备工作后，应结合建设项目的特点编制审计计划，并初步了解施工合同、施工单位和施工现场等情况。

设计实质性测试。确定是详细审计还是抽样审计，若抽样怎么个抽样法等。对工程造价审计，一般情况下应采用详细审计，因为不进行详细审计就不可能全面细致地确定合理的工程造价，对一栋宿舍楼进行审计，你不可能只审计部分项目而不审计其他项目，这样很容易出问题。但有时对于特殊项目，也可以实行抽样审计，实行抽样审计的项目一般应满足如下条件：

第一，施工单位内部控制制度量好且信誉较高，无不良记录。

第二，工程预算已经建设单位内审人员审计，工程造价复核无误，或已按建设单位的建议予以调整。

第三，工程造价比较低，且大部分项目施工内容一样。例如，某宿舍楼防水工程全部要更换。甲、乙双方已签好合同，确定平方造价（价格已定），我们仅审计工程量，工程业经建设单位有关负责人现场测量，双方都做了记录，这样施工项目单一且造价低，建设单位已经把关，审计人员就可以从这几十座宿舍楼随机抽样，选几座进行抽审，依据抽查的结果推论整体的金额。

实施实质性测试，取得审计证据，编制审计工作底稿。

第一，审计人员根据委托人提供的审计材料，在规定的时间内实施审计，并将审计情况和结果在审计工作底稿中详细记录。

第二，这里所述取的审计证据，不单单包括甲、乙双方提供的图纸、资料，还包括审计过程中三方形成的记录、计量公式、达成的协议（必须用钢笔书写，不能用铅笔或圆珠笔）。

第三，这个阶段是最重要的阶段，在这个阶段中，应把握审计重点，关于审计重点后面专门重点叙述。

进行联合会审，提请施工单位调整工程预算或工程结算。审计人员在初审结束后，应和委托人、施工单位三方联合会审，一一核对，各方都可以提出对工程预算或工程结算的调整意见，经三方认可后予以调整，该增的增，该减的减，一切按规定办事，使建设单位满意，施工单位信服，最后由施工单位出一套完整地反映工程造价情况的调整后结算书。

出具基建工程预（结）算审计报告。

（三）审查方法

第一，坚持结算书图纸审核与实地勘察相结合的原则。根据工程图纸，变更签证资料，深入建筑工地和现场，实地查看，并进行现场测量，把审查的"触角"及时延伸到工程建设的每一个环节，严格监督，增强工程结算审核的广度、深度和力度。

第二，双重审核制度的原则。先进行初审，完毕后，由造价咨询公司另一个人进行复审，事先不指定由谁复审。

第三，坚持实事求是的原则。

第三节　工程量清单计价方式下的造价审核

一、工程量清单计价方式下的全过程跟踪审计

中国成立专业的工程造价咨询机构已经有多年的历史，这些专业咨询机构成立后，通过工程结算审核等专业咨询方式在为业主节约投资，提高项目投资效益方面发挥了不可替代的作用，但这种事后的结算审计也存在固有的局限性和不足。由于这种结算审计在竣工后进行，工程项目已经既成事实，无法更改，审计人员只能根据竣工的工程项目的实际情况和工程施工过程中产生的书面签证记录来审核，即使某些地方不合理，也无法通过合理化建议来为业主节约成本，事后的结算审计发挥的作用受到了限制，尤其是随着工程量清单报价方式的推广，事后的结算审计发挥的作用更是越来越小。

近几年来，随着中国工程造价体制改革的深入，业主控制成本意识的提高以及国外一些先进的管理方法和管理理念的引进，业主不再仅仅满足于工程竣工后的结算审核，工程项目成本控制的重心也逐步由事后的静态控制向事中、事前的动态的控制转移，全方位、全过程地控制成本的观念越来越深入人心，而业主由于人员、能力等多方面原因，本身无法进行全过程的动态的成本控制，在这种情况下，专业的造价咨询机构推出的工程项目跟踪审计便受到了业主的普遍欢迎。

所谓跟踪审计就是工程造价咨询单位作为专业的工程造价咨询机构，受雇于业主，对工程造价从项目决策开始到项目竣工结算及项目后评价阶段进行的全过程的动态的跟踪过程，造价咨询单位通过提供合理化建议、造价专业咨询、方案设计、可行性研究、数据审核等方法，控制工程项目建设及运营成本，节约资金，提高投资效益。

应该说，跟踪审计的出发点是非常好的，也确实受到了业主的欢迎，但是需要注意的是，由于中国跟踪审计起步较晚，跟踪审计的经验积累和理论研究都远远不够，跟踪审计

在实务操作中也存在诸多不尽如人意的地方，要想走向成熟，中国的跟踪审计仍然有很长的路要走。

二、工程量清单计价方式下的结算审核

（一）与定额结算方式需要的区别问题

第一，在清单方式下，对图纸的要求更严格，需要提前出具详细的施工图纸。

第二，要求不但关注投标中施工单位的总价，更要关注各单项报价中是否存在不平衡报价。

第三，最好配合跟踪审计，让中介机构提供专业服务，以便及时、合理地处理双方的索赔事宜。

第四，施工过程中不可避免发生的索赔事宜，要以合同为依据进行处理，双方签订的合同内容必须明确，建设单位要对合同进行合理审核，维护建设单位的合法权益。

第五，在清单方式下，建设单位要主动加强内部控制和管理，尽量减少工程索赔的发生，以降低投资，减少工期。

第六，对施工过程中的变更事宜保持必要的关注，及时、合理地对施工单位进行反索赔，维护建设的权益。

第七，工程量清单方式下的工程量计算和传统的定额方式下工程量计算有很大区别：招标方算量，投标方审核；招标方为编制工程量清单算量，投标方为组价内容算量；招标方按图示尺寸计算，投标方按施工方案实际发生量计算；招标方的工程量清单中要包括项目编码、数量和单位。

（二）清单结算方式下结算审计需注意的问题

（1）严格执行国家颁布的工程量清单计价规范，按照规范要求编制清单。

（2）在编制清单前应该具备完备的施工图纸。中国目前普遍存在施工图纸设计不细、深度不够的问题，在这种情况下，采用清单方式，结合最低价中标，是没有意义的。

（3）工程量清单方式下选择施工队伍时，最好进行公开招标。

（4）招标前，应该委托具备资格的工程造价咨询公司编制工程量清单。要求各施工单位在同一工程量、同一质量要求、同一工期要求、同一用料要求下进行报价，便于对比衡量。现实的情况是工程量由施工单位自己计算，自己报价，导致最终的报价缺乏可比性。而且，施工单位提报的工程量存在问题，施工单位会在图纸没有任何变更的情况下进行索赔，此时，可以约定本合同价款包含完成图纸要求的全部项目，在图纸没有变更的情况下，合同价款不得变化。

（5）对于建设单位管理人员力量不能够满足管理需求时，最好聘请中介机构进行跟踪审计，以便提供及时的咨询服务。包括专业咨询、对施工过程中变更的项目价格提供作价参考、为项目变更从经济角度进行分析、并对施工单位提出的索赔要求按照国家规定的时限要求及时地进行处理。

（6）跟踪审计下，对建设单位和监理的要求进一步提高，建设单位和监理要及时处理施工单位提出的要求和建议，及时处理施工单位索赔示意，并及时向施工单位提出反索赔。

（7）对施工单位提供的材料进行验收，保证材料的质量、规格、型号、产地、等级等符合清单中的约定。现实的情况是招标文件和合同约定不清，最好在招标文件中就约定材料的质量、规格、型号、产地、等级，并在合同中规定，施工单位变更主材时，须征得建设单位的书面认可，并事先取得建设单位对价格的批准。

（8）对施工进行过程验收。竣工验收最好聘请专业验收机构验收，验收要全面、细致，对不合格的地方待整改完毕再验收付款。

（9）清单方式下，合同、招标文件、清单成为结算和处理双方纠纷的主要依据，对以上文件的制定、签订要非常慎重。

（10）在处理索赔和反索赔时，一定注意国家明确的时限要求，在时限内处理问题。

（11）施工合同中特别明确变更项目的结算方式和原则，合理维护自身的权益。

（12）在工程量清单方式下，施工单位需要有企业定额，以便完成报价。所谓企业定额（企业的真实成本：企业定额是清单计价环境下的企业竞争要求，是施工单位综合水平的表现，代表着企业的核心竞争力）不是一个固定的结果，它是通过工程造价全过程管理中各种历史因素的不断循环积累、分析的动态结果。所以，真正的工程造价全过程管理的意义在于：不断循环，形成积累资料，并作用于下一个工程，从而提升面对每一个工程的竞争能力。

（13）在多个项目同时招标的情况下，建设单位为了节约资金、时间，可以对其中1～2个项目进行单价招标（例如平方米造价），然后按此单价分包所有项目。

三、清单结算方式下审计的重点

一般而言，清单方式是不需要进行结算审计的，但是，由于中国在定额结算方式下的习惯做法及惯性思维，建设单位内部控制的缺位、薄弱和事前、事中工作的不足，以及目前单价包死的不规范现状，在目前情况下，对单价包死方式进行结算审核仍然具有一定的价值（当然，随着清单方式的普及、规范，基于特殊时代产生的定额方式下的结算审核必将消亡）。在目前不规范的清单结算方式下，审核的重点如下：

（一）合同的审核

第一，是否为综合单价包死，单价是仅为成本价还是包含了全部的成本、利润、税金等；

第二，合同中是否详细约定每一个项目的具体特征（包括是否约定所用材料名称、规格型号、厂家、单价等，以及需要说明的事项）；

第三，对于工程变更是否约定结算原则及变善项目结算处理原则；

第四，非规范清单方式下是否约定施工做法、施工内容和工程量计算规则；

第五，以上项目都是单价包死方式下必须约定的内容，若以上内容约定不清，应由甲、乙双方进行明确。

（二）结算的审核

第一，施工单位供应材料是否由建设单位专门对规格型号、厂家、配件、质量等进行验收（查阅有无验收资料）；

第二，实际工程项目有无变更（让建设单位提供变更签证并进行现场观察）；

第三，实际工程量是否按合同施工，数量是否和合同约定一致（让建设单位提供签证并进行现场测量）；

第四，实际施工做法是否和合同约定一致（让建设单位提供签证并进行现场观察）；

第五，实际施工用主材和设备是否和合同约定一致（让建设单位提供签证并进行现场观察）；

第六，对于工程变更是否经建设单位认可并书面签证；

第七，若清单编制不规范，施工单位的工程量清单是自己计算并提供的，出现问题应该由自己承担责任，而且在这种情况下，施工单位往往是因为总价最低才中标，可以理解为合同价为总价包死，总价为完成图纸全部项目的总价，图纸不变，总价不得变更。

第四章 建筑工程项目成本核算

第一节 建筑工程项目成本核算概述

一、工程成本核算的概念

项目施工成本管理的核心分为两级成本核算，即企业的工程项目施工成本核算（工程成本核算）和项目经理部的工程施工成本核算（施工成本核算）。

工程成本与施工成本是一种包含与被包含的关系。工程成本是制作成本在施工企业所核算范围的准确概括，施工成本是施工要求根据自身管理水平、管理特点和各单位所确定的项目责任成本范围以及根据每个项目的项目施工成本责任合同所确定的成本开支范围而确定。

二、工程成本核算的对象

成本核算对象，是指在计算工程成本中，确定归集和分配生产费用的具体对象，即生产费用承担的客体。成本计算对象的确定，是设立工程成本明细分类账户、归集和分配生产费用以及正确计算工程成本的前提。

项目成本核算一般以每一独立编制施工图预算的单位工程为对象，但也可以按照承包工程项目的规模、工期、结构类型、施工组织和施工现场等情况，结合成本控制的要求，灵活划分成本核算对象。

三、工程成本核算的分类

为了正确计算工程成本，首先要对工程成本进行合理分类。通常情况下，可按以下情况划分。

（一）按经济内容划分

按成本的经济内容可分为外购材料费、外购动力费、外购燃气费、工资（包括工资、奖金和各种工作效率的津贴、补贴等）、职工福利费、折旧费、利息支出、税金及其他支出。

这种分类方法可反映建筑企业在一定时期内资金耗费的构成和水平，可以为编制材料采购资金计划和劳动工资计划提供资料，也可以为制订物资储备资金计划及计算企业净产值和增加值提供资料。

（二）按经济用途划分

按成本的经济用途可分为直接人工费、直接材料费、机械使用费、其他直接费、施工间接费用、期间费用。

这种分类方法可正确反映工程成本的构成，便于组织成本的考核和分析，有利于加强企业的成本管理。

（三）按计入成本的方式划分

按计入成本核算对象的方式可分为直接成本和间接成本。直接成本指费用发生后可以直接计入各工程项目成本中的资金耗费，如能明确区分为某一工程项目耗用的材料、工资和施工机械使用费等；间接成本是指不能明确区分为某一个工程项目耗用，而需要先行归集，然后按规定的标准分配计入各项工程成本中的资金耗费，如施工间接费用。

（四）按与工程量的关系划分

按成本与工程的关系可分为变动成本与固定成本两种。这种分类对于组织成本控制、分析成本升降原因以及做出某些成本决策十分必要，而降低固定成本要从节约开支、减少耗费的绝对数着手。

（五）按成本形成的时间划分

按成本形成的时间可分为会计期成本和工程期成本。按会计期计算成本，可以将实际成本与预算进行对比，有利于各个时期的成本分析和考核，可以及时总结工程施工与管理的经验教训。按工程期计算成本，有利于分析某一工程项目在施工全过程中的经验和教训，从而为进一步加强工程施工管理提供依据。

四、工程成本核算的任务

鉴于施工项目成本核算在项目成本管理中所处的重要地位，工程成本核算的主要任务如下。

执行国家有关成本开支范围、费用开支标准、工程预算定额和企业施工预算、成本计划的有关规定。控制费用，促使项目合理、节约地使用人力、物力和财力，是项目成本核算的先决条件和首要任务。

正确、及时地核算施工过程中发生的各项费用，计算工程项目的实际成本，这是项目成本核算的主体和中心任务。

反映和监督项目成本计划的完成情况，为项目成本预测和参与项目施工生产、技术和经营决策提供可靠的成本报告和有关资料，促进项目改善经营管理、降低成本、提高经济效益，这是项目成本核算的根本目的。

五、工程成本核算的意义

成本核算是施工企业成本管理一个极其重要的环节。认真做好成本核算工作，对于加强成本管理、促进增产节约、发展企业生产有重要的意义。具体表现为以下几个方面：

通过项目成本核算，将各项生产费用按照用途和一定的程序，直接计入或分配计入各项工程，正确算出各项工程的实际成本，将其与预算成本进行比较，可以检查预算成本的执行情况。

通过项目成本核算，可以及时反映施工过程中人力、物力、财力的耗费，检查人工费、材料费、机械使用费、措施费的耗用情况和间接费定额的执行情况，挖掘降低工程成本的潜力，节约活劳动和物化劳动。

通过项目成本核算，可以计算施工企业各个施工单位的经济效益和各项承包工程合同的盈亏，分清各个单位的成本责任，在企业内部实行经济责任制，以便于学先进、找差距，开展良性竞赛。

通过项目成本核算，可以为各种不同类型的工程积累经济技术资料，为修订预算定额、施工定额提供依据。

管理企业离不开成本核算，但成本核算不是目的，而是管好企业的一个经济手段。离开管理去讲成本核算，成本核算也就失去了应有的重要意义。

为了搞好施工企业管理、发挥项目成本核算的作用，工程成本的计算必须正确、及时。计算不正确，就不能据以考核分析各项消耗定额的执行情况，就不能保证企业再生产资金的合理补偿；计算不及时，就不能及时反映施工活动的经济效益，不能及时发现施工和管理中存在的问题。由于建筑安装工程生产属于单件生产，采用订单成本计算法以及同一工地上各个工程耗用大堆材料而难以严格划分计算等原因，对大堆材料、周转材料等往往要采用一定标准分配计入各项工程成本，这就使各项工程的成本带有一定的假定性。因此，对于工程成本计算的正确性，也必须从管理的要求出发，看它提供的成本资料能不能及时满足企业管理的需要。在计算工程项目成本时，必须防止简单化。如对施工期较长的建筑群工地，不能将工地上各项工程合并作为一个成本计算对象，而必须以单位工程或开竣工时期相近的各项单位工程作为一个成本计算对象，否则，就会形成"一锅煮"，不能满足成本管理的要求。当然，也要防止为算而算、脱离管理要求的倾向。烦琐的计算，不仅会使会计人员陷于埋头计算而不能深入工地和班组以便及时掌握施工生产动态，而且会影响工程成本核算的及时性，使提供的核算资料不能及时反映施工管理中存在的矛盾，不能为施工管理服务。因此，工程成本的计算，必须从管理要求出发，在满足管理需要的前提下，分清主次，按照主要从细、次要从简、细而有用、简而有理的原则，采取既合理又简便的方法，正确及时地计算企业生产耗费，计算工程成本，发挥工程成本核算在施工企业管理中的作用。

六、工程成本核算的原则

（一）确认原则

在项目成本管理中对各项经济业务中发生的成本，都必须按一定的标准和范围加以认定和记录。只要是为了经营目的所发生的或预期要发生的，并要求得到补偿的一切支出，都应作为成本来加以确认。正确的成本确认往往与一定的成本核算对象、范围和时期相联系，并必须按一定的确认标准来进行。这种确认标准具有相对的稳定性，主要侧重定量，但也会随着经济条件和管理要求的发展而变化。在成本核算中，往往要进行再确认，甚至是多次确认。如确认是否属于成本，是否属于特定核算对象的成本（如临时设施先算搭建成本，使用后算摊销费）以及是否属于核算当期成本等。

（二）分期核算原则

施工生产是连续不断的，项目为了取得一定时期的成本，就必须将施工生产活动划分为若干时期，并分期计算各期项目成本。成本核算的分期应与会计核算的分期相一致，这样便于财务成果的确定。但要指出的是，成本的分期核算，与项目成本计算期不能混为一谈。不论生产情况如何，成本核算工作，包括费用的归集和分配等都必须按月进行。至于已完项目成本的结算，可以是定期的，按月结转，也可以是不定期的，等到工程竣工后一次结转。

（三）实际成本核算原则

采用实际成本计价，采用定额成本或者计划成本方法的，应当合理计算成本差异，月终编制会计报表时，调整为实际成本。即必须根据计算期内实际产量（已完工程量）以及实际消耗和实际价格计算实际成本。

（四）权责发生制原则

凡是当期已经实现的收入和已经发生或应当负担的费用，不论款项是否收付，都应作为当期的收入或费用处理；凡不属于当期的收入和费用，即使款项已经在当期收付，都不应作为当期的收入和费用。权责发生制原则主要从时间选择上确定成本会计确认的基础，其核心是根据权责关系的实际发生和影响来确认企业的支出和收益。

（五）相关性原则

成本核算不只是简单的计算问题，还要为项目成本管理目标服务，要与管理融为一体。因此，在具体成本核算方法、程度和标准的选择上，在成本核算对象和范围的确定上，应与施工生产经营特点和成本管理要求特性相结合，并与项目一定时期的成本管理水平相适应。正确地核算出符合项目管理目标的成本数据和指标，真正使项目成本核算成为领导的参谋和助手。无管理目标的成本核算是盲目和无益的，无决策作用的成本信息是没有价值的。

（六）一贯性原则

项目成本核算所采用的方法一经确定，不得随意变动。只有这样，才能使企业各期成本核算资料口径统一、前后连贯、相互可比。成本核算办法的一贯性原则体现在各个方面，如耗用材料的计价方法、折旧的计提方法、施工间接费的分配方法、未施工的计价方法等。坚持一贯性原则，并不是一成不变，如确有必要变更，要有充分的理由对原成本核算方法进行改变的必要性做出解释，并说明这种改变对成本信息的影响。如果随意变动成本核算方法，并不加以说明，则有对成本、利润指标、盈亏状况弄虚作假的嫌疑。

（七）划分收益性支出与资本性支出原则

划分收益性支出与资本性支出是指成本、会计核算应当严格区分收益性支出与资本性支出界限，以正确地计算当期损益。所谓收益性支出，是指该项目支出发生是为了取得本期收益，即仅仅与本期收益的取得有关，如工资、水电费支出等。所谓资本性支出，是指不仅为取得本期收益而发生的支出，同时该项支出的发生有助于以后会计期间的支出，如构建固定资产支出。

（八）及时性原则

及时性原则是指项目成本的核算、结转和成本信息的提供应当在所要求的时期内完成。需要指出的是，成本核算及时性原则并非指成本核算越快越好，而是要求成本核算和成本信息的提供，以确保真实为前提，在规定时期内核算完成，在成本信息尚未失去时效的情况下适时提供，确保不影响项目其他环节核算工作的顺利进行。

（九）明晰性原则

明晰性原则是指项目成本记录必须直观、清晰、简明、可控，便于理解和利用，使项目经理和项目管理人员了解成本信息的内涵，弄懂成本信息的内容，有效地控制本项目的成本费用。

（十）配比原则

配比原则是指营业收入与其对应的成本、费用应当相互对应。为取得本期收入而发生的成本和费用，应与本期实现的收入在同一时期内确认入账，不得脱节，也不得提前或延后，以便正确计算和考核项目经营成果。

（十一）重要性原则

重要性原则是指对于成本有重大影响的业务内容，应作为核算的重点，力求精确，而对于那些不太重要的琐碎的经济业务内容，可以相对从简处理。坚持重要性原则能够使成本核算在全面的基础上保证重点，有助于加强对经济活动和经营决策有重大影响和有重要意义的关键性问题的核算，达到事半功倍，简化核算，节约人力、财力、物力，提高工作效率的目的。

（十二）谨慎原则

谨慎原则是指在市场经济条件下，在成本、会计核算中应当对项目可能发生的损失和费用做出合理预计，以增强抵御风险的能力。

第二节　建筑工程项目成本核算的程序与方法

一、建筑工程成本核算的程序

（一）总分类核算程序

1.总分类科目的设置

为了核算工程成本的发生、汇总与分配情况，正确计算工程成本，项目经理部一般应设置以下总分类科目：

（1）"工程施工"科目

属于成本类科目，用来核算施工项目在施工过程中发生的各项成本性费用。借方登记施工过程中发生的人工费、材料费、机械使用费、其他直接费，以及期末分配计入的间接成本；贷方登记结转已完工程的实际成本。期末余额在借方，反映未完工程的实际成本。

（2）"机械作业"科目

属于成本类科目，用来核算施工项目使用自有施工机械和运输机械进行机械作业所发生的各项费用。借方登记所发生的各种机械作业支出，贷方登记期末按照受益对象分配结转的机械使用费实际成本。期末应无余额。从外单位或本企业其他内部独立核算单位租入机械时支付的机械租赁费，应直接计入"工程施工"科目的机械使用费成本项目中，不通过本科目核算。

（3）"辅助生产"科目

属于成本类科目，用来核算企业内部非独立核算的辅助生产部门为工程施工、产品生产、机械作业等生产材料和提供劳务（如设备维修、结构件的现场制作、施工机械的装卸等）所发生的各项费用。借方登记发生的以上各项费用，贷方登记期末结转完工产品或劳务的实际成本。期末余额在借方，反映辅助生产部门在产品或未完工劳务的实际成本。

（4）"待摊费用"科目

属于资产类科目，用来核算施工项目已经支付但应由本期和以后若干期分别负担的各项施工费用，如低值易耗品的摊销，一次支付数额较大的排污费、财产保险费、进出场费等。发生各项待摊费用时，登记本科目的借方；按受益期限分期摊销时，登记本科目的贷方。期末借方余额反映已经支付但尚未摊销的费用。

（5）"预提费用"科目

属于负债类科目，用来核算施工项目预先提取但尚未实际发生的各项施工费用，如预提收尾工程费用、预提固定资产大修理费用等。贷方登记预先提取并计入工程成本的预提费用，借方登记实际发生或执行的预提费用。期末余额在贷方，反映已经计入成本但尚未发生的预提费用。

2.工程成本在有关总分类科目间的归集结转程序

（1）将本期发生的各项施工费用，按其用途和发生地点，归集到有关成本、费用科目的借方。

（2）月末，将归集在"辅助生产"科目中的辅助生产费用，根据受益对象和受益数量，按照一定方法分配转入"工程施工""机械作业"等科目的借方。

（3）月末，将由本月成本负担的待摊费用和预提费用，转入其有关成本费用科目的借方。

（4）月末，将归集在"机械作业"科目的各项费用，根据受益对象和受益数量，按照一定方法分配计入"工程施工"科目借方。

（5）工程月末或竣工结算工程价款时，结算当月已完工程或竣工工程的实际成本，从"工程施工"科目的贷方转入"工程结算成本"科目的借方。

（二）明细分类核算程序

1.明细分类账的设置

（1）按成本核算对象设置"工程成本明细账"，并按成本项目设专栏归集各成本核算对象发生的施工费用。

（2）按各管理部门设置"工程施工间接成本明细账"，并按费用项目设专栏归集施工中发生的间接成本。

（3）按施工队、车间或部门以及成本核算对象（如产品、劳务的种类）的类别设置"辅助生产明细账"。

（4）按费用的种类或项目，设置"待摊费用明细账""预提费用明细账"，以归集与分配各项有关费用。

（5）根据自有施工机械的类别，设置"机械作业明细账"。

2.工程成本在有关明细账间的归集和结转程序

（1）根据本期施工费用的各种凭证和费用分配表分别计入"工程成本明细账（表）""工程施工间接成本明细账""辅助生产明细账（表）""待摊费用明细账（表）""预提费用明细账（表）"和"机械作业明细账（表）"。

（2）根据"辅助生产明细账（表）"，按各受益对象的受益数量分配该费用编制"辅助生产费用分配表"，并据此登记"工程成本明细账（表）"等有关明细账。

（3）根据"待摊费用明细账（表）"及"预提费用明细账（表）"，编制"待摊费用计算表"及"预提费用计算表"，并据此登记"工程成本明细账（表）"等有关明细账。

（4）根据"机械作业明细账（表）"和"机械使用台账"，编制"机械使用费分配表"，按受益对象和受益数量，将本期各成本核算对象应负担的机械使用费分别计入"工程成本明细账（表）"。

（5）根据"工程施工间接成本明细账"，按各受益对象的受益数量分配该费用，编制"间接成本分配表"，并据此登记"工程成本明细账（表）"。

（6）月末，根据"工程成本明细账（表）"，计算出各成本核算对象的已完工程成本或竣工成本，从"工程成本明细账（表）"转出，并据此编制"工程成本表"。

二、建筑工程成本的归集和分配

（一）人工费的归集和分配

1.内包人工费

指企业所属的劳务分公司（内部劳务市场自有劳务）与项目经理签订的劳务合同结算的全部工程价款。适用于类似外包工式的合同定额结算支付办法，按月结算计入项目单位工程成本。当月结算，隔月不予结算。

2.外包人工费

按项目经理部与劳务基地（内部劳务市场外来劳务）或直接与外单位施工队伍签订的包清工合同，以当月验收完成的工程实物量计算出定额工日数，然后乘合同人工单价确定人工费。并按月凭项目经济员提供的"包清工工程款月度成本汇总表"（分外包单位和单位工程）预提计入项目单位工程成本。当月结算，隔月不予结算。

（二）材料费的归集和分配

工程耗用的材料，根据限额领料单、退料单、报损报耗单、大堆材料耗用计算单等，由项目材料员按单位工程编制"材料耗用汇总表"，据以计入项目成本。

标内代办：指"三材"差价列入工程预算账单内作为造价组成部分。通常由项目经理部委托材料分公司代办，由材料分公司向项目经理部收取价差费。由项目成本员按价差发生额，一次或分次提供给项目负责统计的经济员报出产值，以便及时回收资金。月度结算成本时，为谨慎起见可不降低，而是进行持平处理，使预算与实际同步。单位工程竣工结算，按实际消耗量调整实际成本。

标外代办：指由建设单位直接委托材料分公司代办"三材"，其发生的"三材"差价，由材料分公司与建设单位按代办合同口径结算。项目经理部不发生差价，亦不列入工程预算账单内，不作为造价组成部分，可进行平价处理。项目经理部只核算实际耗用超过设计预算用量的那部分量差及负担市场高进高出的差价，并计入相应的项目单位工程成本。

一般价差核算：提高项目材料核算的透明度，简化核算，做到明码标价。一般可按一定时点上内部材料市场挂牌价作为材料记账，材料、财务账相符的"计划价"，两者对比产生的差异，计入项目单位工程成本，即所谓的实际消耗量调整后的实际价格。如市场价格发生较大变化，可适时调整材料记账的"计划价"，以便缩小材料成本差异。钢材、水泥、木材、玻璃、沥青按实际价格核算，高于预算取费的差价，高进高出，谁用谁负担。装饰材料按实际采购价作为计划价核算，计入该项目成本。项目对外自行采购或按定额承包供应材料，如砖、瓦、砂、石、小五金等，应按实际采购价或按议定供应价格结算，由此产生的材料、成本差异节超，相应增减项目成本。同时，重视转嫁压价让利风险，获取材料采购经营利益，使供应商让利并使项目受益。

（三）周转材料的归集和分配

周转材料实行内部租赁制，以租费的形式反映其消耗情况，按"谁租用谁负担"的原则核算其项目成本。按周转材料租赁办法和租赁合同，由出租方与项目经理部按月结算租赁费。租赁费按租用的数量、时间和内部租赁单价计算计入项目成本。周转材料在调入移出时，项目经理部必须加强计量验收制度，如有短缺、损坏，一律按原价赔偿，计入项目成本。租用周转材料的进退场运费，按其实际发生数，由调入项目负担。对U形卡、脚手扣件等零件，除执行项目租赁制外，考虑到其比较容易散失的因素，按规定实行定额预提摊耗，摊耗数计入项目成本，相应减少次月租赁基数及租赁费。单位工程竣工，必须进行盘点，盘点后的实物数与前期逐月按控制定额摊耗后的数量差，按实调整清算计入成本。实行租赁制的周转材料，一般不再分配负担周转材料差价。退场后发生的修复整理费用，应由出租单位做出租成本核算，不再向项目另行收费。

（四）结构件的归集和分配

项目结构件的使用必须有领发手续，并根据这些手续，按照单位工程使用对象编制"结构件耗用月报表"。项目结构件的单价，以项目经理部与外加工单位签订的合同为准计算耗用金额，计入成本。根据实际施工形象进度、已完施工产值的统计、各类实际成本报耗三者在月度时点上的三同步原则（配比原则的引申与应用），结构件耗用的品种和数量应与施工产值相对应。结构件数量金额账的结存数，应与项目成本员的账面余额相符。结构件的高进高出价差核算同材料费的高进高出价差核算一致。结构件内"三材"数量、单价、金额均按报价书核定，或按竣工结算单的数量据实结算。报价内的节约或超支由项目自负盈亏。如发生结构件的一般价差，可计入当月项目成本。部位分项分包，如铝合金门窗、卷帘门、轻钢龙骨石膏板、平顶、屋面防水等，按照企业通常采用的类似结构件管理和核算方法，项目经济员必须做好月度已完工程部分验收记录，正确计报部位分项分包产值，并书面通知项目成本员及时、正确、足额计入成本。预算成本的折算、归类可与实际成本的出账保持相同口径。分包合同价可包括制作费和安装费等有关费用，工程竣工依据部位分包合同结算书按实调整成本。在结构件外加工和部位分包施工过程中，项目经理部通过自身努力获取的经营利益或转嫁压价让利风险所产生的利益，均应受益于工程项目。

（五）机械使用费的归集和分配

机械设备实行内部租赁制，以租赁费形式反映其消耗情况，按"谁租用谁负担"的原则，核算其项目成本。按机械设备租赁办法和租赁合同，由企业内部机械设备租赁市场与项目经理部按月结算租赁费。租赁费根据机械使用台班，停置台班和内部租赁单价计算，计入项目成本。机械进出场费，按规定由承租项目负担。项目经理部租赁的各类大中小型机械，其租赁费全额计入项目机械费成本。根据内部机械设备租赁市场运行规则要求，结算原始凭证由项目指定专人签证开班和停班数，据以结算费用。现场机、电、修等操作工奖金由项目考核支付，计入项目机械费成本并分配到有关单位工程。向外单位租赁机械，按当月租赁费用全额计入项目机械费成本。

上述机械租赁费结算，尤其是大型机械租赁费及进出场费应与产值对应，防止只有收入而无成本的不正常现象，或收入与支出不配比状况。

（六）施工措施费的归集和分配

施工过程中的材料二次搬运费，按项目经理部向劳务分公司汽车队托运汽车包天或包月租费结算，或以运输公司的汽车运费计算。临时设施摊销费按项目经理部搭建的临时设施总价（包括活动房）除以项目合同工期求出每月应摊销额，临时设施使用一个月摊销一个月，摊完为止，项目竣工搭拆差额（盈亏）按实调整实际成本。大型机动工具、用具等可以套用类似内部机械租赁办法以租费形式计入成本，也可按购置费用一次摊销法计入项目成本，并做好在用工具实物借用记录，以便反复利用。在用工具的修理费按实际发生数计入成本。除上述以外的措施费内容，均应按实际发生的有效结算凭证计入项目成本。

（七）施工间接费的归集和分配

要求以项目经理部为单位编制工资单和奖金单列支工作人员薪金。项目经理部工资总额每月必须正确核算，以此计提职工福利费、工会经费、教育经费、劳保统筹费等。劳务分公司所提供的炊事人员代办食堂承包服务，警卫人员提供区域岗点承包服务以及其他代办服务费用计入施工间接费。内部银行的存贷款利息，计入"内部利息"（新增明细子目）。施工间接费，先在项目"施工间接费"总账归集，再按一定的分配标准计入受益成本核算对象（单位工程）"工程施工—间接成本"。

三、建筑工程成本核算的方法

工程成本核算是建筑工程成本管理的一项重要内容，它建立在企业管理方式和管理水平基础上，是建筑企业降低成本开支、提高企业利润水平的重要手段。建筑工程成本核算的方法主要有表格核算法和会计核算法两种。

（一）表格核算法

表格核算法建立在内部各项成本核算基础之上，各要素部门和核算单位定期采集信息，填制相应的表格，并通过一系列表格，形成项目成本核算体系，作为支撑项目成本核算平台的方法。

表格核算法依靠众多部门和单位支持，专业性要求不高。一系列表格由有关部门和相关要素提供单位按有关规定填写，完成数据比较、考核和简单的核算。它的优点是简洁明了、直观易懂、易于操作、实时性较好。缺点：一是覆盖范围较窄，如核算债权债务等比较困难；二是较难实现科学严密的审核制度，有可能造成数据失实，精度较差。

1.确定项目责任成本总额

首先确定"项目责任成本总额"，然后分析项目成本收入的构成。项目责任成本总额确认表一般由"工程报价收入""项目责任成本收入"等组成，并经相关人员确认。

2.项目责任成本和岗位收入调整

项目责任成本收入调整表一般由"项目责任成本收入""项目责任成本变更明细""项目责任成本调整后收入金额"等组成，并经相关人员签字确认。

3.确定当期责任成本收入

在已确认的工程收入的基础上，按月确定本项目的成本收入。这项工作一般由项目统计员或合约预算人员与公司合约部门或统计部门，依据项目成本责任合同中有关项目成本收入确认的方法和标准，进行计算。月度项目成本收入额确认表一般由当月的主要"工程产值收入""项目成本收入"等组成，并经相关人员签字或确认。

4.确定当月的分包成本支出

项目依据当月分部分项的完成情况，结合分包合同和分包商提出的当月完成产值，确定当月的项目分包成本支出，编制"分包成本预估支出表"。这项工作的一般程序是，由施工员提出，预算合约人员初审，项目经理确认，公司合约部门批准。月度项目分包成本预估支出表一般由"项目成本收入""分包成本预估"等组成，并经相关人员签字确认。

5.确定单位职工工资的结算

由工长落实当月本单位职工所完成的工日数，劳资员根据人工单价计算其人工费支出，经项目经理确认后，报公司劳资部门批准，计算其工资收入和超额工资。当月完成发放后，计入成本中相应科目列支。工资及奖金分配表一般由"工资种类"和"岗位耗用对象"等组成，并经相关人员签字确认。

6.材料消耗的核算

以经审核的项目报表为准，由项目材料员和成本核算员计算后，确认其主要材料消耗值和其他材料消耗值。在分清岗位成本责任的基础上，编制材料耗用汇总表。由材料员依据各施工员开具的领料单而汇总计算的材料费支出，经项目经理确认后，报公司物资部门批准。材料耗用汇总分配表一般由"材料耗用类别""材料耗用对象"等组成，并经相关人员签字确认。

7.周转材料租用支出的核算

以施工员提供的或财务转入项目的租费确认单为基础，由项目材料员汇总计算，在分清岗位成本责任的前提下，经公司财务部门审核后，落实周转材料租用成本支出，项目经理批准后，编制其费用预估成本支出。如果是租用外单位的周转材料，还要经过公司有关部门审批。周转材料租用预估支出表一般由"材料租用类别""材料租用对象"及"金额"等组成，并经相关人员签字确认。

8.水、电费支出的核算

以机械管理员或财务转入项目的租费确认单为基础，由项目成本核算员汇总计算，在分清岗位成本责任的前提下，经公司财务部门审核后，落实周转材料租用成本支出，项目经理批准后，编制其费用成本支出。水电费分配表一般由"费用项目""岗位成本"及"金额"等组成，并经相关人员签字确认。

9.项目外租机械设备的核算

所谓项目外租机械设备，是指项目从公司或公司从外部租入用于项目的机械设备，不管此机械设备具有公司的产权还是公司从外部临时租入用于项目施工的，对于项目而言都是从外部获得，周转材料也是这个性质，真正属于项目拥有的机械设备，往往只有部分小型机械设备或部分大型器具。机械设备租用费分配表一般由"设备名称""单价""租价""岗位对象"等组成，并经相关人员签字确认。

10.项目自有机械设备、大小型器具摊销、费用分摊、临时设施摊销等费用开支的核算

由项目成本核算员按公司规定的摊销年限，在分清岗位成本责任的基础上，计算按期进入成本的金额。经公司财务部门审核并经项目经理批准后，按月计算成本支出金额。自有机械设备费用分摊表一般由"月分摊费用""岗位对象"等组成，并经相关人员签字确认。

11.现场实际发生的措施费开支的核算

由项目成本核算员按公司规定的核算类别，在分清岗位成本责任的基础上，按照当期实际发生的金额，计算进入成本的相关明细。经公司财务部门审核并经项目经理批准后，按月计算成本支出金额。

12.项目成本收支核算

按照已确认的当月项目成本收入和各项成本支出，由项目会计编制，经项目经理同意，公司财务部门审核后，及时编制项目成本收支计算表，完成当月的项目成本收支确认。月度项目成本收支表一般由"收支内容""收入金额""支出金额"等组成，并经相关人员签字确认。

13.项目成本总收支的核算

首先由项目预算合约人员与公司相关部门根据项目成本责任总额和工程施工过程中的设计变更以及工程签证等变化因素，落实项目成本总收入。由项目成本核算员与公司财务部门，根据每月的项目成本收支确认表中所反映的支出与耗费，经有关部门确认和依据相关条件调整后，汇总计算并落实项目成本总支出。在以上基础上，由成本核算员落实项目成本总的收入、总的支出和项目成本降低水平。项目责任成本总收支表一般由"收支内容""收入金额""支出金额"等组成，并经相关人员签字确认。

（二）会计核算法

1.项目成本的直接核算

项目除及时上报规定的工程成本核算资料，还要直接进行项目施工的成本核算，编制会计报表，落实项目成本的盈亏。项目不仅是基层财务核算单位，而且是项目成本核算的主要承担者。还有一种是不进行完整的会计核算，通过内部列账单的形式，利用项目成本台账，进行项目成本列账核算。

直接核算是将核算放在项目上，便于及时了解项目各项成本情况，也可以减少扯皮。但是每个项目都要配有专业水平和工作能力较高的会计核算人员。此种核算方式，一般适用于大型项目。

2.项目成本的间接核算

项目经理部不设专职的会计核算部门，由项目有关人员按期按规定的程序向财务部门提供成本核算资料，委托企业在本项目成本责任范围内进行项目成本核算，落实当期项目成本盈亏。企业在外地设立分公司的，一般由分公司组织会计核算。

间接核算是将核算放在企业的财务部门，项目经理部不设专职的会计核算部门，由项目有关人员按期与相应部门共同确定当期的项目成本收入。项目按规定的时间、程序和要求向财务部门提供成本核算资料，委托企业的财务部门在项目成本收支范围内进行项目成本支出的核算，落实当期项目成本的盈亏。这样可以使会计专业人员相对集中，一个成本会计可以完成两个或两个以上的项目成本核算。不足之处：一是项目了解成本情况不方便，项目对核算结论信任度不高；二是由于核算不在项目上进行，项目开展管理岗位成本责任核算，就会失去人力支持和平台支持。

3.项目成本列账核算

项目成本列账核算是介于直接核算和间接核算之间的一种方法。项目经理部组织相对直接核算，正规的核算资料留在企业的财务部门。项目每发生一笔业务，其正规资料都要由财务部门审核存档，并与项目成本员办理确认和签认手续。项目凭此列账通知作为核算凭证和项目成本收支的依据，对项目成本范围的各项收支，登记台账会计核算，编制项目成本及相关报表。企业财务部门按期确认资料，对其加以审核。这里的列账通知单，一式两联，一联给项目据以核算，另一联留财务审核之用。项目所编制的报表，企业财务不汇总，只作为考核之用。内部列账单，项目主要使用台账进行核算和分析。

（三）两种核算方法的并行运用

表格核算法具有便于操作和表格格式自由的特点，可以根据不同的管理方式和要求设置各种表式。使用表格法核算项目岗位成本责任，能较好地解决核算主体和载体的统一、和谐问题，便于项目成本核算工作的开展。并且随着项目成本核算工作的深入发展，表格的种类、数量、格式、内容、流程都在不断地发展和改进，以适应各个岗位的成本控制和考核。

随着项目成本管理的深入开展，要求项目成本核算内容更全面、结论更权威。表格核算由于自身的局限性，显然不能满足这种要求。于是，采用会计核算法进行项目成本核算提到了会计部门的议事日程。

基于近年来对项目成本核算方法的认识已趋于统一，计算机及其网络技术的使用和普及以及财务软件的迅速发展，为开展项目成本核算的自动化和信息化提供了可能，已具备了采用会计核算法开展项目成本核算的条件。将工程成本核算和项目成本核算从收入上做到统一，在支出中再将项目非责任成本的支出利用一定的手段单独列出来，其成本收支就成了项目成本的收支范围。会计核算项目成本，也就成了很平常的事情，所以从核算方法上进行调整，是会计核算项目成本的主要手段。

总地说来，用表格核算法进行项目施工各岗位成本的责任考核和控制，用会计核算法进行项目成本核算，两者相互补充，相得益彰。

第三节　建筑工程成本核算会计报表及其分析

一、项目成本核算的台账

（一）为项目成本核算积累资料的台账

产值构成台账（表4-1），按单位工程设置，根据"已完工程验工月报"填制。

表4-1　产值构成台账

日期		工作量（万元）	预算成本					2.5%大修费	工程成本表预算成本合计	利润已减让利	装备费全部	劳保基金1.92%全部	一税一费	二站费用	双包完成	机械分包
年	月		高进高出	系数材差	直、间接费	利息	记账数合计									

预算成本构成台账（表4-2），按单位工程设置，根据"已完工程验工月报"及"竣工结算账单"进行折算。

表4-2　预算成本构成台账

单位工程名称：　　结构　　面积（m²）　　预算造价　　竣工决算造价										
	人工费	材料费	周转材料费	结构件	机械使用费	措施费	间接费	分建成本	合计	备注
原合同数										
增减账										
竣工决算数										
逐月发生数										
年　　月										

单位工程增减账台账（表4-3）。

表4-3　单位工程增减账台账

编号	日期		内容	金额	直接费部分						签证状况		已报工作记录
	年	月			合计	人工费	材料费	结构费	周转材料费	机械费	措施费	已送审	已签证	
1														
2														
3														
4														
5														
6														
7														
8														
9														
10														

（二）对项目资源消耗进行控制的台账

如人工费用台账（表4-4），依项目经济员提供的内包和外包用工统计来填制。

表4-4　人工费用台账

日期		内包工		外包工		其他		合计		备注
年	月	工日数	金额	工日数	金额	工日数	金额	工日数	金额	

机械使用台账（表4-5），依项目材料员提供的机械使用月报来填制。

表4-5　机械使用台账

机械名称																				金额合计
型号规格																				
年	月	台班	单价	金额	台班	单价	金额	台班	单价	金额	台班	单价	金额	台班	单价	金额	台班	单价	金额	

（三）为项目管理服务的台账

甲供料台账（表4-6）：

表4-6　甲供料台账

年		凭证		摘要	供料情况				结算情况			经办人	备注
年	月	种类	编号		名称	规格	单位	数量	结算方式	单价	金额		

分包合同台账（表4-7），根据有关合同副本进行填制。

表4-7　分包合同台账

序号	合同名称	合同编号	签约日期	签约人	对方单位及联系人	合同标的	履行标的	结算日期	违约情况	索赔记录

二、项目成本核算的账表

（一）项目成本表

项目成本表要求参照"工程结算收入""工程结算成本""工程结算税金及附加"等填列。要求预算成本按规定折算，实际成本账表相符，按月填报。其格式见表4-8。

表4-8　项目成本表

项目	行次	本期数				累计数			
		预算成本	实际成本	降低额	降低率	预算成本	实际成本	降低额	降低率
		1	2	3	4	5	6	7	8
人工费	1								
外清包人工费	2								
材料费	3								
结构件	4								
周转材料费	5								
机械使用费	6								
措施费	7								
间接成本	8								
工程成本合计	9								
分建成本	10								
工程结算成本合计	11								
工程结算其他收入	12								
工程结算成本总计	13								

（二）在建工程成本明细表

要求分单位工程列示，账表相符，按月填报，编制方法同上。其格式见表4-9。

表4-9　在建工程成本明细表

单位名称	本月数							
	预算成本	人工费	外包费用	材料费	周转材料费	结构件	机械费	措施费

（三）施工间接费表

施工间接费表系复合表，又称费用表，企业和项目均可通用。根据"施工间接费"账户发生额填列，要求账表相符，按季填报。其格式见表4-10。

表4-10　施工间接费表

行次	项目	管理费用	财务费用	施工间接费	小计	备注
1	工作人员薪金					
2	职工福利费					
3	工会经费					
4	职工教育经费					
5	差旅交通费					
6	办公费					
7	固定资产使用费					
8	低值易耗品摊销					

续表

行次	项目	管理费用	财务费用	施工间接费	小计	备注
9	劳动保护费					
10	技术开发费					
11	业务活动经费					
12	各种税金					
13	上级管理费					
14	劳保统筹费					
15	离退休人员医疗费					
16	其他劳保费用					
17	利息支出					
18	利息收入					
19	银行手续费					
20	其他财务费用					
21	内部利息					
22	资金占用费					
23	房改支出					
24	坏账损失					
25	保险费					
26	其他					
27	合计					

第五章　建筑工程决策阶段造价管理

第一节　建筑工程决策概述

一、建设项目决策的含义

项目投资决策是选择和决定投资行动方案的过程，是对拟建项目的必要性和可行性进行技术经济论证，对不同建设方案进行技术经济比较并做出判断和决定的过程。正确的项目投资行动来源于正确的项目投资决策。项目决策正确与否，直接关系到项目建设的成败，关系到工程造价的高低及投资效果的好坏。正确决策是合理确定与控制工程造价的前提。

二、建设项目决策与工程造价的关系

（一）项目决策的正确性是工程造价合理性的前提

项目决策正确，意味着对项目建设做出科学的决断，优选出最佳投资行动方案，达到资源的合理配置，这样才能合理地估计和计算工程造价，并且在实施最优投资方案过程中，可以有效地控制工程造价。项目决策失误，主要体现在对不该建设的项目进行投资建设、项目建设地点的选择错误、投资方案的确定不合理等，诸如此类的决策失误会直接带来不必要的资金投入和人力、物力及财力的浪费，甚至造成不可弥补的损失。因此，要达到工程造价的合理性，事先要保证项目决策的正确性，避免决策失误。

（二）项目决策的内容是决定工程造价的基础

工程造价的计价与控制贯穿于项目建设的全过程，决策阶段的各项技术经济决策对该项目的工程造价有重大影响，特别是建设标准的确定、建设地点的选择、工艺的评选、设备选用等，直接关系到工程造价的高低。在项目建设各阶段中，投资决策阶段影响工程造价的程度最高，达到70%～90%。因此，决策阶段是决定工程造价的基础阶段，直接影响着决策阶段之后的各个建设阶段工程造价的计价与控制是否科学、合理的问题。

（三）造价高低、投资多少也影响项目决策

决策阶段的投资估算是进行投资方案选择的重要依据之一，同时也是决定项目是否可行及主管部门进行项目审批的参考依据。

（四）项目决策的深度影响投资估算的精确度，也影响工程造价的控制效果

投资决策过程，是一个由浅入深、不断深化的过程，依次分为若干工作阶段，不同阶段决策的深度不同，投资估算的精确度也不同。如投资机会及项目建议书阶段，最初步决策的阶段投资估算的误差率在±30%左右；而详细可行性研究阶段是最终决策阶段，投资估算误差率在±10%以内。另外，由于在项目建设各阶段中，即决策阶段、初步设计阶段、技术设计阶段、施工图设计阶段、工程招投标及承包发包阶段、施工阶段以及竣工验收阶段，通过工程造价的确定与控制，相应形成投资估算、设计概算、修正概算、施工图预算、承包合同价、结算价及竣工决算。这些造价形式之间存在着前者控制后者、后者补充前者这样的相互作用关系。按照"前者控制后者"的制约关系，意味着投资估算对其后面的各种形式的造价起着制约作用，作为限额目标。由此可见，只有加强项目决策的深度，采取科学的估算方法和可靠的数据资料，合理地计算投资估算，保证投资估算充足，才能保证其他阶段的造价被控制在合理范围，使投资控制目标能够实现，避免"三超"现象的发生。

三、项目决策阶段影响工程造价的主要因素

项目工程造价的多少主要取决于项目的建设标准。建设标准的主要内容有建设规模、占地面积、工艺装备、建筑标准、配套工程、劳动定员等方面的标准或指标。建设标准是编制、评估、审批项目可行性研究的重要依据，是衡量工程造价是否合理及监督检查项目建设的客观尺度，建设标准能否起到控制工程造价、指导建设投资的作用，关键在于标准水平订得合理与否。标准水平订得过高，会脱离我国的实际情况和财力、物力的承受

能力，增加造价；标准水平订得过低，将会妨碍技术进步，影响国民经济的发展和人民生活的改善。因此，建设标准水平应从我国目前的经济发展水平出发，区别不同地区、不同规模、不同等级、不同功能，合理确定。大多数工业交通项目应采用中等适用的标准，对少数引进国外先进技术和设备的项目或少数有特殊要求的项目，标准可适当高些。在建筑方面，应坚持经济、适用、安全、朴实的原则。建设项目标准中的各项规定，能定量的应尽量给出指标，不能定量的要有定性的原则要求。

（一）项目建设规模

项目建设规模也称项目生产规模，是指项目设定的正常生产营运年份可能达到的生产能力或者使用效益。建设规模的确定，就是要合理选择拟建项目的生产规模，解决"生产多少"的问题。每一个建设项目都存在着一个合理规模的选择问题。生产规模过小，使得资源得不到有效配置，单位产品成本较高，经济效益低下；生产规模过大，超过了项目产品市场的需求量，则会导致开工不足、产品积压或降价销售，致使项目经济效益也会低下。因此，项目规模的合理选择关系着项目的成败，决定着工程造价合理与否。

合理的经济规模是指在一定技术条件下，项目投入产出比处于较优状态，资源和资金可以得到充分利用，并可获得较优经济效益的规模。因此，在确定项目规模时，不仅要考虑项目内部各因素之间的数量匹配、能力协调，还要使所有生产力因素共同形成的经济实体（如项目）在规模上大小适应。这样可以合理确定和有效控制工程造价，提高项目的经济效益。但同时也需注意，规模扩大所产生的效益不是无限的，它受到技术进步、管理水平、项目经济技术环境等多种因素的制约。超过一定限度，规模效益将不再出现，甚至可能出现单位成本递增和收益递减的现象。项目规模合理化的制约因素有：

1.市场因素

市场因素是项目规模确定中需考虑的首要因素。首先，项目产品的市场需求状况是确定项目生产规模的前提。通过市场分析与预测，确定市场需求量、了解竞争对手的情况，最终确定项目建成时的最佳生产规模，使所建项目在未来能够保持合理的盈利水平和持续发展的能力。其次，原材料市场、资金市场、劳动力市场等对项目规模的选择起着程度不同的制约作用。如项目规模过大可能导致材料供应紧张和价格上涨，造成项目所需投资资金的筹集困难和资金成本上升等，将制约项目的规模。

2.技术因素

先进适用的生产技术及技术装备是项目规模效益赖以存在的基础，而相应的管理技术水平则是实现规模效益的保证。若与经济规模生产相适应的先进技术及其装备的来源没有保障、获取技术的成本过高、管理水平跟不上，则不仅预期的规模效益难以实现，还会给项目的生存和发展带来危机，导致项目投资效益低下，工程支出浪费严重。

3.环境因素

项目的建设、生产和经营都是在特定的社会经济环境下进行的，项目规模确定中需考虑的主要环境因素有政策因素、燃料动力供应、协作及土地条件、运输及通信条件。其中，政策因素包括产业政策，投资政策，技术经济政策，国家、地区及行业经济发展规划等。特别是为了取得较好的规模效益，国家对部分行业的新建项目规模做了下限规定，选择项目规模时应予以遵照执行。

不同行业、不同类型项目确定建设规模，还应分别考虑以下因素：

第一，对于煤炭、金属与非金属矿山、石油、天然气等矿产资源开发项目，应根据资源合理开发利用要求和资源可采储量、赋存条件等确定建设规模。

第二，对于水利水电项目，应根据水的资源量、可开发利用量、地质条件、建设条件、库区生态影响、占用土地，以及移民安置等确定建设规模。

第三，对于铁路、公路项目，应根据建设项目影响区域内一定时期运输量的需求预测，以及该项目在综合运输系统和本系统中的作用确定线路等级、线路长度和运输能力。

第四，对于技术改造项目，应充分研究建设项目生产规模与企业现有生产规模的关系；新建生产规模属于外延型还是外延内涵复合型，以及利用现有场地、公用工程和辅助设施的可能性等因素，确定项目建设规模。

（二）建设地区及建设地点（厂址）

一般情况下，确定某个建设项目的具体地址（或厂址），需要经过建设地区选择和建设地点选择（厂址选择）这样两个不同层次的、相互联系又相互区别的工作阶段，这两个阶段是一种递进关系。其中，建设地区选择是指在几个不同地区之间对拟建项目适宜配置在哪个区域范围的选择；建设地点选择是指对项目具体坐落位置的选择。

1.建设地区的选择

建设地区选择得合理与否，在很大程度上决定着拟建项目的命运，影响着工程造价的高低、建设工期的长短、建设质量的好坏，还影响着项目建成后的运营状况。因此，建设地区的选择要充分考虑各种因素的制约，具体要考虑以下因素：

第一，要符合国民经济发展战略规划、国家工业布局总体规划和地区经济规划的要求。

第二，要根据项目的特点和需要，充分考虑原材料条件、能源条件、水源条件、各地区对项目产品需求及运输条件等。

第三，要综合考虑气象、地质、水文等建厂的自然条件。

第四，要充分考虑劳动力来源、生活环境、协作、施工力量、风俗文化等社会环境因素的影响。

因此，在综合考虑上述因素的基础上，建设地区的选择要遵循以下两个基本原则：

（1）靠近原料、燃料提供地和产品消费地的原则

满足这一要求，在项目建成投产后，可以避免原料、燃料和产品的长期远途运输，减少费用，降低产品的生产成本，并且可以缩短流通时间，加快流动资金的周转速度。但这一原则并不是意味着项目安排在距原料、燃料提供地和产品消费地的等距离范围内，而是根据项目的技术经济特点和要求，具体对待。例如，对农产品、矿产品的初步加工项目，由于大量消耗原料，所以应尽可能靠近原料产地；对于能耗高的项目，如铝厂、电石厂等，宜靠近电厂，它们取得廉价电能和减少电能运输损失所获得的利益通常大大超过原料、半成品调运中的劳动耗费；对于技术密集型的建设项目，由于大中城市工业和科学技术力量雄厚、协作配套条件完备、信息灵通，所以其选址宜在大中城市。

（2）工业项目适当聚集的原则

在工业布局中，通常是一系列相关的项目聚成适当规模的工业基地和城镇，从而有利发挥"集聚效益"。集聚效益形成的客观基础：第一，现代化生产是一个复杂的分工合作体系，只有相关企业集中配置，才能对各种资源和生产要素充分利用，便于形成综合生产能力，尤其对那些具有密切投入产生链环关系的项目，集聚效益尤为明显；第二，现代产业需要有相应的生产性和社会性基础设施相配合，其能力和效率才能充分发挥，企业布点适当集中，才能统一建设比较齐全的基础设施，避免重复建设，节约投资，提高这些设施的效益；第三，企业布点适当集中，才能为不同类型的劳动者提供多种就业机会。

但是，工业布局的聚集程度并非愈高愈好。当工业聚集超越客观条件时，也会带来诸多弊端，促使项目投资增加，经济效益下降。这主要是因为：第一，各种原料燃料需求量大增，原料、燃料和产品的运输距离延长，流通过程中的劳动耗费增加；第二，城市人口相应集中，形成对各种农副产品的大量需求，势必增加城市农副产品供应的费用；第三，生产和生活用水量大增，在本地水源不足时，需要开辟新水源，远距离引水，耗资巨大；第四，大量生产和生活排泄物集中排放，势必造成环境污染破坏生态平衡，利用自然界自净能力净化"三废"的可能性相对下降。为保持环境质量，不得不花费巨资兴建各种人工净化处理设施，从而增加环境保护费用。当工业集聚带来的"外部不经济性"的总和超过生产集聚带来的利益时，综合经济效益反而下降，这就表明集聚程度已超过经济合理的界限。

2.建设地点（厂址）的选择

建设地点的选择是一项极为复杂的技术经济综合性很强的系统工程。它不仅涉及项目建设条件、产品生产要素、生态环境和未来产品销售等重点问题，受社会、经济、国防等多因素的制约；而且还直接影响到项目建设投资、建设速度和施工条件以及未来企业的经营管理及所在地点的城乡建设规划与发展。因此，必须从国民经济和社会发展的全局出

发，运用系统观点和方法分析决策。

（1）选择建设地点的要求

①节约土地，少占耕地。项目的建设应尽可能节约土地，尽量把厂址放在荒地、劣地、山地和空地，尽可能不占或少占耕地，并力求节约用地。尽量节省土地的补偿费用，降低工程造价。

②减少拆迁移民。工程选址、选线应着眼于少拆迁、少移民，尽可能不靠近、不穿越人口密集的城镇或居民区，减少或不发生拆迁安置费，以降低工程造价。若必须拆迁移民，应制订征地拆迁移民安置方案，考虑移民数量、安置途径、补偿标准、拆迁安置工作量和所需资金等情况，并作为前期费用计入项目投资成本。

③应尽量选在工程地质、水文地质条件较好的地段，土壤耐压力应满足拟建厂的要求，严防选在断层、熔岩、流沙层和有用矿床以及洪水淹没区、已采矿坑塌陷区、滑坡区。厂址的地下水位应尽可能低于地下建筑物的基准面。

④要有利于厂区合理布置和安全运行。厂区土地面积与外形能满足厂房与各种构筑物的需要，并适合于按科学的工艺流程布置厂房与构筑物，满足生产安全要求。厂区地形力求平坦而略有坡度（一般以5%～10%为宜），以减少平整土地的土方工程量，节约投资，又便于地面排水。

⑤应尽量靠近交通运输条件和水电等供应条件好的地方。厂址应靠近铁路、公路、水路，以缩短运输距离，减少建设投资和未来的运营成本；厂址应设在供电、供热和其他协作条件便于取得的地方，有利于施工条件的满足和项目运营期间的正常运作。

⑥应尽量减少对环境的污染。对于排放大量有害气体和烟尘的项目，不能建在城市的上风口，以免对整个城市造成污染；对于噪声大的项目，厂址应选在距离居民集中地区较远的地方，同时，要设置一定宽度的绿化带，以减弱噪声的干扰；对于生产或使用易燃、易爆、辐射产品的项目，厂址应远离城镇和居民密集区。

上述条件的满足，不仅关系到建设工程造价的高低和建设期限，对项目投产后的运营状况也有很大影响。因此，在确定厂址时，也应进行方案的技术经济分析、比较，选择最佳厂址。

（2）厂址选择时费用分析

在进行厂址多方案技术经济分析时，除比较上述厂址条件外，还应具有全寿命周期的理念，从以下两个方面进行分析：

①项目投资费用。包括土地征购费、拆迁补偿费、土石方工程费、运输设施费、排水及污水处理设施费、动力设施费、生活设施费、临时设施费、建材运输费等。

②项目投产后生产经营费用比较。包括原材料、燃料运入及产品运出费用，给水、排水、污水处理费用，动力供应费用等。

（三）技术方案

生产技术方案指产品生产所采用的工艺流程和生产方法。技术方案不仅影响项目的建设成本，也影响项目建成后的生产成本。因此，技术方案的选择直接影响项目的工程造价，必须认真选择和确定。

1.技术方案选择的基本原则

（1）先进适用

先进适用是评定技术方案最基本的标准。先进与适用，是对立的统一。保证工艺技术的先进性是首先要满足的，它能够带来产品质量、生产成本的优势。但是不能单独强调先进而忽视适用，还要考虑工艺技术是否符合我国国情和国力，是否符合我国的技术发展政策。有的引进项目，可以在主要工艺上采用先进技术，而其他部分则采用适用技术。总之，要根据国情和建设项目的成本效益，综合考虑先进与适用的关系。对于拟采用的工艺，除了必须保证能用指定的原材料按时生产出符合数量、质量要求的产品，还要考虑与企业的生产和销售条件（包括原有设备能否配套，技术和管理水平、市场需求、原材料种类等）是否相适应，特别要考虑到原有设备能否利用，技术和管理水平能否跟得上。

（2）安全可靠

项目所采用的技术或工艺，必须经过多次试验和实践证明是成熟的，技术过关、质量可靠，有详尽的技术分析数据和可靠性记录，并且生产工艺的危害程度控制在国家规定的标准之内，才能确保生产安全运行，发挥项目的经济效益。对于核电站、产生有毒有害和易燃易爆物质的项目（如油田、煤矿等）及水利水电枢纽等项目，更应重视技术的安全性和可靠性。

（3）经济合理

经济合理是指所用的技术或工艺应能以尽可能小的消耗获得最大的经济效果，要求综合考虑所用技术或工艺所能产生的经济效益和国家的经济承受能力。在可行性研究中可能提出几种不同的技术方案，各方案的劳动需要量、能源消耗量、投资数量等可能不同，在产品质量和产品成本等方面可能也有差异，因而应反复进行比较，从中挑选最经济合理的技术或工艺。

2.技术方案选择的内容

（1）生产方法选择

生产方法直接影响生产工艺流程的选择。一般在选择生产方法时，从以下几个方面着手：

①研究与项目产品相关的国内外的生产方法，分析比较优缺点和发展趋势，采用先进适用的生产方法。

②研究拟采用的生产方法是否与采用的原材料相适应。

③研究拟采用的生产方法技术来源的可得性，若采用引进技术或专利，应比较所需费用。

④研究拟采用的生产方法是否符合节能和清洁的要求。

（2）工艺流程方案选择

工艺流程是指投入物（原料或半成品）经过有次序的生产加工成为产出物（产品或加工品）的过程。选择工艺流程方案的具体内容包括以下几个方面：

①研究工艺流程方案对产品质量的保证程度。

②研究工艺流程各工序间的合理衔接，工艺流程应通畅、简捷。

③研究选择先进合理的物料消耗定额，提高收效和效率。

④研究选择主要工艺参数。

⑤研究工艺流程的柔性安排，既能保证主要工序生产的稳定性，又能根据市场需求变化，使生产的产品在品种规格上保持一定的灵活性。

（四）设备方案

在生产工艺流程和生产技术确定后，就要根据工厂生产规模和工艺过程的要求，选择设备的型号和数量。设备的选择与技术密切相关，二者必须匹配。没有先进的技术，再好的设备也没用；没有先进的设备，技术的先进性则无法体现。对于主要设备方案选择，应符合以下要求：

第一，主要设备方案应与确定的建设规模、产品方案和技术方案相适应，并满足项目投产后生产或使用的要求。

第二，主要设备之间，主要设备与辅助设备之间，能力要相互匹配。

第三，设备质量可靠、性能成熟，保证生产和产品质量稳定。

第四，在保证设备性能的前提下，力求经济合理。

第五，选择的设备应符合政府部门或专门机构发布的技术标准要求。

因此，在设备选用中，应注意处理好以下问题：

1.要尽量选用国产设备

凡国内能够制造，并能保证质量、数量和按期供货的设备，或者进口专利技术就能满足要求的，则不必从国外进口整套设备；凡只要引进关键设备就能由国内配套使用的，就不必成套引进。

2.要注意进口设备之间以及国内外设备之间的衔接配套问题

有时一个项目从国外引进设备时，为了考虑各供应厂家的设备特长和价格等问题，可能分别向几家制造厂购买，这时，就必须注意各厂所供设备之间技术、效率等方面的衔接配套问题。为了避免各厂所供设备不能配套衔接，引进时最好采用总承包的方式。还有一些项目，一部分为进口国外设备，另一部分则引进技术由国内制造，这时就必须注意国内外设备之间的衔接配套问题。

3.要注意进口设备与原有国产设备、厂房之间的配套问题

主要应注意本厂原有国产设备的质量、性能与引进设备是否配套，以免因国内外设备能力不平衡而影响生产。有的项目利用原有厂房安装引进设备，就应把原有厂房的结构、面积、高度以及原有设备的情况了解清楚，以免设备到厂后安装不下或互不适应而造成浪费。

4.要注意进口设备与原材料、备品备件及维修能力之间的配套问题

应尽量避免引进的设备所用主要原料需要进口。如果必须从国外引进时，应安排国内有关厂家尽快研制这种原料。在备品备件供应方面，随机引进的备品备件数量往往有限，有些备件在厂家输出技术或设备之后不久就被淘汰，因此采用进口设备，还必须同时组织国内研制所需备品备件问题，以保证设备长期发挥作用。另外，对于进口设备，还必须懂得如何操作和维修，否则不能发挥设备的先进性。在外商派人调试安装时，可培训国内技术人员及时学会操作，必要时也可派人出国培训。

第二节　建筑项目可行性研究

对建设项目进行合理选择，是对国家经济资源进行优化配置的最直接、最重要的手段。可行性研究是在建设项目的投资前期，对拟建项目进行全面、系统的技术经济分析和论证，从而对建设项目进行合理选择的一种重要方法。

一、可行性研究的概念和作用

（一）可行性研究的概念

建设项目的可行性研究是在投资决策前，对与拟建项目有关的社会、经济、技术等各方面进行深入细致的调查研究，对各种可能拟定的技术方案和建设方案进行认真的技术经济分析和比较论证，对项目建成后的经济效益进行科学的预测和评价。在此基础上，对拟建项目的技术先进性和适用性、经济合理性和有效性，以及建设的必要性和可行性进行全

面分析、系统论证、多方案比较与综合评价，由此得出该项目是否应该投资和如何投资等结论性意见，为项目投资决策提供可靠的科学依据。

一项好的可行性研究，应该向投资者推荐技术最优方案，使投资者明确项目具有多大的财务获利能力，投资风险有多大，是否值得投资建设；可使主管部门领导明确，从国家角度看该项目是否值得支持和批准；使银行和其他资金提供者明确，该项目能否按期或者提前偿还他们提供的资金。

（二）可行性研究的作用

在建设项目的整个寿命周期中，前期工作具有决定性意义，起着重要的作用。而作为建设项目投资前期工作的核心和重点的可行性研究工作，一经批准，在整个项目周期中就会发挥着极其重要的作用。具体体现在：

1.作为建设项目投资决策的依据

可行性研究作为一种投资决策方法，从市场、技术、工程建设、经济及社会等多方面对建设项目进行全面综合的分析和论证，依其结论进行投资决策可大大提高投资决策的科学性。

2.作为编制设计文件的依据

可行性研究报告一经审批通过，意味着该项目正式批准立项，可以进行初步设计。在可行性研究工作中，对项目选址、建设规模、主要生产流程、设备选型等方面都进行了比较详细的论证和研究，设计文件的编制应以可行性研究报告为依据。

3.作为向银行贷款的依据

在可行性研究工作中，详细预测了项目的财务效益、经济效益及贷款偿还能力。世界银行等国际金融组织，均把可行性研究报告作为申请工程项目贷款的先决条件。我国的金融机构在审批建设项目贷款时，也都以可行性研究报告为依据，对建设项目进行全面、细致的分析评估，确认项目的偿还能力及风险水平后，才做出是否贷款的决策。

4.作为建设项目与各协作单位签订合同和有关协议的依据

在可行性研究工作中，对建设规模、主要生产流程及设备选型等都进行了充分的论证。建设单位在与有关协作单位签订原材料、燃料、动力、工程建筑、设备采购等方面的协议时，应以批准的可行性研究报告为基础，保证预定建设目标的实现。

5.作为环保部门、地方政府和规划部门审批项目的依据

建设项目开工前，需地方政府批拨土地，规划部门审查项目建设是否符合城市规划，环保部门审查项目对环境的影响。这些审查都以可行性研究报告中总图布置、环境及生态保护方案等方面的论证为依据。因此，可行性研究报告为建设项目申请建设执照提供了依据。

6.作为施工组织、工程进度安排及竣工验收的依据

可行性研究报告对以上工作都有明确的要求，所以可行性研究又是检查施工进度及工程质量的依据。

7.作为项目后评估的依据

建设项目后评估是在项目建成运营一段时间后，评价项目实际运营成果是否达到预期目标的依据。建设项目的预期目标是在可行性研究报告中确定的。因此，后评估应以可行性研究报告为依据，评价项目目标的实现程度。

二、可行性研究的内容与编制

（一）可行性研究的内容

项目可行性研究是在对建设项目进行深入细致的技术经济论证基础上所做的多方案比较和优选，提出结论性意见和重大措施建议，为决策部门最终决策提供科学依据。因此，它的内容应能满足作为项目投资决策的基础和重要依据的要求。可行性研究的基本内容和研究深度应符合国家规定。一般工业建设项目的可行性研究应包含以下几个方面的内容：

1.总论

总论部分应包括项目背景、项目概况和问题与建议三部分。

（1）项目背景

包括项目名称、承办单位情况、可行性研究报告编制依据、项目提出的理由与过程等。

（2）项目概况

包括项目拟建地点、拟建规模与目标、主要建设条件、项目投入总资金及效益情况和主要技术经济指标等。

（3）问题与建议

主要指存在的可能对拟建项目造成影响的问题及相关解决建议。

2.市场预测

市场预测是对项目的产出品和所需的主要投入品的市场容量、价格、竞争力和市场风险进行分析预测，为确定项目建设规模与产品方案提供依据，包括产品市场供应预测、产品市场需求预测、产品目标市场分析、价格现状与预测、市场竞争力分析，市场风险等。

3.资源条件评价

只有资源开发项目的可行性研究报告才包含此项。资源条件评价包括资源可利用量、资源品质情况、资源赋存条件和资源开发价值。

4.建设规格与产品方案

在市场预测和资源评价的基础上，论证拟建项目的建设规模和产品方案，为项目技术方案、设备方案、工程方案、原材料、燃料供应方案及投资估算提供依据。

（1）建设规模

包括建设规模方案比选及其结果推荐方案及理由。

（2）产品方案

包括产品方案构成、产品方案比选及其结果——推荐方案及理由。

5.厂址选择

可行性研究阶段的厂址选择是在初步可行性研究（或项目建议书）规划的基础上，进行具体坐落位置选择，包括厂址所在位置现状、建设条件及厂址条件比选三方面内容。

（1）厂址所在位置现状

包括地点与地理位置、厂址土地权属及占地面积、土地利用现状。技术改造项目还包括现有场地利用情况。

（2）厂址建设条件

包括地形、地貌、地震情况，工程地质与水文地质、气候条件城镇规划及社会环境条件、交通运输条件、公用设施社会依托条件，防洪、防潮、排涝设施条件，环境保护条件、法律支持条件、征地、拆迁、移民安置条件和施工条件。

（3）厂址条件比选

主要包括建设条件比选、建设投资比选、运营费用比选，并推荐厂址方案，给出厂址地理位置图。

6.技术方案、设备方案和工程方案

技术、设备和工程方案构成了项目的主体，体现了项目的技术和工艺水平，是项目经济合理性的重要基础。

（1）技术方案

包括生产方法、工艺流程、工艺技术来源及推荐方案的主要工艺。

（2）主要设备方案

包括主要设备选型、来源和推荐的设备清单。

（3）工程方案

主要包括建筑物、构筑物的建筑特征、结构及面积方案，特殊基础工程方案、建筑安装工程量及"三材"用量估算和主要建筑物、构筑物工程一览表。

7.主要原材料、燃料供应

原材料、燃料直接影响项目运营成本，为确保项目建成后正常运营，需对原材料、辅助材料和燃料品种、规格、成分、数量、价格、来源及供应方式进行研究论证。

8.总图布置、场内外运输与公用辅助工程

总图运输设计与公用辅助工程是选定的厂址范围内，研究生产系统、公用工程、辅助工程及运输设施的平面和竖向布置及工程方案。

（1）总图布置

包括平面布置、竖向布置、总平面布置及指标表。技术改造项目包含原有建筑物、构筑物的利用情况。

（2）场内外运输

包括场内外运输量和运输方式、场内运输设备及设施。

（3）公用辅助工程

包括给排水、供电、通信、供热、通风、维修、仓储等工程设施。

9.能源和资源节约措施

在研究技术方案、设备方案和工程方案时，能源和资源消耗大的项目应提出能源和资源节约措施，并进行能源和资源消耗指标分析。

10.环境影响评价

建设项目一般会对所在地的自然环境、社会环境和生态环境产生不同程度的影响。因此，在确定厂址和技术方案时，需进行环境影响评价，研究环境条件，识别和分析拟建项目影响环境的因素，提出治理和保护环境措施，比选和优化环境保护方案。环境影响评价主要包括厂址环境条件、项目建设和生产对环境的影响、环境保护措施方案及投资和环境影响评价。

11.劳动安全卫生与消防

在技术方案和工程方案确定的基础上，分析论证在建设和生产过程中存在的对劳动者和财产可能产生的不安全因素，并提出相应的防范措施，即劳动安全卫生与消防研究。

12.组织机构与人力资源配置

项目组织机构和人力资源配置是项目建设和生产运营顺利进行的重要条件，合理、科学的配置有利于提高劳动生产率。

（1）组织机构

包括项目法人组建方案、管理机构组织方案和体系图及机构适应性分析。

（2）人力资源配置

包括生产作业班次、劳动定员数量及技能素质要求、职工工资福利、劳动生产力水平分析、员工来源及招聘计划、员工培训计划等。

13.项目实施进度

项目工程建设方案确定后，需确定项目实施进度，包括建设工期、项目实施进度计划（横线图的进度表），科学组织施工和安排资金计划，保证项目按期完工。

14.投资估算

投资估算是在项目建设规模、技术方案、设备方案、工程方案及项目进度计划基本确定的基础上，估算项目投入的总资金，包括投资估算依据、建设投资估算（建筑工程费、设备及工器具购置费、安装工程费、工程建设其他费用、基本预备费、涨价预备费、建设期贷款利息）、流动资金估算和投资估算表等方面的内容。

15.融资方案

融资方案是在投资估算的基础上，研究拟建项目的资金渠道、融资形式、融资机构、融资成本和融资风险，包括资本金（新设项目法人资本金或既有项目法人资本金）筹措、债务资金筹措和融资方案分析等方面的内容。

16.项目的经济评价

项目的经济评价包括财务评价和国民经济评价，并通过有关指标的计算，进行项目盈利能力、偿还能力等分析，得出经济评价结论。

17.社会评价

社会评价是分析拟建项目对当地社会的影响和当地社会条件对项目的适应性及可接受程度，评价项目的社会可行性。评价的内容包括项目的社会影响分析、项目与所在地区的互适性分析和社会风险分析，并得出评价结论。

18.风险分析

项目风险分析贯穿于项目建设和生产运营的全过程。首先，识别风险、揭示风险来源。识别拟建项目在建设和运营中的主要风险因素（如市场风险、资源风险、技术风险、工程风险、政策风险、社会风险等）。其次，进行风险评价、判别风险程度。最后，提出规避风险的对策，以降低风险损失。

19.研究结论与建议

从技术、经济、社会、财务等各个方面综合论述项目的可行性，推荐一个或几个方案供决策参考，指出项目存在的问题以及结论性意见和改进建议。

可以看出，建设项目可行性研究报告的内容可概括为三大部分。第一是市场研究，包括产品的市场调查和预测研究，这是项目可行性研究的前提和基础，其主要任务是要解决项目的"必要性"问题；第二是技术研究，即技术方案和建设条件研究，这是项目可行性研究的技术基础，它要解决项目在技术上的"可行性"问题；第三是效益研究，即经济效益的分析和评价，这是项目可行性研究的核心部分，主要解决项目在经济上"合理性"的问题。市场研究、技术研究和效益研究是构成项目可行性研究的三大支柱。

（二）可行性研究的报告的编制

1.编制程序

可行性研究报告的编制程序如下：

（1）建设单位提出项目建议书和初步可行性研究报告

各投资单位根据国家经济发展的长远规划、经济建设的方针任务和技术经济政策，结合资源情况、建设布局等条件，在广泛调查研究、收集资料、踏勘建设地点、初步分析投资效果的基础上，提出需要进行可行性研究的项目建议书和初步可行性研究报告。

（2）项目业主、承办单位委托有资格的单位进行可行性研究

当项目建议书经国家计划部门、贷款部门审定批准后，该项目即可立项。项目业主或承办单位就可以签订合同的方式委托有资格的工程咨询公司（或设计单位）着手编制拟建项目可行性研究报告。

（3）咨询或设计单位进行可行性研究工作，编制完整的可行性研究报告

咨询或设计单位与委托单位签订合同后，即可开展可行性研究工作。一般按以下步骤开展工作：

①了解有关部门与委托单位对建设项目的意图，并组建工作小组，制订工作计划。

②调查研究与收集资料。调查研究主要从市场调查和资源调查两方面着手，通过分析论证，研究项目建设的必要性。

③方案设计和优选。建立几种可供选择的技术方案和建设方案，结合实际条种进行方案论证和比较，从中选出最优方案，研究论证项目在技术上的可行性。

④经济分析与评价。项目经济分析人员根据调查资料和相关部门的有关规定，选定与本项目有关的经济评价基础数据和定额指标参数，对选定的最佳建设总体方案进行详细的财务预测、财务效益分析、国民经济评价和社会效益评价。

⑤编写可行性研究报告。项目可行性研究各专业方案，经过技术论证和优化后由各专业组分工编写，经项目负责人衔接协调，综合汇总，提出可行性研究报告初稿。

⑥与委托单位交换意见。

2.编制依据

①项目建议书（初步可行性研究报告）及其批复文件。

②国家和地方的经济与社会发展规划，行业部门发展规划。

③国家有关法律、法规、政策。

④对于大中型骨干项目，必须具有国家批准的资源报告、国土开发整治规划、区域规划、江河流域规划、工业基地规划等有关文件。

⑤有关机构发布的工程建设方面的标准、规范、定额。

⑥全资、合作项目各方签订的协议书或意向书。

⑦委托单位的委托合同。

⑧经国家统一颁布的有关项目评价的基本参数和指标。

⑨有关的基础数据。

3.编制要求

（1）编制单位必须具备承担可行性研究的条件

编制单位必须具有经国家有关部门审批登记的资质等级证明。研究人员应具有所从事专业的中级以上专业职称，并具有相关的知识、技能和工作经历。

（2）确保可行性研究报告的真实性和科学性

为保证可行性研究报告的质量，应切实做好编制前的准备工作，应有大量、准确、可用的信息资料，进行科学的分析比选论证。报告编制单位和人员应坚持独立、客观、公正、科学、可靠的原则，实事求是，对提供的可行性研究报告质量负完全责任。

（3）可行性研究的深度要规范化和标准化

"报告"选用主要设备的规格、参数应能满足预订货的要求；重大技术、经济方案应有两个以上方案比选；主要的工程技术数据应能满足项目初步设计的要求。"报告"应附有评估、决策（审批）所必需的合同、协议、政府批件等。

（4）可行性研究报告必须经签证

可行研究报告编制完成后，应由编制单位的行政技术、经济方面的负责人签字，并对研究报告质量负责。

三、可行性研究报告的审批

（一）政策对于投资项目的管理

对于投资项目的管理分为审批、核准和备案三种方式。

第一，对于政府投资项目，继续实行审批制。其中采用直接投资和资本金注入方式的，审批程序上与传统的投资项目审批制度基本一致，继续审批项目建议书、可行性研究报告等。采用投资补助、转贷和贷款贴息方式的，不再审批项目建议书和可行性研究报告，只审批资金申请报告。

第二，对于企业不使用政府性资金投资建设的项目，一律不再实行审批制，区别不同情况实行核准制和备案制。其中，政府仅对重大项目和限制类项目从维护社会公共利益角度进行核准，其他项目无论规模大小，均改为备案制。《政府核准的投资项目目录》对于实行核准制的范围进行了明确界定。

第三，对于以投资补助、转贷和贷款贴息方式使用政府投资资金的企业投资项目，应在项目核准或备案后向政府有关部门提交资金申请报告；政府有关部门只对是否给予资金支持进行批复，不再对是否允许项目建设提出意见。以资本金注入方式使用政府投资资金的，实际上是政府、企业共同出资建设，项目单位应向政府有关部门报送项目建议书、可行性研究报告等。

由此可知，凡企业不使用政府性资金投资建设的项目，政府实行核准制或备案制，其中企业投资建设实行核准制的项目，仅需向政府提交项目申请报告，而无须报批项目建议书、可行性研究报告和开工报告；备案制无须提交项目申请报告，只要备案即可。因此，凡不使用政府性投资资金的项目，可行性研究报告无须经过任何部门审批。

对于外商投资项目和境外投资项目，除中央管理企业限额以下投资项目实行备案管理以外，其他均需政府核准。

（二）政府直接投资和资本金注入的项目审批

对于政府投资的项目，只有直接投资和资本金注入方式的项目政府需要对可行性研究报告进行审批，其他项目无须审批可行性研究的报告。

1.由国家发展和改革委员会审核报国务院审批的项目

①使用中央预算内投资、中央专项建设资金、中央统还国外贷款5亿元及以上的项目。

②使用中央预算内投资、中央专项建设基金、统借自还国外贷款的总投资50亿元及以上的项目。

2.国家发展和改革委员会审批地方政府投资的项目

①各级地方政府采用直接投资（含通过各类投资机构）或以资本金注入方式安排地方各类财政性资金，建设《政府核准的投资项目目录》范围内应由国务院或国务院投资主管部门管理的固定资产投资项目，需由省级投资主管部门（通常指省级发展改革委员会和具有投资管理职能的经贸委）报国家发展和改革委员会同有关部门审批或核报国务院审批。

②需上报审批的地方政府投资项目，只需报批项目建议书。国家发改委主要从发展建设规划、产业政策以及经济安全等方面进行审查。

③地方政府投资项目申请中央政府投资补助、贴息和转贷的，按照国家发改委发布的有关规定报批资金申请报告，也可在向国家发改委报批项目建议书时一并提出申请。

④本规定范围以外的地方政府投资项目，按照地方政府的有关规定审批。

可见，国家发改委对地方政府投资项目只需审批项目建议书，无须审批可行性研究报告。

第三节　建筑项目投资估算

投资估算是指在整个投资决策过程中，依据现有的资料和一定的方法，对建设项目的投资数额进行的估计。

一、投资估算的阶段划分与内容

（一）投资估算的阶段划分

我国的投资估算主要分为四个阶段。

1.项目规划阶段投资估算

项目规划阶段是指有关部门根据国民经济发展规划、地区发展规划和行业发展规划的要求，编制一个建设项目的建设规划。此阶段是按项目规划的要求与内容，粗略地估算建设项目所需的投资额。允许误差宜不超过 ± 30%。

2.项目建议书阶段投资估算

项目建议书阶段投资估算是按项目建议书中的项目建设规模、初选建设地点等估算项目所需的投资额。估算精度误差可在 ± 30%以内。

3.初步可行性研究阶段投资估算

该阶段的投资估算是在掌握更详细、深入的资料条件下，估算建设项目所需的投资额。估算精度误差可在 ± 20%以内。

4.详细可行性研究阶段投资估算

该阶段的投资估算经审查批准之后，便是工程设计任务书中规定的投资限额，并可据此列入年度基本建设计划。

（二）投资估算的内容

建设项目投资估算包括固定资产投资估算与流动资金估算。

1.固定资产投资

按费用的性质可分为建筑安装工程费、设备及工器具购置费、工程建设其他费、预备费、建设期贷款利息、固定资产投资方向调节税。其中，建筑安装工程费、设备及工器具购置费形成固定资产；预备费、建设期贷款利息、固定资产投资方向调节税计入固定资产；工程建设其他费可分别形成固定资产、无形资产及其他资产。

2.流动资金

是指生产性项目建成投产后，用于购买原材料、燃料，支付工资及其他经营费用等所需的周转资金。

二、固定资产投资估算

（一）静态部分投资估算

固定资产静态部分的投资包括：建筑安装工程费、设备及工器具购置费、工程建设其他费（不含流动资金）和基本预备费。

固定资产静态部分的投资估算，要按某一确定的时间来进行，一般以开工的前一年为基准年，以这一年的价格为依据估算，否则就会失去基准作用。

估算固定资产静态部分投资的方法主要有生产能力指数法、系数估算法、指标估算法、资金周转率法、单位生产能力估算法、比例估算法。

1.生产能力指数法

这种方法是根据已建成的、性质类似的建设项目的投资额和生产能力及拟建项目的生产能力估算拟建项目的投资额。计算公式为：

$$C_2 = C_1 \left(\frac{Q_2}{Q_1} \right)^n f \tag{5-1}$$

式中：C_1——已建类似项目的投资额；

C_2——拟建项目的投资额；

Q_1——已建类似项目的生产能力；

Q_2——拟建项目的生产能力；

n——生产能力指数；

f——不同时期和不同地点的定额、单价、费用变更等的综合调整系数。

2.系数估算法

系数估算法是以拟建项目的主要设备费或主体工程费为基数，以其他工程占主要设备费或主体工程费的百分比为系数估算项目的总投资。系数估算法简单易行，但精度较低，常用于项目建议书阶段的投资估算。

（1）设备系数法

以拟建项目的设备费为基数，根据已建成的同类项目的建筑安装工程费和其他工程费占设备价值的百分比，求出拟建项目建筑安装工程费和其他工程费，进而求出建设项目总投资。计算公式为：

$$C = E\left(f + f_1P_1 + f_2P_2 + f_3P_39 + \cdots\right) + I \qquad (5-2)$$

式中：C——拟建项目的总投资；

E——根据拟建项目的设备清单，按已建项目当时、当地的价格计算的设备费；

$P_1, P_2, P_3, \cdots$——已建项目中建筑、安装及其他工程费用等占设备费的百分比。

$f_1 f_2 f_3, \cdots$——因时间因素引起的定额、价格、费用标准等变化的综合调整系数；

I——拟建项目的其他费用。

（2）朗格系数法

这种方法是以设备费为基础，乘适当系数来推算项目的静态投资。计算公式为

$$C = E\left(1 + \sum K_i\right) K_c \qquad (5-3)$$

式中：C——建设项目静态投资；

E——主要设备费；

K_i——管线、仪表、建筑物等项费用的估算系数；

K_c——管理费、合同费、应急费等项目费用的总估算系数。

静态投资与设备费用之比为朗格系数。即

$$K_l = \left(1 + \sum K_i\right) K_c \qquad (5-4)$$

3.指标估算法

这种方法是把建设项目划分成建筑工程、设备安装工程、设备购置费、其他基本建设费用项目或单位工程，再根据具体的投资估算指标，进行各项费用项目或单位工程投资的估算，在此基础上，可汇总成每一单项工程的投资。

投资估算的指标形式较多，如以元/m、元/m²、元/m³、元/t、元/（kV·A）等形式表示。根据这些投资估算指标，乘所需的面积、体积等，就可求出相应的建筑工程、设备安装工程等各单位工程的投资。

采用指标估算法时，要根据国家的有关规定、投资主管部门或地区颁布的估算指标，结合工程的具体情况编制。一方面，要注意若套用的指标与具体工程之间的标准或条件有差异时，应加以必要的换算或调整；另一方面，要注意使用的指标单位应密切结合每个单位工程的特点，能正确反映其设计参数，不要盲目地单纯套用一种指标。

（二）动态部分投资估算

建设项目的动态投资包括价格变动可能增加的投资额、建设期利息等，如果是涉外项目，还应计算汇率的影响。在实际估算时，主要考虑涨价预备费、建设期贷款利息、投资方向调节税、汇率变化四个方面。

汇率变化对涉外建设项目动态投资的影响主要体现在升值与贬值上。外币对人民币升值，会导致从国外市场上购买材料设备所支付的外币金额不变，但换算成人民币的金额会增加。估计汇率的变化对建设项目投资的影响，是通过预测汇率在项目建设期内的变动程度，以估算年份的投资额为基数计算求得。

三、流动资金投资估算

流动资金是指生产经营性项目投产后，为进行正常生产运营，需用于购买原材料、燃料，支付工资及其他经营费用等所用的周转资金。在工业项目决策阶段，为了保证项目投产后能正常生产经营，往往需要一笔最基本的周转资金，这笔最基本的周转资金被称为铺底流动资金。铺底流动资金一般为流动资金总额的30%，其在项目正式建设前就应该落实。

流动资金估算一般采用分项详细估算法，个别情况或小型项目可采用扩大指标法。

（一）分项详细估算法

该法是对构成流动资金的各项流动资产与流动负债分别进行估算。在可行性研究中，为简化计算，仅对现金、应收账款、存货、应付账款4项进行估算。其计算公式为：

$$流动资金=流动资产-流动负债$$

$$流动资产=现金+应收账款+存货+预付账款 \qquad （5-5）$$

$$流动负债=应付账款+预收账款$$

1.现金估算

项目流动资金中的现金是指货币资金，即企业生产运营活动中停留于货币形态的那部分资金，包括企业库存现金和银行存款。

2.应收账款估算

应收账款是指企业对外赊销商品、劳务而占用的资金。应收账款的周转额应为全年赊销销售收入。在可行性研究时，用销售收入代替赊销收入。

3.存货估算

存货是企业为销售或生产而储备的各种物资，主要有原材料、辅助材料、燃料、低值易耗品、维修备件、包装物、在产品、自制半成品和产成品等。为简化计算，仅考虑外购原材料、外购燃料、在产品和产成品，并分项进行计算。

4.流动负债估算

流动负债是指在一年或超过一年的一个营业周期内，需要偿还的各种债务。在可行性研究中，流动负债的估算仅考虑应付账款一项。

（二）扩大指标估算法

扩大指标估算法是根据现有同类企业的实际资料，求出各种流动资金率指标，也可采用行业或部门给定的参考值或经验确定比率。将各类流动资金乘相应的费用基数来估算流动资金。常用的基数有销售收入、经营成本、总成本或固定资产投资等，具体采用何种基数依据企业习惯而定。该方法简便易行，但准确度不高，适用于项目建议书阶段的投资估算。

第四节　项目财务评价

一、财务评价的概念及程序

（一）财务评价的概念

财务评价是根据国家现行财税制度和价格体系，分析、计算项目直接发生的财务效益和费用，编制财务报表，计算评价指标，考察项目盈利能力、清偿能力以及外汇平衡等财务状况，据以判别项目的财务可行性。财务评价是建设项目经济评价中的微观层次，它主要从微观投资主体的角度分析项目可以给投资主体带来的效益以及投资风险。作为市场经济微观主体的企业进行投资时，一般都进行项目财务评价。建设项目经济评价中的另一个层次是国民经济评价，它是一种宏观层次的评价，一般只对某些在国民经济中有重要作用和影响的大中型重点建设项目以及特殊行业和交通运输、水利设施等基础性或公益性建设项目展开国民经济评价。

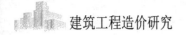

（二）财务评价程序

财务评价是在项目市场研究、生产条件及技术研究的基础上进行的，它主要通过有关的基础数据，编制财务报表、计算分析相关经济评价指标并做出评价结论。

其程序大致包括如下几个步骤：

第一，估算现金流量。

第二，编制基本财务报表。

第三，计算与评价财务评价指标。

第四，进行不确定性分析。

第五，进行风险分析。

第六，得出评价结论。

二、财务评价的基本报表

（一）现金流量表

建设项目的现金流量系统将项目计算期内各年的现金流入与流出按照各自发生的时点顺序排列，表达为具有确定时间概念的现金流量系统。现金流量表就是对建设项目现金流量系统的表格式反映，用以计算各项静态和动态评价指标，进行项目财务盈利分析。按投资计算基础的不同，现金流量表可分为全部投资现金流量表和自有现金流量表。

（二）损益表

损益表反映项目计算期内各年的利润总额、所得税及税后利润的分配情况。损益表的编制以利润总额的计算过程为基础。

（三）资金来源与资金运用表

资金来源与资金运用表能全面反映项目资金活动全貌，反映项目计算期内各年的资金盈余或短缺情况，用于选择资金筹措方案，制订适宜的借款及偿还计划，并为编制资产负债表提供依据。

（四）资产负债表

资产负债表用以考察项目资产、负债、所有者权益的结构是否合理，进行清偿能力分析。

（五）财务外汇平衡表

财务外汇平衡表主要使用于有外汇收支的项目，用以反映项目计算内各年外汇余额程度，进行外汇平衡分析。

三、财务评价指标计算

（一）财务盈利能力评价

财务盈利能力评价主要考察项目投资的盈利水平。为此，需编制全部投资现金流量表、自有资金现金流量表和损益表3个基本财务报表，并计算财务内部收益率、财务净现值、投资回收期、投资收益率等指标。

1.财务净现值

财务净现值是指把项目计算期内各年的财务净现金流量，按照一个给定的标准折现率（基准收益率）折算到建设期初（项目计算期第一年年初）的现值之和。

财务净现值是考察项目在计算期内盈利能力的主要动态评价指标。其表达式为：

$$FNPV = \sum_{t=1}^{n}(CI-CO)_t\left(1+i_c\right)^{-t} \tag{5-6}$$

式中：$FNPV$——财务净现值；

$(CI-CO)_t$——第t年的净现金流量；

n——项目计算期；

i_c——标准折现率。

如果项目建成投产后，各年净现金流量相等，均为A，投资现值为K_p则

$$FNPV=A(P/A, c, n)-K_p \tag{5-7}$$

如果项目建成投产后，各年净现金流量不相等，则财务净现值只能按照式计算。财务净现值表示建设项目的收益水平超过基准收益的额外收益。该指标在用于投资方案的经济评价时，财务净现值大于等于零，则项目可行。

2.财务内部收益率（FIRR）

财务内部收益率是指项目在整个计算期内各年财务净现金流量的现值之和等于零时的折现率，也就是使项目的财务净现值等于零时的折现率，其表达式为：

$$\sum_{t=1}^{n}(CI-CO)_t(1+FIRR)^{-t}=0 \tag{5-8}$$

式中：*FIRR*——财务内部收益率。

财务内部收益率是反映项目实际收益率的一个动态指标，该指标越大越好。一般情况下，财务内部收益率大于或等于基准收益率时，项目可行。财务内部收益率的计算过程是解一元 *n* 次方程的过程，只有常规现金流量才能保证方程式有唯一解。

3.投资回收期

投资回收期按照是否考虑资金时间价值可以分为静态投资回收期和动态投资回收期。

（1）静态投资回收期

静态投资回收期是指以项目每年的净收益回收项目全部投资所需要的时间，是考察项目财务上投资回收能力的重要指标。这里所说的全部投资既包括固定资产投资，又包括流动资金投资。项目每年的净收益是指税后利润加折旧。

静态投资回收期的表达式如下：

$$\sum_{t=1}^{P_t}(CI-CO)_t = 0 \qquad (5-9)$$

式中：P_t——静态投资回收期；

CI——现金流入；

CO——现金流出；

CI-CO——第 *t* 年的净现金流量。

静态投资回收期一般以"年"为单位，自项目建设开始年算起。当然也可以计算自项目建成投产算起的静态投资回收期，但对于这种情况，需要加以说明，以防止两种情况的混淆。如果项目建成投产后，每年的净收益相等，则投资回收期可用下式计算：

$$P_t = \frac{K}{NB} + T_k \qquad (5-10)$$

式中：*K*——全部投资；

NB——每年的净收益；

T_k——项目建设期。

当静态投资回收期小于或等于基准投资回收期时，项目可行。

（2）动态投资回收期

动态投资回收期是指在考虑了资金时间价值的情况下，以项目每年的净收益回收项目全部投资所需要的时间。这个指标主要是为了克服静态投资回收期指标没有考虑资金时间价值的缺点而提出的。动态投资回收期的表达式为：

$$\sum_{t=0}^{P'}(CI-CO)_t\left(1+i_c\right)^{-t}=0 \tag{5-11}$$

式中：P'——动态投资回收期。

4.投资收益率

投资收益率又称投资效果系数，是指在项目达到设计能力后，其每年的净收益与项目全部投资的比率，是考察项目单位投资盈利能力的静态指标。

当项目在正常生产年份内各年的收益情况变化不大时，可用年平均净收益替代年净收益来计算投资收益率。在采用投资收益率对项目进行评价时，投资收益率不小于行业平均的投资收益率或投资者要求的最低收益率，项目即可行。投资收益率指标由于计算口径不同，又可分为投资利润率、投资利税率、资本金利润率等指标。

（二）清偿能力评价

投资项目的资金可分为借入资金和自有资金。自有资金可长期使用，而借入资金必须按期偿还。项目的投资者自然要关心项目偿还能力；借入资金的所有者——债权人也非常关心贷出资金能否按期收回本息。因此，偿债分析是财务分析中的一项重要内容。

1.贷款偿还期分析

项目偿债能力分析可在编制贷款偿还表的基础上进行。为了表明项目的偿债能力，可按尽早还款的方法计算。在计算中，贷款利息一般作如下假设：长期借款，当年贷款按半年计息，当年还款按全年计息。假设在建设期借入资金，生产期逐期归还，则

$$建设期年利息=\left(年初借款累计+\frac{本年借款}{2}\right)\times 年利率 \tag{5-12}$$

生产期年利息=年初借款累计×年利率

流动资金借款及其他短期借款按全年计息。贷款偿还期的计算公式与投资回收期公式相似，公式为

$$贷款偿还期=清偿债务年份-1+\frac{清偿债务当年应付的利息}{当年可用于偿债的资金总额} \tag{5-13}$$

贷款偿还期小于等于借款合同规定的期限时，项目可行。

2.资产负债率

$$资产负债率=\frac{负债总额}{资产总额} \tag{5-14}$$

资产负债率反映项目总体偿债能力。这一比率越低，则偿债能力越强。但是资产负债

率的高低还反映了项目利用负债资金的程度，因此该指标水平应适当。

3.流动比率

$$流动比率 = \frac{流动资产总额}{流动负债总额} \qquad (5\text{--}15)$$

流动比率指标反映企业偿还短期债务的能力。该比率越高，单位流动负债将有更多的流动资产保证，短期偿还能力就越强。但是可能导致流动资产利用率低下，影响项目效益。因此，流动比率一般为2∶1较好。

4.速动比率

$$速动比率 = \frac{速动资产总额}{流动负债总额} \qquad (5\text{--}16)$$

其中，速动资产=流动资产−存货。

速动比率反映了企业在很短时间内偿还短期债务的能力。速动资产是流动资产中变现最快的部分，速动比率越高，短期偿债能力越强。同样，速动比率过高也会影响资产利用效率，进而影响企业经济效益。因此，速动比率一般为1左右较好。

第六章 建设工程招标投标阶段的工程造价

第一节 招标文件的组成内容

一、施工招标文件的编制内容

（一）招标公告（或投标邀请书）

招标公告的内容主要包括：

第一，招标人名称、地址、联系人姓名、电话。委托代理机构进行招标的，还应注明该机构的名称和地址。

第二，工程情况简介，包括项目名称、建筑规模、工程地点、结构类型、装修标准、质量要求、工期要求。

第三，承包方式，材料、设备供应方式。

第四，对投标人资质的要求及应提供的有关文件。

第五，招标日程安排。

第六，招标文件的获取办法，包括发售招标文件的地点、文件的售价及开始和截止出售的时间。

第七，其他要说明的问题。当进行资格预审时，应采用投标邀请书的方式。邀请书内容包括招标条件、项目概况与招标范围、投标人资格要求、招标文件的获取、投标文件的递交和确认、联系方式等。该邀请书可代替资格预审通过通知书，以明确投标人已具备了在某具体项目标段的投标资格。

（二）投标人须知

投标人须知正文部分内容如下：

1.总则

总则是要准确地描述项目的概况和资金的情况、招标的范围、计划工期和项目的质量要求；对投标资格的要求以及是否接受联合体投标和对联合体投标的要求；是否组织踏勘现场和投标预备会，组织的时间和费用的承担等的说明；是否允许分包以及分包的范围；是否允许投标文件偏离招标文件的某些要求，允许偏离的范围和要求等。

2.招标文件

投标人须知：要说明招标文件发售的时间、地点，招标文件的澄清和说明。

第一，招标文件发售的时间不得少于5个工作日，发售的地点应是详细的地址，如××市××路××大厦××房间，不能简单地说××单位的办公楼。

第二，投标人应仔细阅读和检查招标文件的全部内容。如发现缺页或附件不全，应及时向招标人提出，以便补齐。如有疑问，应在投标人须知前附表规定的时间前以书面形式（包括信函、电报、传真等可以有形地表现所载内容的形式）要求招标人对招标文件予以澄清。招标文件的澄清将在投标人须知前附表规定的投标截止时间15天前以书面形式发给所有购买招标文件的投标人，但不指明澄清问题的来源。如果澄清发出的时间距投标截止时间不足15天，则要相应延长投标截止时间。投标人在收到澄清后，应在投标人须知前附表规定的时间内以书面形式通知招标人，确认已收到该澄清。

在投标截止时间15天前，招标人可以以书面形式修改招标文件，并通知所有已购买招标文件的投标人。如果修改招标文件的时间距投标截止时间不足15天，则要相应延长投标截止时间。投标人收到修改内容后，应在投标人须知前附表规定的时间内以书面形式通知招标人，确认已收到该修改。

第三，对投标文件的组成、投标报价、投标有效期、投标保证金的约定，投标文件的递交、开标的时间和地点、开标程序、评标和定标的相关约定，招标过程对投标人、招标人、评标委员会的纪律要求监督。

（三）评标办法

评标办法可选择经评审的最低投标价法和综合评估法。

（四）合同条款及格式

1.施工合同文件

（1）合同协议书

合同协议书是施工合同的总纲性法律文件，经过双方当事人签字盖章后合同即成立，具有最高的合同效力。合同协议书主要包括工程概况、合同工期、质量标准、签约合同价和合同价格形式、项目经理、合同文件构成、承诺、词语含义、签订时间、签订地点、补充协议、合同生效、合同份数等重要内容，集中约定了合同当事人基本的合同权利义务。

（2）通用合同条款

通用合同条款是合同当事人根据法律法规的规定，就工程建设的实施及相关事项，对合同当事人的权利义务做出的原则性约定。

通用合同条款共计20条、具体条款分别为一般约定、发包人、承包人、监理人、工程质量、安全文明施工与环境保护、工期和进度、材料与设备、试验与检验、变更、价格调整、合同价格、计量与支付、验收和工程试车、竣工结算、缺陷责任与保修、违约、不可抗力、保险、索赔和争议解决。前述条款安排既考虑了现行法律法规对工程建设的有关要求，也考虑了建设工程施工管理的特殊需要。

（3）专用合同条款

专用合同条款是对通用合同条款原则性约定的细化、完善、补充、修改或另行约定的条款。合同当事人可以根据不同建设工程的特点及具体情况，通过双方的谈判、协商对相应的专用合同条款进行修改补充。在使用专用合同条款时，应注意以下事项：

①专用合同条款的编号应与相应的通用合同条款的编号一致；

②合同当事人可以通过对专用合同条款的修改，满足具体建设工程的特殊要求，避免直接修改通用合同条款；

③在专用合同条款中有横道线的地方，合同当事人可针对相应的通用合同条款进行细化、完善、补充、修改或另行约定；如无细化、完善、补充、修改或另行约定，则填写"无"或画"×"。

2.合同格式

合同格式主要包括合同协议书格式、履约担保格式和预付款担保格式。

（五）工程量清单

招标工程量清单必须作为招标文件的重要组成部分，其准确性（数量不算错）和完整性（不缺项漏项）应由招标人负责。招标人应将工程量清单连同招标文件一起发（售）给投标人。投标人依据工程量清单进行投标报价时，对工程量清单不负有核实的责任，更不具有修改和调整的权力。如招标人委托工程造价咨询人编制工程量清单，其责任仍由招标人负责。

招标工程量清单是工程量清单计价的基础，应作为编制招标控制价、投标报价、计算或调整工程量以及工程索赔等的依据之一。

招标工程量清单应以单位（项）工程为单位编制，应由分部分项工程项目清单、措施项目清单、其他项目清单、规费和税金项目清单组成。

（六）图纸

图纸是指应由招标人提供，用于计算招标控制价和投标人计算投标报价所必需的各种详细程度的图纸。

（七）技术标准和要求

招标文件的标准和要求包括一般要求，特殊技术标准和要求，使用的国家、行业以及地方规范、标准和规程等内容。

1.工程说明

简要描述工程概况，工程现场条件和周围环境、地质及水文资料，以及资料和信息的使用。合同文件中载明的涉及本工程现场条件、周围环境、地质及水文等情况的资料和信息数据，是发包人现有的和客观的，发包人保证有关资料和信息数据的真实、准确。但承包人据此做出的推论、判断和决策，由承包人自行负责。

2.发承包的承包范围、工期要求、质量要求及适用规范和标准

发承包的承包范围关键是对合同界面的具体界定，特别是对暂列金额和甲方提供材料等要详细地界定责任和义务。如果承包人在投标函中承诺的工期和计划的开、竣工日期之间发生矛盾或者不一致时，以承包人承诺的工期为准。实际开工日期以通用合同条款约定的监理人发出的开工通知中载明的开工日期为准。如果承包人在投标函附录中承诺的工期提前于发包人在工程招标文件中所要求的工期，承包人在施工组织设计中应当制订相应的工期保证措施，由此而增加的费用，应当被认为已经包括在投标总报价中。除合同另有约定外，合同履约过程中发包人不会再向承包人支付任何性质的技术措施费用、赶工费用或其他任何性质的提前完工奖励等费用。工程要求的质量标准为符合现行国家有关工程施工验收规范和标准的要求（合格）。如果针对特定的项目、特定的业主，对项目有特殊的质量要求的，要详细约定。工程使用现行国家、行业和地方规范、标准和规程。

3.安全防护和文明施工、安全防卫及环境保护

在工程施工、竣工、交付及修补任何缺陷的过程中，承包人应当始终遵守国家和地方

有关安全生产的法律、法规、规范、标准和规程等，按照通用合同条款的约定履行其安全施工职责。现场应有安全警示标志，并进行检查工作。要配备专业的安全防卫人员，并制订详细的巡查管理细则。在工程施工、完工及修补任何缺陷的过程中，承包人应当始终遵守国家和工程所在地有关环境保护、水土保护和污染防治的法律、法规、规章、规范、标准和规程等，按照通用合同条款的约定，履行其环境与生态保护职责。

（八）投标文件格式

投标文件格式提供各种投标文件编制所应依据的参考格式，包括投标函及投标函附录、法定代表人的身份证明、授权委托书、联合体协议书、投标保证金、已标价工程量清单、施工组织设计、项目管理机构、拟分包项目情况表、资格审查资料及其他材料等。

二、招标文件的澄清和修改

（一）招标文件的澄清

投标人应仔细阅读和检查招标文件的全部内容。如发现缺页或附件不全的问题，应及时向招标人提出，以便补齐。如有疑问，应在投标人须知前附表规定的时间前，以书面形式（包括信函、电报、传真等可以有形地表现所载内容的形式），要求招标人对招标文件予以澄清。

招标文件的澄清将在投标人须知前附表规定的投标截止时间15天前，以书面形式发给所有购买招标文件的投标人，但不指明澄清问题的来源。如果澄清发出的时间距投标截止时间不足15天，则要相应延长投标截止时间。

投标人在收到澄清后，应在投标人须知前附表规定的时间内，以书面形式通知招标人，确认招标人已收到该澄清。

（二）招标文件的修改

在投标截止时间15天前，招标人可以书面形式修改招标文件，并通知所有已购买招标文件的投标人。如果修改招标文件的时间距投标截止时间不足15天，则要相应延长投标截止时间。

投标人收到修改内容后，应在投标人须知前附表规定的时间内，以书面形式通知招标人，确认招标人已收到该修改。

三、建设项目施工招标过程中其他文件的主要内容

（一）资格预审公告和招标公告的内容

1.资格预审公告的内容

（1）招标条件

明确拟招标项目已符合前述的招标条件。

（2）项目概况与招标范围

说明本次招标项目的建设地点、规模、计划工期、合同估算价、招标范围和标段划分（如果有）等。

（3）申请人资格要求

包括对申请人资质、业绩、人员、设备及资金等方面具备相应的施工能力的审查，以及是否接受联合体资格预审申请的要求。

（4）资格预审方法

明确采用合格制或有限数量制。

（5）申请报名

明确规定报名具体时间、截止时间及地址。

（6）资格预审文件的获取

规定符合要求的报名者应持单位介绍信购买资格预审文件，并说明获取资格预审文件的时间、地点和费用。

（7）资格预审申请文件的递交

说明递交资格预审申请文件截止时间，并规定逾期送达或者未送达指定地点的资格预审申请文件，招件人不予受理。

2.招标公告的内容

第一，招标人的名称和地址；

第二，招标项目的内容、规模及资金来源；

第三，招标项目的实施地点和工期；

第四，获取招标文件或者资格预审文件的地点和时间；

第五，对招标文件或者资格预审文件收取的费用；

第六，对招标人资质等级的要求。

（二）资格审查文件的内容与要求

1.资格预审文件的内容

采取资格预审的，招标人应当在资格预审文件中载明资格预审的条件、标准和方法；采取资格后审的，招标人应当在招标文件中载明对投标人资格要求的条件、标准和方法。

招标人不得改变载明的资格条件或者以没有载明的资格条件对潜在投标人或者投标人进行资格审查。

经资格预审后，招标人应当向资格预审合格的潜在投标人发出资格预审合格通知书，告知获取招标文件的时间、地点和方法，并同时向资格预审不合格的潜在投标人告知资格预审结果。资格预审不合格的潜在投标人不得参加投标。对于经资格后审不合格的投标人的投标应予否决。

2.资格预审申请文件的内容

第一，资格预审申请函；

第二，法定代表人身份证明或附有法定代表人身份证明的授权委托书；

第三，联合体协议书；

第四，申请人基本情况表；

第五，近年财务状况表；

第六，近年完成的类似项目情况表；

第七，正在施工和新承接的项目情况表；

第八，近年发生的诉讼及仲裁情况；

第九，其他材料。

3.资格审查的主要内容

第一，具有独立订立合同的权利；

第二，具有履行合同的能力，包括专业、技术资格和能力、资金、设备和其他物质设施状况、管理能力、经验、信誉和相应的从业人员；

第三，没有处于被责令停业，投标资格被取消，财产被接管、冻结及破产状态；

第四，在最近3年内没有骗取中标和严重违约及重大工程质量问题；

第五，国家规定的其他资格条件。资格审查时，招标人不得以不合理的条件限制、排斥潜在投标人或者投标人，不得对潜在投标人或者投标人实行歧视待遇。任何单位和个人不得以行政手段或者其他不合理方式限制投标人的数量。

四、编制施工招标文件应注意的问题

（一）工程项目的总体策划

1.承发包模式的确定

一个施工项目的全部施工任务可以只发一个合同包招标，即采取施工总承包模式。在这种模式下，招标人仅与一个中标人签订合同，合同关系简单，业主合同管理工作也比较简单，但有能力参加竞争的投标人较少。若采取平行承发包模式，将全部施工任务分解成若干个单位工程或特殊专业工程分别发包，则需要进行合理的工程分标，招标发包数量多，招标评标工作量就大。

工程项目施工是一个复杂的系统工程，影响因素众多。因此，采用何种承、发包模式，如何进行工程分标，应从施工内容的专业要求、施工现场条件、对工程总投资的影响、建设资金筹措情况以及设计进度等多方面综合考虑。

2.计价模式的确定

招标文件提供的工程量清单和工程量清单计价格式必须符合国家规范的规定。

3.合同类型的选择

按计价方式不同，合同可分为总价合同、单价合同和成本加酬金合同。应依据招标时工程项目设计图纸和技术资料的完备程度、计价模式、承发包模式等因素确定采用何种合同类型。

（二）编制招标文件应注意的重点问题

1.重点内容的醒目标示

（1）单独分包的工程

招标工程中需要另行单独分包的工程必须符合政府有关工程分包的规定，且必须明确总包工程需要分包工程配合的具体范围和内容，将配合费用的计算规则列入合同条款。

（2）甲方提供材料

涉及甲方提供材料、工作等内容的，必须在招标文件中载明，并将明确的结算规则列入合同主要条款。

（3）施工工期

招标项目需要划分标段、确定工期的，招标人应当合理划分标段，确定工期，并在招标文件中载明。对工程技术上联系紧密、不可分割的单位工程不得分割标段。

（4）合同类型

招标文件应明确说明招标工程的合同类型及相关内容，并将其列入主要合同条款。

采用固定价合同的，必须明确合同价应包括的内容、数量、风险范围及超出风险范围的调整方法和标准。工期超过12个月的工程应慎用固定价合同；采用可调价合同的，必须明确合同价的可调因素、调整控制幅度及其调整方法；采用成本加酬金合同（费率招标）的工程，必须明确酬金（费用）计算标准（或比例）、成本计算规则以及价格取定标准等所有涉及合同价的因素。

2.合同主要条款

合同主要条款不得与招标文件有关条款存在实质性的矛盾。如固定价合同的工程，在合同主要条款中不应出现"按实调整"的字样，而必须明确量、价变化时的调整控制幅度和价格确定规则。

3.关于招标控制价

招标项目需要编制招标控制价的，有资格的招标人可以自行编制或委托咨询机构编制。一个工程只能编制一个招标控制价。

施工图中存在的不确定因素，必须如实列出，并由招标控制价编制人员与发包方协商确定暂定金额，同时，应在规定的时间内作为招标文件的补充文件送达全部投标人。招标控制价不作为评标决标的依据，仅供参考。

4.明确工程评标办法

第一，招标文件应明确评标时除价格外的所有评标因素，以及如何将这些因素量化或者据以进行评价的方法。

第二，招标文件应根据工程的具体情况和业主需求设定评标的主体因素（造价、质量和工期），并按主体因素设定不同的技术标、商务标评分标准。

第三，招标文件中规定的评标标准和评标方法应当合理，不得含有倾向或者排斥潜在投标人的内容，不得设定妨碍或者限制投标人之间竞争的条件，不应在招标文件中设定投标人降价（或优惠）幅度作为评标（或废标）的限制条件。

5.关于备选标

招标文件应明确是否允许投标人投备选标，并应明确备选标的评审和采纳规则。

6.明确询标事项

招标文件应明确评标过程的询标事项，规定投标人对投标函在询标过程的补正规则及不予补正时的偏差量化标准。

7.工程量清单的修改

采用工程量清单招标的工程，招标文件必须明确工程量清单编制偏差的核对、修正规则。招标文件还应考虑当工程量清单误差较大，经核对后，招标人与中标人不能达成一致调整意向时的处理措施。

8.关于资格审查

采取资格预审的，招标人应当在资格预审文件中载明资格预审的条件、标准和方法；采取资格后审的，招标人应当在招标文件中载明对投标人资格要求的条件、标准和审查方法。

9.招标文件修改的规定

招标文件必须载明招标投标各环节所需要的合理时间及招标文件修改必须遵循的规则。当对投标人提出的投标疑问需要答复，或者招标文件需要修改，不能符合有关法律法规要求的截标间隔时间规定时，必须修改截标时间，并以书面形式通知所有投标人。

10.有关盖章、签字的要求

招标文件应明确投标文件中所有需要签字、盖章的具体要求。

第二节　招标工程量清单、控制价与投标报价的编制

一、招标工程量清单与招标控制价的编制

（一）招标工程量清单的编制

1.招标工程量清单编制依据及准备工作

（1）招标工程量清单的编制依据

建设工程工程量清单是招标文件的组成部分，是编制招标控制价、投标报价、计算或调整工程量、索赔等的依据之一。招标工程量清单应由具有编制能力的招标人或受其委托、具有相应资质的工程造价咨询人编制。

（2）招标工程量清单编制的准备工作

①初步研究

第一，熟悉《建设工程工程量清单计价标准》及当地计价规定及相关文件；熟悉设计文件，掌握工程全貌，便于清单项目列项的完整、工程量的准确计算及清单项目的准确描述，对设计文件中出现的问题应及时提出。

第二，熟悉招标文件和招标图纸，确定工程量清单编审的范围及需要设定的暂估价；收集相关市场价格信息，为暂估价的确定提供依据。

第三，对《建设工程工程量清单计价标准》缺项的新材料、新技术、新工艺，收集足

够的基础资料，为补充项目的制定提供依据。

②现场踏勘

A.自然地理条件：工程所在地的地理位置、地形、地貌、用地范围等；气象、水文情况，包括气温、湿度、降雨量等；地质情况，包括地质构造及特征、承载能力等；地震、洪水及其他自然灾害情况。

B.施工条件：工程现场周围的道路、进出场条件、交通限制情况；工程现场施工临时设施、大型施工机具、材料堆放场地的安排情况；工程现场邻近建筑物与招标工程的间距、结构形式、基础埋深、新旧程度、高度；市政给水排水管线位置、管径、压力，废水、污水处理方式，市政、消防供水管道管径、压力、位置等；现场供电方式、方位、距离、电压等；工程现场通信线路的连接和铺设；当地政府有关部门对施工现场管理的一般要求和特殊要求及规定等。

③拟订常规施工组织设计

A.估算整体工程量。根据概算指标或类似工程进行估算，且仅对主要项目加以估算即可，如土石方、混凝土等。

B.拟定施工总方案。施工总方案只需对重大问题和关键工艺作原则性的规定，不需考虑施工步骤，主要包括施工方法、施工机械设备的选择、科学的施工组织、合理的施工进度、现场的平面布置及各种技术措施。制订总方案要满足以下原则：从实际出发，符合现场的实际情况，在切实可行的范围内尽量求其先进和快速；满足工期的要求；确保工程质量和施工安全；尽量降低施工成本，使方案更加经济合理。

C.确定施工顺序。合理确定施工顺序需要考虑以下几点：各分部分项工程之间的关系，施工方法和施工机械的要求，当地的气候条件和水文要求，施工顺序对工期的影响。

D.编制施工进度计划。施工进度计划要满足合同对工期的要求，在不增加资源的前提下尽量提前。编制施工进度计划时要处理好工程中各分部工程、分项工程、单位工程之间的关系，避免出现施工顺序的颠倒或工种相互冲突。

E.计算人工、材料、机具资源需求量

人工工日数量根据估算的工程量、选用的定额、拟定的施工总方案、施工方法及要求的工期来确定，并考虑节假日、气候等的影响。材料需要量主要根据估算的工程量和选用的材料消耗定额进行计算。机具台班数量则根据施工方案确定选择机械设备方案及仪器仪表和种类的匹配要求，再根据估算的工程量和机具消耗定额进行计算。

2.招标工程量清单的编制内容

（1）分部分项工程项目清单编制

①项目编码

分部分项工程项目清单的项目编码，应根据拟建工程的工程量清单项目名称设置，同一招标工程的项目编码不得有重码。

②项目名称

第一，当在拟建工程的施工图纸中有体现，并且在建设工程工程量清单计价、计量规范(GB 50500–2013、GB 50856–2013)附录中也有相对应的项目时，则根据附录中的规定直接列项，计算工程量，确定其项目编码。

第二，当在拟建工程的施工图纸中有体现，但在建设工程工程量清单计价、计量规范(GB 50500–2013、GB 50856–2013)中没有相对应的项目，并且在附录项目的"项目特征"或"工程内容"中也没有提示时，则必须编制针对这些分项工程的补充项目，在清单中单独列项并在清单的编制说明中注明。

③项目特征

第一，项目特征描述的内容应按建设工程工程量清单计价、计量规范(GB 50500–2013、GB 50856–2013)附录中的规定，结合拟建工程的实际，满足确定综合单价的需要。

第二，若采用标准图集或施工图纸能够全部或部分满足项目特征描述的要求，项目特征的描述可直接采用"详见××图集"或"××图号"的方式。对不能满足项目特征描述要求的部分，仍应用文字描述。

（2）措施项目清单编制

措施项目清单是指为完成工程项目施工，发生于该工程施工准备和施工过程中的技术、生活、安全、环境保护等方面的项目清单，措施项目分单价措施项目和总价措施项目。

措施项目清单的编制需考虑多种因素，除工程本身的因素，还涉及水文、气象、环境、安全等因素。措施项目清单应根据拟建工程的实际情况列项，若出现《建设工程工程量清单计价标准》中未列的项目，可根据工程实际情况补充。项目清单的设置要考虑拟建工程的施工组织设计、施工技术方案、相关的施工规范与施工验收规范、招标文件中提出的某些必须通过一定的技术措施才能实现的要求，设计文件中一些不足以写进技术方案的但是要通过一定的技术措施才能实现的内容。

一些可以精确计算工程量的措施项目可采用与分部分项工程项目清单相同的编制方式，编制"分部分项工程和单价措施项目清单与计价表"，而有一些措施项目费用的发生与使用时间、施工方法或者两个以上的工序相关并大都与实际完成的实体工程量的大小关系不大，如安全文明施工，冬、雨季施工，已完工程设备保护等，应编制"总价措施项目清单与计价表"。

（3）其他项目清单的编制

①暂列金额

暂列金额是指招标人暂定并包括在合同中的一笔款项。用于工程合同签订时尚未确定或者不可预见的所需材料、工程设备、服务的采购，施工中可能发生的工程变更、合同约定调整因素出现时的合同价款调整以及发生的索赔、现场签证确认等的费用。此项费用由招标人填写其项目名称、计量单位、暂定金额等，若不能详列，也可只列暂定金额总额。由于暂列金额由招标人支配，实际发生后才得以支付，因此，在确定暂列金额时应根据施工图纸的深度、暂估价设定的水平、合同价款约定调整的因素以及工程实际情况合理确定。一般可按分部分项工程项目清单的10%～15%确定，不同专业预留的暂列金额应分别列项。

②暂估价

暂估价是招标人在招标文件中提供的用于支付必然要发生但暂时不能确定价格的材料、工程设备的单价以及专业工程的金额。一般来说，为方便合同管理和计价，需要纳入分部分项工程量项目综合单价中的暂估价，应只是材料、工程设备暂估单价，以方便投标与组价。以"项"为计量单位给出的专业工程暂估价一般应是综合暂估价，即应当包括除规费、税金外的管理费、利润等。

③计日工

计日工是为了解决现场发生的工程合同范围以外的零星工作或项目的计价而设立的，计日工为额外工作的计价提供一个方便快捷的途径。计日工对完成零星工作所消耗的人工工时、材料数量、机具台班进行计量，并按照计日工表中填报的适用项目的单价进行计价支付。编制计日工表格时，一定要给出暂定数量，并且需要根据经验，尽可能估算一个比较贴近实际的数量，且尽可能把项目列全，以消除因此而产生的争议。

（4）规费税金项目清单的编制

规费税金项目清单应按照规定的内容列项，当出现规范中没有的项目时，应根据省级政府或有关部门的规定列项。税金项目清单除规定的内容外，如国家税法发生变化或增加税种，应对税金项目清单进行补充。规费、税金的计算基础和费率均应按国家或地方相关部门的规定执行。

（5）工程量清单总说明的编制

①工程概况

工程概况中要对建设规模、工程特征、计划工期、施工现场实际情况、自然地理条件、环境保护要求等做出描述。其中，建设规模是指建筑面积；工程特征应说明基础及结构类型、建筑层数、高度、门窗类型及各部位装饰、装修做法；计划工期是指按工期定额计算的施工天数；施工现场实际情况是指施工场地的地表状况；自然地理条件是指建筑场地所处地理位置的气候及交通运输条件；环境保护要求是针对施工噪声及材料运输可能对周围环境造成的影响和污染所提出的防护要求。

②工程招标及分包范围

招标范围是指单位工程的招标范围，如建筑工程招标范围为"全部建筑工程"，装饰装修工程招标范围为"全部装饰装修工程"，或招标范围不含桩基础、幕墙、门窗等。工程分包是指特殊工程项目的分包，如招标人自行采购安装"铝合金门窗"等。

③工程量清单编制依据

包括建设工程工程量清单计价规范、设计文件、招标文件、施工现场情况、工程特点及常规施工方案等。

（二）招标控制价编制

1.招标控制价的编制依据

第一，《建设工程工程量清单计价标准》；

第二，国家或省级、行业建设主管部门颁发的计价定额和计价办法；

第三，建设工程设计文件及相关资料；

第四，拟定的招标文件及招标工程量清单；

第五，与建设项目相关的标准、规范、技术资料；

第六，施工现场情况、工程特点及常规施工方案；

第七，工程造价管理机构发布的工程造价信息，当工程造价信息没有发布时，参照市场价；

第八，其他的相关资料。

2.招标控制价的编制内容

（1）招标控制价计价程序

建设工程的招标控制价反映的是单位工程费用，各单位工程费用是由分部分项工程费、措施项目费、其他项目费、规费和税金组成。

由于投标人（施工企业）投标报价计价程序与招标人（建设单位）招标控制价计价程序具有相同的表格，为便于对比分析，此处将两种表格合并列出，其中表格栏目中斜线后带括号的内容用于投标报价，其余为通用栏目。

（2）分部分项工程费的编制

①综合单价的组价过程

招标控制价的分部分项工程费应由各单位工程的招标工程量清单中给定的工程量乘其相应综合单价汇总而成。综合单价应按照招标人发布的分部分项工程项目清单的项目名称、工程量、项目特征描述，依据工程所在地区颁发的计价定额和人工、材料、机具台班价格信息等进行组价确定。首先，依据提供的工程量清单和施工图纸，按照工程所在地区颁发的计价定额的规定，确定所组价的定额项目名称，并计算出相应的工程量；其次，依据工程造价政策规定或工程造价信息确定其人工、材料、机具台班单价；同时，在考虑风险因素确定管理费费率和利润率的基础上，按规定程序计算出所组价定额项目的合价，然后将若干项所组价的定额项目合价相加再除以工程量清单项目工程量，便得到工程量清单项目综合单价，对于未计价材料费（包括暂估单价的材料费）应计入综合单价。

②综合单价中的风险因素

第一，对于技术难度较大和管理复杂的项目，可考虑一定的风险费用，并纳入综合单价中。

第二，对于工程设备、材料价格的市场风险，应依据招标文件的规定，工程所在地或行业工程造价管理机构的有关规定，以及市场价格趋势考虑一定率值的风险费用，纳入综合单价中。

第三，税金、规费等法律、法规、规章和政策变化的风险和人工单价等风险费用不应纳入综合单价。

（3）措施项目费的编制

第一，措施项目费中的安全文明施工费应当按照国家或省级、行业建设主管部门的规定标准计价，该部分不得作为竞争性费用。

第二，措施项目应按招标文件中提供的措施项目清单确定，措施项目分为以"量"计算和以"项"计算两种。对于可计量的措施项目，以"量"计算即按其工程量用与分部分项工程项目清单单价相同的方式确定综合单价；对于不可计量的措施项目，则以"项"为单位，采用费率法按有关规定综合取定，采用费率法时需确定某项费用的计费基数及其费率，结果应是包括除规费、税金以外的全部费用。

（4）其他项目费的编制

①暂列金额

暂列金额由招标人根据工程特点、工期长短，按有关计价规定进行估算，一般可以分部分项工程费的10%～15%为参考。

②暂估价

暂估价中的材料单价应按照工程造价管理机构发布的工程造价信息中的材料单价计算，工程造价信息未发布的材料单价，其单价参考市场价格估算；暂估价中的专业工程暂估价应分不同专业，按有关计价规定估算。

③计日工

在编制招标控制价时，对计日工中的人工单价和施工机具台班单价应按省级、行业建设主管部门或其授权的工程造价管理机构公布的单价计算；材料应按工程造价管理机构发布的工程造价信息中的材料单价计算，工程造价信息未发布单价的材料，其价格应按市场调查确定的单价计算。

④总承包服务费

第一，招标人仅要求对分包的专业工程进行总承包管理和协调时，按分包的专业工估算造价的1.5%计算；

第二，招标人要求对分包的专业工程进行总承包管理和协调，并同时要求提供配合服务时，根据招标文件中列出的配合服务内容和提出的要求，按分包的专业工程估算造价的3%~5%计算；

第三，招标人自行供应材料的，按招标人供应材料价值的1%计算。

（5）规费和税金的编制

规费和税金必须按照国家或省级、行业建设主管部门的标准计算。

二、投标报价的编制

（一）施工投标的概念与程序

建设工程投标是指投标人（承包人、施工单位等）为了获取工程任务而参与竞争的一种手段；也就是投标人在同意招标人在招标文件中所提出的条件和要求的前提下，对招标项目估计自己的报价，在规定的日期内填写标书并递交给招标人，参加竞争及争取中标的过程。整个投标过程需遵循如下程序进行：

第一，获取招标信息、投标决策。

第二，申报资格预审（若资格预审未通过到此结束），购买招标文件。

第三，组织投标班子，选择咨询单位，现场勘察。

第四，计算和复核工程量、业主答复问题。

第五，询价及市场调查，制订施工规划。

第六，制订资金计划，投标技巧研究。

第七，选择定额，确定费率，计算单价及汇总投标价。

第八，投标价评估及调整、编制投标文件。

第九，封送投标书、保函（后期）开标。

第十，评标（若未中标到此结束）、定标。

第十一，办理履约保函、签订合同。

（二）编制投标文件

1.投标文件的内容

第一，投标函及投标函附录。

第二，法定代表人身份证明或附有法定代表人身份证明的授权委托书。

第三，联合体协议书（如工程允许采用联合体投标）。

第四，投标保证金。

第五，已标价工程量清单。

第六，施工组织设计。

第七，项目管理机构。

第八，拟分包项目情况表。

第九，资格审查资料。

第十，规定的其他材料。

2.投标文件编制时应遵循的规定

（1）投标文件应按"投标文件格式"进行编写，如有必要，可以增加附页，作为投标文件的组成部分

其中，投标函附录在满足招标文件实质性要求的基础上，可以提出比招标文件要求更有利于招标人的承诺。

（2）投标文件应由投标人的法定代表人或其委托代理人签字和盖单位章

由委托代理人签字的，投标文件应附法定代表人签署的授权委托书。投标文件应尽量避免涂改、行间插字或删除。如果出现上述情况，改动之处应加盖单位章或由投标人的法定代表人或其授权的代理人签字确认。

（3）投标文件正本一份，副本份数按招标文件有关规定

正本和副本的封面上应清楚地标记"正本"或"副本"的字样。投标文件的正本与副本应分别装订成册，并编制目录。当副本和正本不一致时，以正本为准。

（4）除招标文件另有规定外，投标人不得递交备选投标方案

允许投标人递交备选投标方案的，只有中标人所递交的备选投标方案方可予以考虑。评标委员会认为中标人的备选投标方案优于其按照招标文件要求编制的投标方案的，招标人可以接受该备选投标方案。

3.投标文件的递交

（1）投标保证金与投标有效期

①投标人在递交投标文件的同时，应按规定的金额形式递交投标保证金，并作为其投标文件的组成部分

联合体投标的，其投标保证金由牵头人或联合体各方递交，并应符合规定。投标保证金除现金外，可以是银行出具的银行保函、保兑支票、银行汇票或现金支票。投标保证金的数额不得超过项目估算价的2%，且最高不超过80万元。依法必须进行招标的项目的境内投标单位，以现金或者支票形式提交的投标保证金应当从其基本账户转出。投标人不按要求提交投标保证金的,其投标文件应被否决。出现下列情况的,投标保证金将不予返还。

第一，投标人在规定的投标有效期内撤销或修改其投标文件；

第二，中标人在收到中标通知书后，无正当理由拒签合同协议书或未按招标文件规定

提交履约担保。

②投标有效期

投标有效期从投标截止时间起开始计算，主要用作组织评标委员会评标、招标人定标、发出中标通知书，以及签订合同等工作，一般考虑以下因素：

第一，组织评标委员会完成评标需要的时间；

第二，确定中标人需要的时间；

第三，签订合同需要的时间。

（2）投标文件的递交方式

①投标文件的密封和标识

投标文件的正本与副本应分开包装，加贴封条，并在封套上清楚标记"正本"或"副本"字样，于封口处加盖投标人单位章。

②投标文件的修改与撤回

在规定的投标截止时间前，投标人可以修改或撤回已递交的投标文件，但应以书面形式通知招标人。在招标文件规定的投标有效期内，投标人不得要求撤销或修改其投标文件。

③费用承担与保密责任

投标人准备和参加投标活动发生的费用自理。参与招标投标活动的各方应对招标文件和投标文件中的商业和技术等秘密保密，违者应对由此造成的后果承担法律责任。

4.对投标行为的限制性规定

（1）联合体投标

第一，联合体各方应按招标文件提供的格式签订联合体协议书，联合体各方应当指定牵头人，授权其代表所有联合体成员负责投标和合同实施阶段的主办、协调工作，并应当向招标人提交由所有联合体成员法定代表人签署的授权书。

第二，联合体各方签订共同投标协议后，不得再以自己名义单独投标，也不得组成新的联合体或参加其他联合体在同一项目中投标。联合体各方在同一招标项目中以自己名义单独投标或者参加其他联合体投标的，相关投标均为无效。

第三，招标人接受联合体投标并进行资格预审的，联合体应当在提交资格预审申请文件前组成。资格预审后联合体增减、更换成员的，其投标无效。

第四，由同一专业的单位组成的联合体，按照资质等级较低的单位确定资质等级。

第五，联合体投标的，应当以联合体各方或者联合体中牵头人的名义提交投标保证金。以联合体中牵头人名义提交的投标保证金，对联合体各成员具有约束力。

（2）串通投标

①有下列情形之一的，属于投标人相互串通投标：

第一，投标人之间协商投标报价等投标文件的实质性内容；

第二，投标人之间约定中标人；

第三，投标人之间约定部分投标人放弃投标或者中标；

第四，属于同一集团、协会、商会等组织成员的投标人按照该组织要求协同投标；

第五，投标人之间为谋取中标或者排斥特定投标人而采取的其他联合行动。

②有下列情形之一的，视为投标人相互串通投标：

第一，不同投标人的投标文件由同一单位或者个人编制；

第二，不同投标人委托同一单位或者个人办理投标事宜；

第三，不同投标人的投标文件载明的项目管理成员为同一人；

第四，不同投标人的投标文件异常一致，或者投标报价呈规律性差异；

第五，不同投标人的投标文件相互混装；

第六，不同投标人的投标保证金从同一单位或者个人的账户转出。

③有下列情形之一的，属于招标人与投标人串通投标：

第一，招标人在开标前开启投标文件并将有关信息泄露给其他投标人；

第二，招标人直接或者间接向投标人泄露标底、评标委员会成员等信息；

第三，招标人明示或者暗示投标人压低或者抬高投标报价；

第四，招标人授意投标人撤换、修改投标文件；

第五，招标人明示或者暗示投标人为特定投标人中标提供方便；

第六，招标人与投标人为谋求特定投标人中标而采取的其他串通行为。

5.投标报价的编制方法

（1）工程量

第一，各类工程建设定额规定的计算规则。

第二，国家标准《建设工程工程量清单计价标准》中规定的计算规则。

（2）单位价格

①分部分项工程费

采用的工程量应是依据分部分项工程量清单中提供的工程量，综合单价的组成内容包括完成一个规定计量单位的分部分项工程量清单项目所需的人工费、材料费、机具使用费和企业管理费与利润，以及招标文件确定范围内的风险因素费用；招标人提供了有暂估单价的材料，应按暂定的单价计入综合单价。

在投标报价中，没有填写单价和合价的项目将不予支付款项。因此，投标企业应仔细填写每一单项的单价和合价，做到报价时不漏项、不重项。这就要求工程造价人员责任心要强，严格遵守职业道德，本着实事求是的原则认真计算，做到正确报价。

②措施项目费

措施项目内容为依据招标文件中措施项目清单所列内容；措施项目清单费的计价方

式：凡可精确计量的措施清单项目宜采用综合单价方式计价，其余的措施清单项目采用以"项"为计量单位的方式计价。

③其他项目清单费

暂列金额应根据工程特点，按有关计价规定估算；暂估价中的材料单价应根据工程造价信息或参考市场价格估算；暂估价中专业工程金额应分不同专业，按有关计价规定估算；计日工应根据工程特点和有关计价依据计算；总承包服务费应根据招标人列出的内容和要求估算。

④规费

规费必须按照国家或省级、行业建设主管部门的有关规定计算。

⑤税金

税金必须按照国家或省级、行业建设主管部门的有关规定计算。

6.投标报价编制技巧

（1）开标前的投标技巧

①不平衡报价

不平衡报价是指在总价基本确定的前提下，如何调整内部各个子项的报价，以期既不影响总报价，又在中标后投标人可尽早收回垫支于工程中的资金和获取较好的经济效益。但要注意避免不正常的调高或压低现象，避免失去中标机会。

②计日工的报价

分析业主在开工后可能使用的计日工数量确定报价方针。较多时则可适当提高，可能很少时，则下降。另外，如果是单纯报计日工的报价，可适当报高，如果关系到总价水平则不宜提高。

③多方案报价法

有时招标文件中规定，可以提一个建议方案；或对于一些招标文件，如果发现工程范围不是很明确，条款不清楚或很不公正，或技术规范要求过于苛刻时，则要在充分估计风险的基础上，按多方案报价法处理。即是按原招标文件报一个价，然后再提出如果某条款做某些变动，报价可降低的额度。这样可以降低总价，吸引发包人。

投标者这时应组织一批有经验的设计和施工工程师，对原招标文件的设计和施工方案仔细研究，提出更理想的方案以吸引发包人，促成自己的方案中标。这种新的建议可以降低总造价或提前竣工或使工程运用更合理。但要注意的是对原招标方案一定也要报价，以供发包人比较。

增加建议方案时，不要将方案写得太具体，保留方案的技术关键，防止发包人将此方案交给其他承包人；同时要强调的是，建议方案一定要比较成熟，或过去有这方面的实践经验。因为投标时间往往较短，如果仅为中标而匆忙提出一些没有把握的建议方案，可能会引起很多后患。

④突然袭击法

由于投标竞争激烈，为迷惑对方，有意泄露一些假情报，如不打算参加投标，或准备投标，表现出无利可图不干等假象，到投标截止之前几个小时，突然前往投标，并压低投标价，使对手措手不及从而败北。

⑤低投标价夺标法

低投标价夺标法是非常情况下采用的非常手段。例如，企业大量窝工，为减少亏损，或为打入某一建筑市场，或为挤走竞争对手保住自己的地盘，于是制定了严重亏损标，力争夺标。若企业无经济实力，信誉不佳，此法也不一定奏效。

（2）开标后的投标技巧

①降低投标价格

投标价格不是中标的唯一因素，但是中标的关键性因素。在议标中，投标者适时提出降价要求是议标的主要手段。但需要注意两个问题：一是要摸清招标人的意图，在得到其希望降低标价的暗示后，再提出降低的要求；二是降低投标价要适当，不得损害投标人自己的利益。

②补充投标优惠条件

除中标的关键因素价格，在议标谈判的技巧中，还可以考虑其他诸多重要因素，如缩短工期、提高工程质量、降低支付条件要求、提出新技术和新设计方案，以及提供补充物资和设备等，以此优惠条件争取得到招标人的赞许，并争取中标。

第三节　中标价及合同价款的约定

一、评标程序及评审标准

（一）投标书评标的程序

1.评标的准备

第一，招标的目标；

第二，招标项目的范围和性质；

第三，招标文件中规定的主要技术要求、标准和商务条款；

第四，招标文件规定的评标标准、评标方法和在评标过程中考虑的相关因素。

2.初步评审阶段

第一，招标人或者其委托的招标代理机构应当向评标委员会提供评标所需的重要信息和数据，但不得带有明示或者暗示倾向，或者排斥特定投标人的信息。招标人设有标底的，标底在开标前应当保密，并在评标时作为参考。

第二，评标委员会应当根据招标文件规定的评标标准和方法，对投标文件进行系统的评审和比较。招标文件中没有规定的标准和方法不得作为评标的依据。招标文件中规定的评标标准和评标方法应当合理，不得含有倾向或者排斥潜在投标人的内容，不得妨碍或者限制投标人之间的竞争。

第三，评标委员会应当按照投标报价的高低或者招标文件规定的其他方法对投标文件排序。以多种货币报价的，应当按照中国银行在开标日公布的汇率中间价换算成人民币。招标文件应当对汇率标准和汇率风险做出规定。未做规定的，汇率风险由投标人承担。

第四，评标委员会可以书面方式要求投标人对投标文件中含义不明确、对同类问题表述不一致，或者有明显文字和计算错误的内容做必要的澄清、说明或者补正。澄清、说明或者补正应以书面方式进行，并不得超出投标文件的范围或者改变投标文件的实质性内容。投标文件中的大写金额和小写金额不一致的，以大写金额为准；总价金额与单价金额不一致的，以单价金额为准，但单价金额小数点有明显错误的除外；对不同文字文本投标文件的解释发生异议的，以中文文本为准。

第五，在评标过程中，评标委员会发现投标人以他人的名义投标、串通投标、以行贿手段谋取中标或者以其他弄虚作假方式投标的，应当否决该投标人的投标资格。

3.详细评审

（1）最低投标价法

第一，经评审的最低投标价法一般适用于具有通用技术、性能标准或者招标人对其技术、性能没有特殊要求的招标项目。

第二，根据经评审的最低投标价法，能够满足招标文件的实质性要求，并且经评审的最低投标价的投标，应当推荐为中标候选人。

第三，采用经评审的最低投标价法的，评标委员会应当根据招标文件中规定的评标价格调整方法，对所有投标人的投标报价以及投标文件的商务部分做必要的价格调整。采用经评审的最低投标价法的，中标人的投标应当符合招标文件规定的技术要求和标准，但评标委员会无须对投标文件的技术部分进行价格折算。

第四，根据经评审的最低投标价法完成详细评审后，评标委员会应当拟定一份"标价比较表"，连同书面评标报告提交招标人。"标价比较表"应当载明投标人的投标报价、对商务偏差的价格调整和说明以及经评审的最终投标价。

（2）综合评估法

第一，不宜采用经评审的最低投标价法的招标项目，一般应当采取综合评估法进行评审。

第二，根据综合评估法，最大限度地满足招标文件中规定的各项综合评价标准的投标，应当推荐为中标候选人。衡量投标文件是否最大限度地满足招标文件中规定的各项评价标准，可以采取折算为货币的方法、打分的方法或者其他方法。需量化的因素及其权重应当在招标文件中明确规定。

第三，评标委员会对各个评审因素进行量化时，应当将量化指标建立在同一基础或者同一标准上，使各投标文件具有可比性。对技术部分和商务部分进行量化后，评标委员会应当对这两部分的量化结果进行加权，计算出每一投标的综合评估价或者综合评估分。

第四，根据综合评估法完成评标后，评标委员会应当拟定一份"综合评估比较表"，连同书面评标报告提交招标人。"综合评估比较表"应当载明投标人的投标报价、所做的任何修正、对商务偏差的调整、对技术偏差的调整、对各评审因素的评估以及对每一投标的最终评审结果。

第五，根据招标文件的规定，允许投标人投备选标的，评标委员会可以对中标人所投的备选标进行评审，以决定是否采纳备选标。不符合中标条件的投标人的备选标不予考虑。

（二）投标书评审及评价的方法

1.评标方法的分类

第一，能够最大限度地满足招标文件中规定的各项综合评价标准；

第二，能够满足招标文件的实质性要求，并且经评审的投标价格最低，但是投标价格低于成本的除外。

2.综合评估法

（1）评标准备

①评标委员会成员签到

评标委员会成员到达评标现场时应在签到表上签到以证明其出席情况。

②评标委员会的分工

评标委员会首先推选一名评标委员会主任。招标人也可以直接指定评标委员会主任。评标委员会主任负责评标活动的组织领导工作。评标委员会主任在与其他评标委员会成员商议的基础上可以将评标委员会划分为技术组和商务组。

③熟悉文件资料

评标委员会主任应组织评标委员会成员认真研究招标文件，了解和熟悉招标目的、招标范围、主要合同条件、技术标准和要求、质量标准和工期要求，掌握评标标准和方法，熟悉综合评估法及评标表格的使用，如果综合评估法及评标使用到的表格不能满足评标所需时，评标委员会应补充编制评标所需的表格，尤其是用于详细分析计算的表格。未在招标文件中规定的标准和方法不得作为评标的依据。

招标人或招标代理机构应向评标委员会提供评标所需的信息和数据，包括招标文件，未在开标会上当场拒绝的各投标文件，开标会记录，资格预审文件及各投标人在资格预审阶段递交的资格预审申请文件（适用于已进行资格预审的），标底（有），工程所在地工程造价管理部门颁布的工程造价信息，定额（作为计价依据时），有关的法律、法规、规章、国家标准以及招标人或评标委员会认为必要的其他信息和数据。

④暗标编号（适用于对施工组织设计进行暗标评审的）

在评标工作开始前，招标人将指定专人负责编制投标文件暗标编码，并就暗标编码与投标人的对应关系做好暗标记录。暗标编码按随机方式编制。在评标委员会全体成员均完成暗标部分评审并对评审结果进行汇总和签字确认后，招标人方可向评标委员会公布暗标记录。暗标记录公布前必须妥善保管并予以保密。

⑤对投标文件进行基础性数据分析和整理工作（清标）

在不改变投标人投标文件实质性内容的前提下，评标委员会应当对投标文件进行基础性数据分析和整理（简称"清标"），从而发现并提取其中可能存在的对招标范围理解的偏差、投标报价的算术性错误、错漏项、投标报价构成不合理、不平衡报价等存在明显异常的问题，并就这些问题整理形成清标成果。评标委员会对清标成果审议后，决定需要投标人进行书面澄清、说明或补正的问题，形成质疑问卷，向投标人发出问题澄清通知（包括质疑问卷）。

在不影响评标委员会成员的法定权利的前提下，评标委员会可委托由招标人专门成立的清标工作小组完成清标工作。在这种情况下，清标工作可以在评标工作开始之前完成，也可以与评标工作平行进行。清标工作小组成员应为具备相应执业资格的专业人员，且应当符合有关法律法规对评标专家的回避规定和要求，不得与任何投标人有利益关系，上、下级关系等，不得代行依法应当由评标委员会及其成员行使的权利。清标成果应当经过评标委员会的审核确认，经过评标委员会审核确认的清标成果视同评标委员会的工作成果，并由评标委员会以书面方式追加对清标工作小组的授权，书面授权委托书必须由评标委员会全体成员签名。

投标人接到评标委员会发出的问题澄清通知后，应按评标委员会的要求提供书面澄清资料并按要求进行密封，在规定的时间内递交到指定地点。投标人递交的书面澄清资料由评标委员会开启。

（2）初步评审

①形式评审

评标委员会根据评标办法前附表中规定的评审因素和评审标准，对投标人的投标文件进行形式评审。

②资格评审

第一，评标委员会根据评标办法前附表中规定的评审因素和评审标准，对投标人的投标文件进行资格评审，并记录评审结果（适用于未进行资格预审的）。

第二，当投标人资格预审申请文件的内容发生重大变化时，评标委员会依据资格预审文件中规定的标准和方法，对照投标人在资格预审阶段递交的资格预审文件中的资料以及在投标文件中更新的资料，对其更新的资料进行评审（适用于已进行资格预审的）。

③响应性评审

评标委员会根据评标办法前附表中规定的评审因素和评审标准，对投标人的投标文件进行响应性评审，并记录评审结果。

④算术错误修正

评标委员会依据规定的相关原则对投标报价中存在的算术错误进行修正，并根据算术错误修正结果计算评标价。

⑤澄清、说明或补正

在初步评审过程中，评标委员会应当就投标文件中不明确的内容要求投标人进行澄清、说明或者补正。投标人对此以书面形式予以澄清、说明或者补正。

（3）详细评审

①详细评审的程序

第一，施工组织设计评审和评分；

第二，项目管理机构评审和评分；

第三，投标报价评审和评分，并对明显低于其他投标报价的投标报价，或者在设有标底时明显低于标底的投标报价，判断其是否低于个别成本；

第四，其他因素评审和评分；

第五，汇总评分结果。

②施工组织设计评审和评分

按照评标办法前附表中规定的分值设定、各项评分因素、评分标准，对施工组织设计进行评审和评分，并记录对施工组织设计的评分结果，施工组织设计的得分记录为A。

③项目管理机构评审和评分

按照评标办法前附表中规定的分值设定、各项评分因素、评分标准，对项目管理机构进行评审和评分，并记录对项目管理机构的评分结果，项目管理机构的得分记录为B。

④投标报价评审和评分（仅按投标总报价进行评分）

第一，按照评标办法前附表中规定的方法计算"评标基准价"。

第二，按照评标办法前附表中规定的方法，计算每个已通过了初步评审、施工组织设计评审和项目管理机构评审并且经过评审认定为不低于其成本的投标报价的偏差率。

第三，按照评标办法前附表中规定的评分标准，对照投标报价的偏差率，分别对各个投标报价进行评分，并记录对投标报价的评分结果。

⑤投标报价评审和评分（按投标总报价中的分项报价分别进行评分）

第一，按照评标办法前附表中规定的方法，分别计算各个分项投标报价"评标基准价"。

第二，按照评标办法前附表中规定的方法，分别计算各个分项投标报价与对应的分项投标报价评标基准价之间的偏差率。

第三，按照评标办法前附表中规定的评分标准，对照分项投标报价的偏差率，分别对各个分项投标报价进行评分，汇总各个分项投标报价的得分，并记录对各个投标报价的评分结果。

（4）推荐中标候选人或者直接确定中标人

①推荐中标候选人；

②直接确定中标人；

③编制评标报告。

（5）特殊情况的处置程序

①关于评标活动暂停；

②关于评标中途更换评委；

③记名投票。

3.经评审的最低投标价法

（1）评标准备

①评标委员会成员签到

评标委员会成员到达评标现场时应在签到表上签到以证明其出席情况。

②评标委员会的分工

评标委员会首先推选一名评标委员会主任。招标人也可以直接指定评标委员会主任。评标委员会主任负责评标活动的组织领导工作。评标委员会主任在与其他评标委员会成员协商的基础上，可以将评标委员会划分为技术组和商务组。

③熟悉文件资料

评标委员会主任应组织评标委员会成员认真研究招标文件，了解和熟悉招标目的、招标范围、主要合同条件、技术标准和要求、质量标准和工期要求等。掌握评标标准和方法，熟悉经评审的最低投标价法及评标表格的使用。如果经评审的最低投标价法及评标所用到的表格不能满足评标所需时，评标委员会应补充编制评标所需的表格，尤其是用于详细分析计算的表格。未在招标文件中规定的标准和方法不得作为评标的依据。

招标人或招标代理机构应向评标委员会提供评标所需的信息和数据，包括招标文件。未在开标会上当场拒绝的各投标文件，开标会记录，资格预审文件及各投标人在资格预审阶段递交的资格预审申请文件（适用于已进行资格预审的），招标控制价或标底（如有），工程所在地工程造价管理部门颁布的工程造价信息，定额（如作为计价依据时），有关的法律、法规、规章、国家标准以及招标人或评标委员会认为必要的其他信息和数据。

（2）初步评审

①形式评审：评标委员会根据评标办法前附表中规定的评审因素和评审标准，对投标人的投标文件进行形式评审。

②资格评审：未进行资格预审的，评标委员会根据评标办法前附表中规定的评审因素和评审标准，对投标人的投标文件进行资格评审；已进行资格预审的，当投标人资格预审申请文件的内容发生重大变化时，评标委员会依据资格预审文件中规定的标准和方法，对照投标人在资格预审阶段递交的资格预审文件中的资料以及在投标文件中更新的资料，对其更新的资料进行评审。

③响应性评审：评标委员会根据评标办法前附表中规定的评审因素和评审标准，对投标人的投标文件进行响应性评审。

建立拦标价的情形，投标人投标价格不得超出（不含等于）按照规定计算的"拦标价"，凡投标人的投标价格超出"拦标价"的，该投标人的投标文件不能通过响应性评审。

④施工组织设计和项目管理机构评审：评标委员会根据评标办法前附表中规定的评审因素和评审标准，对投标人的施工组织设计和项目管理机构进行评审。

⑤判断投标是否为废标。

⑥算术错误修正：评标委员会依据规定的相关原则对投标报价中存在的算术错误进行修正，并根据算术错误修正结果计算评标价。

⑦澄清、说明或补正：在初步评审过程中，评标委员会应当就投标文件中不明确的内容要求投标人进行澄清、说明或者补正。投标人应当根据问题澄清通知要求，以书面形式予以澄清、说明或者补正。

（3）详细评审

①价格折算

评标委员会根据评标办法前附表、附件中规定的程序、标准和方法，以及算术错误修正结果，对投标报价进行价格折算，计算出评标价。

②判断投标报价是否低于成本

第一，算术性错误分析和修正；

第二，错漏项分析和修正；

第三，分部分项工程量清单部分价格合理性分析和修正；

第四，措施项目清单和其他项目清单部分价格合理性分析和修正；

第五，企业管理费合理性分析和修正；

第六，利润水平合理性分析和修正；

第七，法定税金和规费的完整性分析和修正；

第八，不平衡报价分析和修正。

（4）澄清、说明或补正

在初步评审过程中，评标委员会应当就投标文件中不明确的内容要求投标人进行澄清、说明或者补正。投标人应当根据问题澄清通知要求，以书面形式予以澄清、说明或者补正。

（5）推荐中标候选人或者直接确定中标人

①汇总评标结果；

②推荐中标候选人；

③直接确定中标人；

④编制及提交评标报告。

（6）特殊情况的处置程序

①关于评标活动暂停

评标委员会应当执行连续评标的原则，按评标办法中规定的程序、内容、方法、标准完成全部评标工作。只有发生不可抗力导致评标工作无法继续时，评标活动方可暂停。

发生评标暂停情况时，评标委员会应当封存全部投标文件和评标记录，待不可抗力的影响结束且具备继续评标的条件时，由原评标委员会继续评标。

②记名投票

在任何评标环节中，需评标委员会就某项定性的评审结论做出表决的，由评标委员会全体成员按照少数服从多数的原则，以记名投票方式表决。

（三）投标书评审阶段投资控制的注意事项

总报价最低不表示单项报价最低，总价符合要求不表示单项报价符合要求。投标人采用不平衡报价时，将可能变化较大的项目单价增大，以达到在竣工结算时追加工程款的目的。在招标投标中对不平衡报价应进行评价和分析并进行限制，以保证不出现单价偏高或偏低的现象，保证合同价格具有较好的公平性和可操作性，降低由此给业主带来的风险。

对于早期发生的项目、结构中较早涉及费用的子项应严格审查，使承包人不能提早收到工程款，从而避免发包商蒙受利息损失。

对于计日工作表内的单价也应严格审核，需按实计量，这也是投资控制的一个方面。

二、中标人的确定

（一）评标报告

第一，对投标人的技术方案评价，技术和经济风险分析。

第二，对投标人技术力量及设施条件评价。

第三，对满足评标标准的投标人，对其投标进行排序。

第四，需进一步协商的问题及协商应达到的要求。

（二）废标、否决所有投标和重新招标

1.废标

废标，一般是评标委员会履行评标职责过程中，对投标文件依法做出的取消其中标资格、不再予以评审的处理决定。

除非法律有特别规定，废标是评标委员会依法做出的处理决定。其他相关主体，如招标人或招标代理机构，无权对投标作废标处理。废标应符合法定条件。评标委员会不得任意废标，只能依据法律规定及招标文件的明确要求，对投标进行审查决定是否应予废标。被作废标处理的投标，不再参加投标文件的评审，也完全丧失了中标的机会。

2.否决所有投标

评标委员会经评审，认为所有投标都不符合招标文件要求的，可以否决所有投标。评标委员会否决不合格投标或者界定为废标后，因有效投标不足3个使得投标明显缺乏竞争的，评标委员会可以否决全部投标。从上述规定可以看出，否决所有投标包括两种情况：一是所有的投标都不符合招标文件要求，因每个投标均被界定为废标、被认为无效或不合格，所以，评标委员会否决了所有的投标；二是部分投标被界定为废标、被认为无效或不合格之后，仅剩余不足3个的有效投标，使得投标明显缺乏竞争的，违反了招标采购的根本目的，所以，评标委员会可以否决全部投标。对于个体投标人而言，无论其投标是否合格有效，都可能发生所有投标被否决的风险，即使投标符合法律和招标文件要求，但结果却是无法中标。对于招标人而言，上述两种情况下，结果都是相同的，即所有的投标被依法否决，当次招标结束。

3.重新招标

如果到投标截止时间止，投标人少于3个，或经评标专家评审后否决所有投标的，评标委员会可以建议重新招标。投标人应当在招标文件要求提交投标文件的截止时间前，将投标文件送达投标地点。招标人收到投标文件后，应当签收保存，并不得开启。投标人少于3个的，招标人应当依照本法重新招标。依法必须进行招标的项目的所有投标被否决的，招标人应当依照本法重新招标。

重新招标是一个招标项目发生法定情况无法继续进行评标并推荐中标候选人，当次招标结束后，如何开展项目采购的一种选择。所谓法定情况，包括于投标截止时间到达时投标人少于3个、评标中所有投标被否决或其他法定情况。

（三）关于禁止串标的有关规定

1.招标人和投标人串标

第一，招标人在开标前开启投标文件并将有关信息泄露给其他投标人，或者授意投标人撤换、修改投标文件；

第二，招标人向投标人泄露标底、评标委员会成员等信息；

第三，招标人明示或暗示投标人压低或抬高投标报价；

第四，招标人明示或暗示投标人为特定投标人中标提供方便；

第五，招标人与投标人为谋求特定中标人中标而采取的其他串通行为。

2.投标人之间串标

第一，投标者之间相互约定，一致抬高或者压低投标报价。

第二，投标者之间相互约定，在招标项目中轮流以高价位或者低价位中标。

第三，投标者之间先进行内部竞价，内定中标人，然后再参加投标。

第四，投标者之间的其他串通投标行为。

（四）定标方式

第一，能够最大限度地满足招标文件中规定的各项综合评价标准。

第二，能够满足招标文件的实质性要求，并且经评审的投标价格最低，但是投标价格低于成本的除外。对使用国有资金投资或者国家融资的项目，招标人应当确定排名第一的中标候选人为中标人。排名第一的中标候选人放弃中标，因不可抗力提出不能履行合同，或者招标文件规定应当提交履约保证金而在规定的期限内未能提交的，招标人可以确定排名第二的中标候选人为中标人。排名第二的中标候选人因上述同样原因不能签订合同的，招标人可以确定排名第三的中标候选人为中标人。

（五）公示和中标通知

1.公示中标候选人

（1）公示范围

公示的项目范围是依法必须进行招标的项目，其他招标项目是否公示中标候选人由招标人自主决定。公示的对象是全部中标候选人。

（2）公示媒体

招标人在确定中标人之前，应当将中标候选人在交易场所和指定媒体上公示。

（3）公示时间（公示期）

公示由招标人统一委托当地招投标中心在开标当天发布。公示期从公示的第二天开始算起，在公示期满后招标人才可以签发中标通知书。

（4）公示内容

对中标候选人全部名单及排名进行公示，而不是只公示排名第一的中标候选人。同时，对有业绩信誉条件的项目，在投标报名或开标时提供作为资格条件或业绩信誉的情况，应一并公示，但不含投标人各评分要素的得分情况。

（5）异议处置

公示期间，投标人及其他利害关系人应当先向招标人提出异议，经核查后发现在招标投标过程中确有违反相关法律法规且影响评标结果公正性的，招标人应当重新组织评标或招标。招标人拒绝自行纠正或无法自行纠正的，则根据规定向行政监督部门提出投诉。对故意虚构事实，扰乱招投标市场秩序的，则按照有关规定进行处理。

2.发出中标通知书

第一，招标范围。

第二，招标方式和发布招标公告的媒介。

第三，招标文件中投标人须知、技术条款、评标标准和方法以及合同主要条款等内容。

第四，评标委员会的组成和评标报告。

第五，中标结果。

3.履约担保

在签订合同前，中标人以及联合体的中标人应按招标文件有关规定的金额、担保形式和招标文件规定的履约担保格式，向招标人提交履约担保。履约担保有现金、支票、履约担保书和银行保函等形式，可以选择其中的一种作为招标项目的履约保证金，履约保证金不得超过中标合同金额的10%。

中标人不能按要求提交履约保证金的，视为放弃中标，其投标保证金不予退还，给招标人造成的损失超过投标保证金数额的，中标人还应当对超过部分予以赔偿。中标后的承包人应保证其履约保证金在发包人颁发工程接收证书前一直有效。发包人应在工程接收证书颁发后28天内把履约保证金退还给承包人。

三、合同价款类型的选择

（一）合同总价

1.固定合同总价

固定合同总价是指承包整个工程的合同价款总额已经确定，在工程实施中不再因物价上涨而变化。所以，固定合同总价应考虑价格风险因素，也需在合同中明确规定合同总价包括的范围。这类合同价可以使发包人对工程总开支做到心中有数，在施工过程中可以更有效地控制资金的使用。但对承包人来说，要承担较大的风险，如物价波动、气候条件、地质地基条件及其他意外风险等，因此，合同价款一般会高些。

2.可调合同总价

可调合同总价一般是以设计图纸及规定、规范为基础，在报价及签约时，按招标文件中的要求和当时的物价计算合同总价。合同中确定的工程合同总价在实施期间可随价格变化而调整。发包人和承包人在商订合同时，以招标文件的要求及当时的物价计算出合同总价。如果在执行合同期间，通货膨胀引起成本增加达到某一限度时，合同总价则做相应调整。可调合同价使发包人承担了通货膨胀的风险，承包人则承担其他风险。一般适合于工期较长（1年以上）的项目。

（二）合同单价

1.固定合同单价

固定合同单价是指合同中确定的各项单价在工程实施期间不因价格变化而调整，而在每月（或每阶段）工程结算时，根据实际完成的工程量结算，在工程全部完成时以竣工图的工程量最终结算工程总价款。

2.可调单价

合同单价可调，一般是在工程招标文件中规定。在合同中签订的单价，根据合同约定的条款，如在工程实施过程中物价发生变化等，可做调整。有的工程在招标或签约时，因某些不确定性因素而在合同中暂定某些分部分项工程的单价，在工程结算时，再根据实际情况和合同约定对合同单价进行调整，确定实际结算单价。

（三）成本加酬金合同价

1.成本加固定百分比酬金确定的合同价

这种合同价是发包人对承包人支付的人工、材料和施工机械使用费、措施费、施工管理费等按实际直接成本全部据实补偿，同时按照实际直接成本的固定百分比付给承包人一笔酬金，作为承包方的利润。

2.成本加固定酬金确定的合同价

工程成本实报实销，但酬金是事先商定的一个固定数目。

3.目标成本加奖罚确定的合同价

在仅有初步设计和工程说明书即迫切要求开工的情况下，可根据粗略估算的工程量和适当的单价表编制概算，作为目标成本；随着详细设计逐步具体化，工程量和目标成本可加以调整，另外规定一个百分数作为酬金。最后结算时，如果实际成本高于目标成本并超过事先商定的界限（5%），则减少酬金，如果实际成本低于目标成本（也有一个幅度界限），则增加酬金。

4.成本加浮动酬金确定的合同价

这种承包方式要经过双方事先商定工程成本和酬金的预期水平。如果实际成本恰好等于预期水平，工程造价就是成本加固定酬金；如果实际成本低于预期水平，则增加酬金；如果实际成本高于预期水平，则减少酬金。

四、合同价款的约定

（一）签约合同价与中标价的关系

签约合同价是指合同双方签订合同时在协议书中列明的合同价格，对于以单价合同形式招标的项目，工程量清单中各种价格的总计即为合同价。合同价就是中标价，因为中标价是指评标时经过算术修正的、并在中标通知书中申明招标人接受的投标价格。法理上，经公示后招标人向投标人所发出的中标通知书（投标人向招标人回复确认中标通知书已收到），中标的中标价就受到法律保护，招标人不得以任何理由反悔。这是因为，合同价格属于招标投标活动中的核心内容，根据"招标人和中标人应当按照招标文件和中标人的投标文件订立书面合同，招标人和中标人不得再行订立背离合同实质性内容的其他协议"之规定，发包人应根据中标通知书确定的价格签订合同。

（二）工程合同价款约定一般规定

第一，实行招标的工程合同价款应在中标通知书发出之日起30天内，由发承包双方依据招标文件和中标人的投标文件在书面合同中约定。合同约定不得违背招标、投标文件中关于工期、造价和质量等方面的实质性内容。招标文件与中标人投标文件不一致的地方，应以投标文件为准。

第二，不实行招标的工程合同价款，应在发、承包双方认可的工程价款基础上，由发承包双方在合同中约定。

（三）合同价款约定内容

1.工程价款进行约定的基本事项

（1）预付工程款的数额、支付时间及抵扣方式

预付工程款是发包人为解决承包人在施工准备阶段资金周转问题提供的协助。如使用的水泥、钢材等大宗材料，可根据工程具体情况设置工程材料预付款。应在合同中约定预付款数额：可以是绝对数，如50万元、100万元，也可以是额度，如合同金额的10%、15%等；约定支付时间：如合同签订后1个月支付、开工日前7天支付等；约定抵扣方式：如在工程进度款中按比例抵扣；约定违约责任：如不按合同约定支付预付款的利息计算、违约责任等。

（2）工程计量与进度款支付

应在合同中约定计量时间和方式，可按月计量，如每月30天，可按工程形象部位（目标）划分分段计量。进度款支付周期与计量周期保持一致，约定支付时间，如计量后7天、10天支付；约定支付数额，如已完工作量的70%、80%等；约定违约责任，如不按合同约定支付进度款的利率、违约责任等。

（3）合同价款的调整

约定调整因素，如工程变更后综合单价调整，钢材价格上涨超过投标报价时的3%，工程造价管理机构发布的人工费调整等；约定调整方法，如结算时一次调整，材料采购时报发包人调整等；约定调整程序，承包人提交调整报告交发包人，由发包人现场代表审核签字等；约定支付时间与工程进度款支付同时进行等。

（4）索赔与现场签证

约定索赔与现场签证的程序，如由承包人提出、发包人现场代表或授权的监理工程师核对等；约定索赔提出时间，如知道索赔事件发生后的28天内等；约定核对时间，如收到索赔报告后7天以内、10天以内等；约定支付时间，如原则上与工程进度款同期支付等。

（5）承担风险

约定风险的内容范围，如全部材料、主要材料等；约定物价变化调整幅度，如钢材、水泥价格涨幅超过投标报价的3%，其他材料超过投标报价的5%等。

（6）工程竣工结算

约定承包人在什么时间提交竣工结算书，发包人或其委托的工程造价咨询企业，在什么时间内核对，核对完毕后，在多长时间内支付等。

（7）工程质量保证金

在合同中约定数额，如合同价款的3%等；约定预付方式，如竣工结算一次扣清等；约定归还时间，如质量缺陷期退还等。

（8）合同价款争议

约定解决价款争议的办法：是协商还是调解，如调解由哪个机构调解；如在合同中约定仲裁，应标明具体的仲裁机关名称，以免仲裁条款无效；约定诉讼等。

（9）与履行合同、支付价款有关的其他事项等

需要说明的是，合同中涉及价款的事项较多，能够详细约定的事项应尽可能具体约定，约定的用词应尽可能唯一，如有几种解释，最好对用词进行定义，尽量避免因理解上的歧义造成合同纠纷。

2.合同中约定事项或约定不明事项

合同中没有按照工程价额进行约定的基本要求约定或约定不明的，若发承包双方在合同履行中发生争议由双方协商确定；当协商不能达成一致时，应按规定执行。

合同生效后，当事人就质量、价款或者报酬、履行地点等内容没有约定或者约定不明确的，可以协议补充；不能达成补充协议的，按照合同有关条款或交易习惯确定。

因设计变更导致建设工程的工程量或者质量标准发生变化，当事人对该部分工程价款不能协商一致的，可以参照签订建设工程施工合同时当地建设行政主管部门发布的计价方式或者计价标准结算工程价款。

第七章 设计阶段的工程造价预算与审查

第一节 设计阶段影响工程造价的主要因素

国内外相关资料研究表明，设计阶段的费用占工程全部费用不到1%，但在项目决策正确的前提下，它对工程造价影响程度高达75%以上。根据工程项目类别的不同，在设计阶段需要考虑的影响工程造价的因素也有所不同。以下就工业建设项目和民用建设项目分别介绍影响工程造价的因素。

一、影响工业建设项目工程造价的主要因素

（一）总平面设计

总平面设计主要是指总图运输设计和总平面配置。其主要内容包括厂址方案、占地面积、土地利用情况，总图运输、主要建筑物和构筑物及公用设施的配置，外部运输、水、电、气及其他外部协作条件等。

总平面设计是否合理对于整个设计方案的经济合理性有重大影响。正确合理的总平面设计可大大减少建筑工程量，节约建设用地，节省建设投资，加快建设进度，降低工程造价和项目运行后的使用成本，并为企业创造良好的生产组织、经营条件和生产环境，还可以为城市建设或工业区创造完美的建筑艺术整体。

总平面设计中影响工程造价的主要因素包括以下几项：

1.现场条件

现场条件是制约设计方案的重要因素之一，对工程造价的影响主要体现在地质、水文、气象条件等影响基础形式的选择、基础的埋深（持力层、冻土线），地形地貌影响平

面及室外标高的确定，场地大小、邻近建筑物地上附着物等影响平面布置、建筑层数、基础形式及埋深。

2.占地面积

占地面积的大小，一方面影响征地费用的高低，另一方面也影响管线布置成本和项目建成运营的运输成本。因此，在满足建设项目基本使用功能的基础上，应尽可能节约用地。

3.功能分区

无论是工业建筑，还是民用建筑都有许多功能，这些功能之间相互联系、相互制约。合理的功能分区既可以使建筑物的各项功能充分发挥，又可以使总平面布置紧凑、安全。例如，在建筑施工阶段避免大挖大填，可以减少土石方量和节约用地，降低工程造价。对于工业建筑，合理的功能分区还可以使生产工艺流程顺畅，从全生命周期造价管理考虑还可以使运输简便，降低项目建成后的运营成本。

4.运输方式

运输方式决定运输效率及成本，不同运输方式的运输效率和成本不同。例如，有轨运输的运量大、运输安全，但是需要一次性投入大量资金；无轨运输无须一次性投入大规模资金，但运量小、安全性较差。因此，要综合考虑建设项目生产工艺流程和功能区的要求以及建设场地等具体情况，选择经济合理的运输方式。

综上所述，总平面设计对造价的影响因素见表7-1。

表7-1 总平面设计对造价的影响因素

序号	影响因素	具体内容
1	现场条件	水文、地质、地形地貌、邻近建筑物的影响
2	占地面积	征地费用、管线布置和建成运营的运输成本原则：尽可能节约用地
3	功能分区	合理的功能分区既可以降低工程造价，还可以降低项目建成后的运营成本
4	运输方式	综合考虑项目生产工艺流程和功能区的要求以及建设场地等情况，选择经济合理的运输方式

（二）工艺设计

工艺设计阶段影响工程造价的主要因素包括建设规模、标准和产品方案，工艺流程和主要设备的选型，主要原材料、燃料供应情况，生产组织及生产过程中的劳动定员情况，"三废"治理及环保措施等。

按照建设程序，建设项目的工艺流程在可行性研究阶段已经确定。设计阶段的任务就是严格按照批准的可行性研究报告的内容进行工艺技术方案的设计，确定具体的工艺流程和生产技术。在具体项目工艺设计方案的选择时，应以提高投资的经济效益为前提，深入分析、比较，综合考虑各方面的因素。

（三）材料选用

建筑材料的选择是否合理，不仅直接影响到工程质量、使用寿命、耐火抗震性能，而且对施工费用、工程造价有很大影响。建筑材料一般占直接费的70%，降低材料费用，不仅可以降低直接费，也可以降低间接费。因此，设计阶段合理选择建筑材料，控制材料单价或工程量，是控制工程造价的有效途径。

（四）设备选用

现代建筑越来越依赖于设备。对于住宅来说，楼层越多设备系统越庞大，如高层建筑物内部空间的交通工具电梯，室内环境的调节设备空调、通风、采暖等，各个系统的分布占用空间都在考虑之列，既有面积、高度的限额，又有位置的优选和规范的要求。因此，设备配置是否得当，直接影响建筑产品整个寿命周期的成本。

设备选用的重点因设计形式的不同而不同，应选择能满足生产工艺和生产能力要求的最适用的设备和机械。另外，根据工程造价资料的分析，设备安装工程造价占工程总投资的20%～50%，由此可见设备方案设计对工程造价的影响。设备的选用应充分考虑自然环境对能源节约的有利条件，如果能从建筑产品的整个寿命周期分析，能源节约是一笔不可忽略的费用。

二、影响民用建设项目工程造价的主要因素

民用建设项目设计是根据建筑物的使用功能要求，确定建筑标准、结构形式、建筑物空间与平面布置以及建筑群体的配置等。民用建筑设计包括住宅设计、公共建筑设计及住宅小区设计。住宅建筑是民用建筑中最大量、最主要的建筑形式。

（一）住宅小区建设规划中影响工程造价的主要因素

在进行住宅小区建设规划时，要根据小区的基本功能和要求，确定各构成部分的合理层次与关系，据此安排住宅建筑、公共建筑、管网、道路及绿地的布局，确定合理人口与建筑密度、房屋间距和建筑层数，布置公共设施项目、规模及服务半径，以及水、电、热、煤气的供应等，并划分包括土地开发在内的上述各部分的投资比例。小区规划设计的核心问题是提高土地利用率。

1.占地面积

居住小区的占地面积不仅直接决定着土地费的高低，而且影响着小区内道路、工程管

线长度和公共设备的多少，而这些费用对小区建设投资的影响通常很大。因而，用地面积指标在很大程度上影响小区建设的总造价。

2.建筑群体的布置形式

建筑群体的布置形式对用地的影响不容忽视，可通过采取高低搭配、点条结合、前后错列以及局部东西向布置、斜向布置或拐角单元等手法节省用地。在保证小区居住功能的前提下，适当集中公共设施，提高公共建筑的层数，合理布置道路，充分利用小区内的边角用地，有利于提高建筑密度，降低小区的总造价，或者通过合理压缩建筑的间距、适当提高住宅层数或高低层搭配，以及适当增加房屋长度等方式节约用地。

（二）民用住宅建筑设计中影响工程造价的主要因素

1.建筑物平面形状和周长系数

与工业项目建筑设计类似，如按使用指标，虽然圆形建筑的最小，但由于施工复杂，施工费用较矩形建筑增加20%～30%，故其墙体工程量的减少不能使建筑工程造价降低，而且使用面积有效利用率不高，用户使用不便。因此，一般都建造矩形和正方形住宅，既有利于施工，又能降低造价和使用方便。在矩形住宅建筑中，又以长∶宽=2∶1为佳。一般住宅以3～4个住宅单元、房屋长度60～80m较为经济。在满足住宅功能和质量前提下，适当加大住宅宽度。这是由于宽度加大，墙体面积系数相应减少，有利于降低造价。

2.住宅的层高和净高

住宅的层高和净高，直接影响工程造价。根据不同性质的工程综合测算，住宅层高每降低10cm，可降低造价1.2%～1.5%。层高降低还可提高住宅区的建筑密度，节约土地成本及市政设施费。但是，层高设计中还需考虑采光与通风问题，层高过低不利于采光及通风，因此，民用住宅的层高一般不宜超过2.8m。

3.住宅的层数

民用建筑中，在一定幅度内，住宅层数的增加具有降低造价和使用费用以及节约用地的优点。表7-2分析了砖混结构多层住宅层数与单方造价之间的关系。

表7-2　砖混结构多层住宅层数与单方造价之间的关系

住宅层数	1	2	3	4	5	6
单方造价系数（%）	138.05	116.95	108.38	103.51	101.68	100
边际造价系数（%）		−21.1	−8.57	−4.87	−1.83	−1.68

由表7-2可知，随着住宅层数的增加，单方造价系数在逐渐降低，即层数越多越经济。但是边际造价系数也在逐渐减小，说明随着层数的增加，单方造价系数下降幅度减

缓。根据《住宅设计规范》（GB50096-2011）的规定，7层及7层以上住宅，或住户人口层楼面距室外设计地面的高度超过16m时必须设置电梯，需要较多的交通面积（过道、走廊要加宽）和补充设备（供水设备和供电设备等）。当住宅层数超过一定限度时，要经受较强的风力荷载，需要提高结构强度、改变结构形式，因而工程造价将大幅度上升。

4.住宅单元组成、户型和住户面积

据统计，三居室住宅的设计比两居室的设计降低1.5%左右的工程造价，四居室的设计又比三居室的设计降低3.5%的工程造价。衡量单元组成、户型设计的指标是结构面积系数（住宅结构面积与建筑面积之比），系数越小设计方案越经济。因为结构面积小，有效面积就增加。结构面积系数除与房屋结构有关，还与房屋外形及其长度和宽度有关，同时，也与房间平均面积大小和户型组成有关。房屋平均面积越大，内墙、隔墙在建筑面积所占比重就越小。

5.住宅建筑结构的选择

随着我国工业化水平的提高，住宅工业化建筑体系的结构形式多种多样，考虑工程造价时应根据实际情况，因地制宜、就地取材，采用适合本地区经济合理的结构形式。

三、影响工程造价的其他因素

除以上因素，在设计阶段影响工程造价的因素还包括其他内容。

（一）设计单位和设计人员的知识水平

设计单位和人员的知识水平对工程造价的影响是客观存在的。为了有效地降低工程造价，首先设计单位和人员要能够充分利用现代设计理念，运用科学的设计方法优化设计成果；其次要善于将技术与经济相结合，运用价值工程理论优化设计方案；最后设计单位和人员应及时与造价咨询单位进行沟通，使得造价咨询人员能够在前期设计阶段就参与项目，从而达到技术与经济的完美结合。

（二）项目利益相关者

设计单位和人员在设计过程中要综合考虑业主、承包商、建设单位、施工单位、监管机构、咨询单位、运营单位等利益相关者的要求和利益，并通过利益诉求的均衡以达到和谐的目的，避免后期出现频繁的设计变更而导致工程造价的增加。

（三）风险因素

设计阶段承担着重大的风险，它对后面的工程招标和施工有着重要的影响。该阶段是确定建设工程总造价的一个重要阶段，决定着项目的总体造价水平。

第二节　设计方案的评价与优化

设计阶段是分析处理工程技术和经济的关键环节，也是有效控制工程造价的重要阶段。在工程设计阶段，工程造价管理人员需要密切配合设计人员，协助其处理好工程技术先进性与经济合理性之间的关系；在初步设计阶段，要按照可行性研究报告及投资估算进行多方案的技术经济比较，确定初步设计方案；在施工图设计阶段，要按照审批的初步设计内容、范围和概算造价进行技术经济评价与分析，确定施工图设计方案。

设计阶段工程造价管理的主要方法是通过多方案技术经济分析，优化设计方案。同时，通过推行限额设计和标准化设计，有效控制工程造价。

一、限额设计

限额设计是指按照批准的可行性研究报告中的投资限额进行初步设计，按照批准的初步设计概算进行施工图设计，按照施工图预算造价编制施工图设计中各个专业设计文件的过程。

在限额设计中，工程使用功能不能减少，技术标准不能降低，工程规模也不能削减。因此，限额设计需要在投资额度不变的情况下，实现使用功能和建设规模的最大化。限额设计是工程造价控制系统中的一个重要环节，是设计阶段进行技术经济分析、实施工程造价控制的一项重要措施。

（一）限额设计的工作内容

限额设计的工作内容见表7-3。

表7-3　限额设计的工作内容

投资决策阶段	投资决策阶段是限额设计的关键。应在多方案技术经济分析和评价后确定最终方案，提高投资估算的准确度，合理确定设计限额目标
初步设计阶段	初步设计阶段需要依据最终确定的可行性研究方案和投资估算，将设计概算控制在批准的投资估算内
施工图设计阶段	施工图设计阶段是设计单位的最终成果文件，应按照批准的初步设计方案进行限额设计，施工图预算需控制在批准的设计概算范围内

（二）限额设计的实施程序

限额设计强调技术与经济的统一，需要工程设计人员和工程造价管理专业人员密切合作。工程设计人员进行设计时，应基于建设工程全寿命期，充分考虑工程造价的影响因素，对方案进行比较，优化设计；工程造价管理专业人员要及时进行投资估算，在设计过程中协助工程设计人员进行技术经济分析和论证，从而达到有效控制工程造价的目的。

限额设计的实施是建设工程造价目标的动态反馈和管理过程，可分为目标制定、目标分解、目标推进和成果评价4个阶段，具体实施程序及内容见表7-4。

表7-4 限额设计的实施程序及内容

序号	实施程序	内容
1	目标制定	限额设计的目标包括造价目标、质量目标、进度目标、安全目标及环境目标
2	目标分解	层层目标分解和限额设计，实现对投资限额的有效控制
3	目标推进	通常包括限额初步设计和限额施工图设计两个阶段
4	成果评价	成果评价是目标管理的总结阶段

值得指出的是，当考虑建设工程全寿命期成本时，按照限额要求设计出的方案可能不一定具有最佳的经济性，此时也可考虑突破原有限额，重新选择设计方案。

二、设计方案评价与优化

设计方案评价与优化是设计过程的重要环节，它是指通过技术比较、经济分析和效益评价，正确处理技术先进与经济合理之间的关系，力求达到技术先进与经济合理的和谐统一。

设计方案评价与优化通常采用技术经济分析法，即将技术与经济相结合，按照建设工程经济效果，针对不同的设计方案，分析其技术经济指标，从中选出经济效果最优的方案。由于设计方案不同，其功能、造价、工期和设备、材料、人工消耗等标准均存在差异，因此，技术经济分析法不仅要考察工程技术方案，更要关注工程费用。

（一）基本程序

设计方案评价与优化的基本程序如下。

（1）按照使用功能、技术标准、投资限额的要求，结合工程所在地实际情况，探讨和建立可能的设计方案。

（2）从所有可能的设计方案中初步筛选出各方面都较为满意的方案作为比选方案。

（3）根据设计方案的评价目的，明确评价的任务和范围。

（4）确定能反映方案特征并能满足评价目的的指标体系。

（5）根据设计方案计算各项指标及对比参数。

（6）根据方案评价的目的，将方案的分析评价指标分为基本指标和主要指标，通过评价指标的分析计算，排出方案的优劣次序，并提出推荐方案。

（7）综合分析，进行方案选择或提出技术优化建议。

（8）对技术优化建议进行组合搭配，确定优化方案。

（9）实施优化方案并总结备案。

设计方案评价与优化的基本程序如图7-1所示。

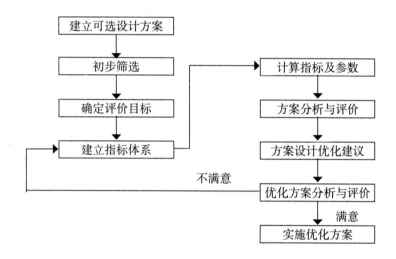

图7-1 设计方案评价与优化的基本程序

在设计方案评价与优化过程中，建立合理的指标体系并采取有效的评价方法进行方案优化是最基本和最重要的工作内容。

（二）评价方法

设计方案的评价方法主要有多指标法、单指标法以及多因素评分法。

1.多指标法

多指标法就是采用多个指标，将各个对比方案的相应指标值逐一进行分析比较，按照各种指标数值的高低对其作出评价。其评价指标包括以下几项：

（1）工程造价指标

造价指标是指反映建设工程一次性投资的综合货币指标，根据分析和评价工程项目所处的时间段，可依据设计概（预）算予以确定。如每平方米建筑造价、给水排水工程造价、采暖工程造价、通风工程造价、设备安装工程造价等。

（2）主要材料消耗指标

该指标从实物形态的角度反映主要材料的消耗数量，如钢材消耗量指标、水泥消耗量指标、木材消耗量指标等。

（3）劳动消耗指标

该指标所反映的劳动消耗量，包括现场施工和预制加工厂的劳动消耗。

（4）工期指标

工期指标是指建设工程从开工到竣工所耗费的时间，可用来评价不同方案对工期的影响。

以上4类指标，可以根据工程的具体特点来选择。从建设工程全面造价管理的角度考虑，仅利用这4类指标还不能完全满足设计方案的评价，还需要考虑建设工程全寿命期成本，并考虑工期成本、质量成本、安全成本及环保成本等诸多因素。

在采用多指标法对不同设计方案进行分析和评价时，如果某一方案的所有指标都优于其他方案，则为最佳方案；如果各个方案的其他指标都相同，只有一个指标相互之间有差异，则该指标最优的方案就是最佳方案。这两种情况对于优选决策来说都比较简单，但实际中很少出现。大多数情况下，不同方案之间往往是各有所长，有些指标较优，有些指标较差，而且各种指标对方案经济效果的影响也不相同。这时，若采用加权求和的方法，各指标的权重又很难确定，因而需要采用其他分析评价方法，如单指标法。

2.单指标法

单指标法是以单一指标为基础对建设工程技术方案进行综合分析与评价的方法。单指标法有很多种类，各种方法的使用条件也不尽相同，较常用的有以下几种：

（1）综合费用法

这里的费用包括方案投产后的年度使用费、方案的建设投资，以及由于工期提前或延误而产生的收益或亏损等。该方法的基本出发点在于将建设投资和使用费结合起来考虑，同时，考虑建设周期对投资效益的影响，以综合费用最小为最佳方案。综合费用法是一种静态价值指标评价方法，没有考虑资金的时间价值，只适用于建设周期较短的工程。此外，由于综合费用法只考虑费用，未能反映功能、质量、安全、环保等方面的差异，因而只有在方案的功能、建设标准等条件相同或基本相同时才能采用。

（2）全寿命期费用法

建设工程全寿命期费用除包括筹建、征地拆迁、咨询、勘察、设计、施工、设备购置，以及贷款支付利息等与工程建设有关的一次性投资费用，还包括工程完成后交付使用期内经常发生的费用支出，如维修费、设施更新费、采暖费、电梯费、空调费、保险费等。这些费用统称为使用费，按年计算时称为年度使用费。全寿命期费用法考虑了资金的时间价值，是一种动态的价值指标评价方法。由于不同技术方案的寿命期不同，因此，应用全寿命期费用法计算费用时，不用净现值法，而用年度等值法，以年度费用最小者为最优方案。

（3）价值工程法

价值工程法主要是对产品进行功能分析，研究如何以最低的全寿命期成本实现产品的必要功能，从而提高产品价值。在建设工程施工阶段应用该方法来提高建设工程价值的作用是有限的。要使建设工程的价值能够大幅提高，获得较高的经济效益，首先必须在设计阶段应用价值工程法，使建设工程的功能与成本合理匹配。也就是说，在设计中应用价值工程的原理和方法，在保证建设工程功能不变或功能改善的情况下，力求节约成本，以设计出更加符合用户要求的产品。

价值工程在工程设计中的运用过程实际上是发现矛盾、分析矛盾和解决矛盾的过程。具体地说，就是分析功能与成本间的关系，以提高建设工程的价值系数。工程设计人员要以提高价值为目标，以功能分析为核心，以经济效益为出发点，从而真正实现对设计方案的优化。

3.多因素评分法

多因素评分法是多指标法与单指标法相结合的一种方法。对需要进行分析评价的设计方案设定若干个评价指标，按其重要程度分配权重，然后按照评价标准给各指标打分，将各项指标所得分数与其权重采用综合方法整合，得出各设计方案的评价总分，以获总分最高者为最佳方案。多因素评分法综合了定量分析评价与定性分析评价的优点，可靠性高，应用较广泛。

（三）方案优化

设计优化是使设计质量不断提高的有效途径，在设计招标以及设计方案竞赛过程中可以将各方案的可取之处重新组合，吸收众多设计方案的优点，使设计更加完美，而对于具体方案，则应综合考虑工程质量、造价、工期、安全和环保五大目标，基于全要素造价管理进行优化。

工程项目五大目标之间的整体相关性，决定了设计方案的优化必须考虑工程质量、造价、工期、安全和环保五大目标之间的最佳匹配，力求达到整体目标最优，而不能孤立、片面地考虑某一目标或强调某一目标而忽略其他目标。在保证工程质量和安全、保护环境的基础上，追求全寿命期成本最低的设计方案。

第三节 设计概算编制与审查

一、设计概算概述

（一）设计概算的概念

设计概算是以初步设计文件为依据，按照规定的程序、方法和依据，对建设项目总投资及其构成进行的概略计算。具体而言，设计概算是在投资估算的控制下由设计单位根据初步设计或扩大初步设计的图纸及说明，利用国家或地区颁发的概算指标、概算定额、综合指标预算定额，各项费用定额或取费标准（指标），建设地区自然、技术经济条件和设备、材料预算价格等资料，按照设计要求，对建设项目从筹建至竣工交付使用所需全部费用进行的预计。

设计概算的成果文件称作设计概算书，也简称设计概算。设计概算书是初步设计文件的重要组成部分，其特点是编制工作相对简略，无须达到施工图预算的准确程度。采用两阶段设计的建设项目，初步设计阶段必须编制设计概算；采用三阶段设计的，扩大初步设计阶段必须编制修正概算。

设计概算的编制内容包括静态投资和动态投资两个层次。静态投资作为考核工程设计和施工图预算的依据，动态投资作为项目筹措、供应和控制资金使用的限额。

（二）设计概算的作用

设计概算是工程造价在设计阶段的表现形式，但其并不具备价格属性。因为设计概算不是在市场竞争中形成的，而是设计单位根据有关依据计算出来的工程建设的预期费用，用于衡量建设投资是否超过估算并控制下一阶段费用支出。设计概算的主要作用是控制以后各阶段的投资，其具体表现如下：

1.设计概算是编制固定资产投资计划、确定和控制建设项目投资的依据。

2.设计概算是控制施工图设计和施工图预算的依据。

3.设计概算是衡量设计方案技术经济合理性和选择最佳设计方案的依据。

4.设计概算是编制招标控制价（招标标底）和投标报价的依据。

5.设计概算是签订建设工程合同和贷款合同的依据。

6.设计概算是考核建设项目投资效果的依据。

二、设计概算的编制内容

设计概算文件的编制应采用单位工程概算、单项工程综合概算、建设项目总概算三级概算编制形式。

（一）单位工程概算

单位工程是指具有独立的设计文件，能够独立组织施工，但不能独立发挥生产能力或使用功能的工程项目，是单项工程的组成部分。单位工程概算是以初步设计文件为依据，按照规定的程序、方法和依据，计算单位工程费用的成果文件，是编制单项工程综合概算（或项目总概算）的依据，是单项工程综合概算的组成部分。单位工程概算按其工程性质分为建筑工程概算和设备及安装工程概算两类。

（二）单项工程综合概算

单项工程是指在一个建设项目中，具有独立的设计文件，建成后能够独立发挥生产能力或使用功能的工程项目。它是建设项目的组成部分，如生产车间、办公楼、食堂、图书馆、学生宿舍、住宅楼、配水厂等。单项工程是一个复杂的综合体，是一个具有独立存在意义的完整工程，如输水工程、净水厂工程、配水工程等。单项工程综合概算是以初步设计文件为依据，在单位工程概算的基础上汇总单项工程工程费用的成果文件，由单项工程中的各单位工程概算汇总编制而成，是建设项目总概算的组成部分。

（三）建设项目总概算

建设项目总概算是以初步设计文件为依据，在单项工程综合概算的基础上计算建设项目概算总投资的成果文件。它是由各单项工程综合概算、工程建设其他费用概算、预备费、建设期利息和铺底流动资金概算汇总编制而成。

若干个单位工程概算汇总后成为单项工程概算，若干个单项工程概算和工程建设其他费用、预备费、建设期利息、铺底流动资金等概算文件汇总后成为建设项目总概算。单项工程概算和建设项目总概算仅是一种归纳、汇总性文件，因此，最基本的计算文件是单位工程概算书。若建设项目为一个独立单项工程，则建设项目总概算书与单项工程综合概算书可合并编制。

第四节 施工图预算编制

施工图预算的编制

（一）编制内容

施工图预算由建设项目总预算、单项工程综合预算和单位工程预算组成。建设项目总预算由单项工程综合预算汇总而成，单项工程综合预算由组成本单项工程的各单位工程预算汇总而成，单位工程预算包括建筑工程预算和设备及安装工程预算。

（二）各级预算文件的编制

各级预算文件的编制见表7-5。

表7-5 施工图预算的编制

预算书名称	编制公式			
单位工程施工图预算	单位工程施工图预算=建筑安装工程预算+设备及工、器具购置费			
	建筑安装工程预算		方法1：工料单价法	Σ（子目工程量×子目工料单价）+企业管理费+利润+规费+税金
		方法2：全费用综合单价法	分部分项工程费+措施项目费	
		注：全费用综合单价=人+材+机+管+利+规+税		
	设备及工、器具购置费		设备购置费=设备原价+设备运杂费	
			工、器具购置费（未达到固定资产标准）=设备购置费×定额费费率	
单项工程综合预算	单项工程综合预算=单位建筑工程费用+Σ单位设备及安装工程费用			
建设项目总预算	三级预算编制	总预算=Σ单项工程施工图预算+工程建设其他费用+预备费+建设期利息+铺底流动资金		
	二级预算编制	总预算=单位建筑工程费用+Σ单位设备及安装工程费用+工程建设其他费用+预备费+建设期利息+铺底流动资金		

第八章　设计阶段的工程造价管理

第一节　限额设计

一、设计阶段造价控制的主要工作内容

设计阶段造价控制是指在设计阶段，工程设计人员和工程经济人员密切配合，运用一系列科学的方法和手段对设计方案进行选择和优化，正确处理好技术与经济的对立统一关系，从而主动地影响工程造价，以达到有效地控制工程造价的目的。建设项目设计的各个工作阶段造价控制的内容又有所不同。

1.设计准备阶段

设计人员与造价咨询人员密切合作，通过对项目建议书和可行性研究报告内容的分析，了解业主方对设计的总体思路和项目利益相关者的不同要求，充分了解和掌握各种有关的外部条件和客观情况，还要考虑工程已具备的各项使用要求。

2.方案设计阶段

在初步方案设计阶段，设计单位或者个人和造价咨询人员通过考虑工程与周围环境之间的关系，对工程主要内容的安排进行布局设想。在这个过程中，设计单位或个人要考虑到项目利益相关者对建设项目的不同要求，妥善解决建设项目工程和周围环境的相容性和协调性问题。工程造价人员应做出各专业详细的建安工程造价估算书。

3.初步设计阶段

初步设计阶段是设计阶段中的一个关键性阶段，也是整个设计构思基本形成的阶段。初步设计阶段主要应明确拟建工程和规定期限内进行建设的技术可行性和经济合理性，规定主要技术方案、工程总造价和主要技术经济指标。

4.技术设计阶段

技术设计阶段是初步设计的具体化，也是各种技术问题的定案阶段。技术设计的详细程度应满足确定设计方案中重大技术问题和有关试验、设备选择等方面的要求，能保证在建设项目采购过程中确定建设项目建设材料采购清单。

5.施工图设计阶段

施工图设计阶段是设计工作和施工工作的桥梁。其具体包括建设项目各部分工程的详图和零部件、结构构件明细表及验收标准和验收方法等。施工图设计的深度应能满足设备材料的选择与确定、非标准设备的设计与加工制作、施工图预算的编制以及建筑工程施工和安装的要求。

6.设计交底和配合施工

施工图发出后，根据现场需要，设计单位应派人到施工现场，与建设单位、施工单位等共同会审施工图，进行技术交底，介绍设计意图和技术要求，修改不符合实际和有错误的图纸，参加试运转和竣工验收，解决试运转过程中的各种技术问题，并检验设计的正误和完善程度。

对于大、中型工业项目和大型复杂的民用建设工程项目，应派现场设计代表积极配合现场施工并参加隐蔽工程验收。

二、限额设计

（一）限额设计的概念

1.限额设计的定义

限额设计是指按照批准的设计任务书中的投资估算限额控制初步设计，按照批准的初步设计总概算造价限额控制施工图设计，在确保各个专业使用功能的基础上，按照施工图预算造价限额对施工图设计中的各个专业设计分配投资限额，并严格控制施工图设计不合理的变更，以确保建设项目总投资限额不被突破。

2.限额设计的目标设置

（1）限额设计的目标。将上一阶段审定的投资额作为下一设计阶段投资控制的总体目标，将该项总体限额目标层层分解后确定各专业、各工种或各分部分项工程的分项目标。

（2）限额设计是提高设计质量工作的管理目标。限额设计体现了设计标准、规模、原则的合理确定和有关概算基础资料的合理取定，是衡量勘察设计工作质量的综合标志。

3.限额设计控制造价的方式

限额设计控制造价的方式包括纵向控制和横向控制。

（1）纵向控制是按照限额设计过程从前往后依次进行控制的方法。

（2）横向控制是对设计单位及其内部各专业、科室及设计人员进行考核，实施奖惩，进而保证设计质量的一种控制方法。

（二）限额设计的工作内容

1.投资决策阶段

投资决策阶段是限额设计的关键。对政府工程而言，投资决策阶段的可行性研究报告是政府部门核准投资总额的主要依据，而批准的投资总额则是进行限额设计的重要依据。为此，应在多方案技术经济分析和评价后确定最终方案，提高投资估算的准确度，合理确定设计限额目标。

2.初步设计阶段

初步设计阶段需要依据最终确定的可行性研究方案和投资估算，对影响投资的因素按照专业进行分解，并将规定的投资限额下达到各专业设计人员。设计人员应用价值工程的基本原理，通过多方案技术经济比选，创造出价值较高、技术经济性较为合理的初步设计方案，并将设计概算控制在批准的投资估算内。

3.施工图设计阶段

施工图是设计单位的最终成果文件，应按照批准的初步设计方案进行限额设计，施工图预算需控制在批准的设计概算范围内。

（三）限额设计的实施程序

限额设计强调技术与经济的统一，需要工程设计人员和工程造价管理专业人员密切合作。工程设计人员进行设计时，应基于建设工程全寿命期，充分考虑工程造价的影响因素，对方案进行比较，优化设计；工程造价管理专业人员要及时进行投资估算，在设计过程中协助工程设计人员进行技术经济分析和论证，从而达到有效控制工程造价的目的。

限额设计的实施是建设工程造价目标的动态反馈和管理过程，可分为目标制定、目标分解、目标推进和成果评价四个阶段。

1.目标制定

限额设计的目标包括造价目标、质量目标、进度目标、安全目标及环境目标。在制定限额设计的目标时，应追求技术经济合理的最佳整体目标。

2.目标分解

分解工程造价目标是实行限额设计的一个有效途径和主要方法。首先，将上一阶段确定的投资额分解到建筑、结构、电气、给排水和暖通等设计部门的各个专业。其次，将投资限额再分解到各个单项工程、单位工程、分部工程及分项工程。在目标分解过程中，要

建筑工程造价研究

对设计方案进行综合分析与评价。最后，将各细化的目标明确到相应的设计人员，制定明确的限额设计方案。通过层层目标分解和限额设计，实现对投资限额的有效控制。

3.目标推进

目标推进通常包括限额初步设计和限额施工图设计两个阶段。

限额初步设计阶段应严格按照分配的工程造价控制目标进行方案的规划和设计。初步设计只有在满足各项功能要求并符合限额设计目标的情况下，才能作为下一阶段的限额目标给予批准。

限额施工图设计阶段应遵循各目标协调并进的原则，做到各目标之间的有机结合和统一，防止偏废其中任何一个。

4.成果评价

成果评价是目标管理的总结阶段。通过对设计成果的评价、总结经验和教训，作为指导和开展后续工作的重要依据。

当考虑建设工程全寿命期成本时，按照限额要求设计出的方案可能不一定具有最佳的经济性，此时亦可考虑突破原有限额，重新选择设计方案。

（四）限额设计的实施要点

为推行限额设计，并取得良好的控制效果，应注意做好以下事项：

1.合理确定项目投资限额

为适应推行限额设计的要求，在可行性研究阶段特别是详细可行性研究阶段编制建设项目投资估算时，既要避免有意提高造价和增项，又要避免有意压低造价和漏项，真正做到科学准确地编制项目投资估算，使项目的投资限额与单项工程的数量、建设标准、建筑规模以及功能水平要求相协调。

2.重视设计的多方案优选环节，加强限额设计审核工作

在设计阶段，要鼓励设计人员开拓思想，勇于创新，集思广益，多提设计方案，并针对设计要求通过价值工程活动，优选出投入少、产出多的经济合理的设计方案。设计方案确定后，还应通过设计审查做好限额设计的动态控制，保证项目投资总目标与各分部分项工程投资目标的实现。施工图设计阶段应尽量吸收施工单位人员的意见，使设计符合施工要求，有效避免工程变更。

3.限额设计按照设计程序进行，建立健全限额设计经济责任制

（1）就限额设计纵向控制而言，推行限额设计必须遵循设计规律按照设计程序的要求依次逐步地进行，以保证初步设计和技术设计阶段、施工图设计阶段均以其上一阶段的投资限额为依据进行投资分配与专业设计，做到前项控制后项、后项受控于前项，从而控制项目总投资。

（2）就限额设计横向控制而言，应通过建立健全限额设计经济责任制，明确设计单位及其内部各专业设计科室对限额设计应负的责任，并建立相应的投资分配与考核奖罚制度，使得设计人员充分重视和认真对待每个设计环节及每项专业设计。

第二节　设计方案的优化与选择

一、工程设计概述

工程设计是建设项目进行全面规划和具体描述实施意图的过程，是工程建设的灵魂，是科学技术转化为生产力的纽带，是处理技术与经济关系的关键性环节，是确定与控制工程造价的重点阶段。设计是否经济合理，对控制工程造价具有十分重要的意义。

（一）工程设计的含义

工程设计是指在工程开始施工之前，设计者根据已批准的设计任务书，为具体实现拟建项目的技术、经济要求，拟定建筑、安装及设备制造等所需的规划、图纸、数据等技术文件的工作。设计是建设项目由计划变为现实具有决定意义的工作阶段。设计文件是建筑安装施工的依据。拟建工程在建设过程中能否保证进度、保证质量和节约投资，在很大程度上取决于设计质量的优劣。工程建成后，能否获得满意的经济效果，除项目决策外，设计工作起着决定性的作用。设计工作的重要原则之一是保证设计的整体性，为此，设计工作必须按照一定的程序分阶段进行。

（二）工程设计阶段

为保证工程建设和设计工作的有机配合和衔接，将工程设计划分为几个阶段。国家规定，一般工业与民用建设项目设计按初步设计和施工图设计两个阶段进行，称为"两阶段设计"；对于技术上复杂而又缺乏设计经验的项目，可按初步设计、扩大初步设计和施工图设计三个阶段进行，称为"三阶段设计"。小型建设项目中技术简单的，在简化的初步设计确定后，就可做施工图设计。在各个设计阶段，都需要编制相应的工程造价控制文件，即设计概算、修正概算和施工图预算等，逐步由粗到细确定工程造价控制目标，并经过分段审批，切块分解，层层控制工程造价。

（三）工程设计过程

工程设计包括准备工作、编制各阶段的设计文件、配合施工和参加施工验收、进行工程设计总结等过程。

1.设计前准备工作

设计单位根据主管部门或业主的委托书进行可行性研究，参加建设地点的选择和调查研究设计所需的基础资料（勘察资料，环境及水文地质资料，科学试验资料，水、电及原材料供应资料，用地情况及指标，外部运输及协作条件等资料），开展工程设计所需的科学试验。在此基础上进行方案设计。

2.初步设计

这是设计过程中的一个关键性阶段，也是整个设计构思基本形成的阶段。通过初步设计可以进一步明确拟建工程在指定地点和规定期限内进行建设的技术可行性和经济合理性，并规定主要技术方案、工程总造价和主要技术经济指标，以利于在项目建设和使用过程中最有效地利用人力、物力和财力。工业项目初步设计包括总平面设计、工艺设计和建筑设计三部分。在初步设计阶段应编制设计总概算。

3.技术设计

技术设计是初步设计的具体化，也是各种技术问题的定案阶段。技术设计应研究和决定的问题，与初步设计的大致相同，但需要根据更详细的勘察资料和技术经济计算加以补充修正。技术设计的详细程度应能满足确定设计方案中重大技术问题和有关试验、设备选制等方面的要求，应能保证能够根据它编制施工图和提出设备订货明细表。技术设计的着眼点，除体现初步设计的整体意图，还要考虑施工的方便易行。如果对初步设计中所确定的方案有所更改，应对更改部分编制修正概算书。对于不太复杂的工程，技术设计阶段可以省略，将这个阶段的一部分工作纳入初步设计（承担技术设计部分任务的初步设计，称为扩大初步设计），另一部分留待施工图设计阶段进行。

4.施工图设计

这一阶段主要是通过图纸，把设计者的意图和全部设计结果表达出来，作为工人施工制作的依据，它是设计工作和施工工作的桥梁。施工图包括建设项目各部分工程的详图、零部件、结构构件明细表以及验收标准和方法等。施工图设计的深度应能满足设备材料的选择与确定、非标准设备的设计与加工制作、施工图预算的编制、建筑工程施工和安装的要求。

5.设计交底和配合施工

施工图发出后，根据现场需要，设计单位应派人到施工现场，与建设、施工单位共同会审施工图，进行技术交底，介绍设计意图和技术要求，修改不符合实际和有错误的图纸，参加试运转和竣工验收，解决试运转过程中的各种技术问题，并检验设计的正确和完善程度。

（四）建设项目设计阶段技术经济指标体系

1.工业建设项目设计方案技术经济指标

工业建设项目设计方案技术经济指标，按建设阶段和使用阶段分述如下：

（1）建设阶段技术经济指标

①投资指标：包括总投资和单位生产能力的投资。

②工期指标：包括总工期和工期的变化率，即相对于定额工期（或规定工期）提前或延迟的量。

③主要材料的耗用量：指项目所需的主要建筑材料和各种特殊材料、稀贵材料的需要量。

④占地面积。主要有以下内容：

A.厂区占地面积（公顷）：指厂区围墙（或规定界限）以内的用地面积。

B.建筑物和构筑物的占地面积（㎡）：建筑物占地面积按上述规定计算，构筑物的建筑面积按外轮廓计算。

C.有固定装卸设备的堆场（露天栈桥、龙门吊堆场）和露天堆场（原料、燃料堆场）的占地面积（㎡）。

D.铁路、道路、管线和绿化占地面积（㎡）：铁路、道路的长度乘宽度即为占地面积，但厂外铁路专用线用地不在此项内。

⑤建筑密度：指建筑物、构筑物、有固定装卸设备的堆场、露天仓库的占地面积之和与厂区占地面积之比。

建筑密度是工厂总平面设计中比较重要的技术经济指标，它可以反映总平面设计中用地是否紧凑合理。建筑密度高，表明可节省土地和土石方工程量，又可缩短管线长度，从而降低建厂费用和使用费。

⑥土地利用系数：指建筑物、构筑物、露天仓库、堆场、铁路、道路、管线等占地面积之和与厂区面积之比。

⑦实物工程量指标：主要实物工程量指标有场地平整土方工程量，铁路长度，道路及广场铺砌面积，排水、给水管线长度，围墙长度，绿化面积等。

（2）使用阶段技术经济指标

①预期成果指标：

A.年产量：如果产品的品种规格较多，可采用换算方法，将各种产品的产量都折算成主要产品的产量。

B.年产值：产值是产量指标的货币表现，按不变价格计算。其主要包括工业总产值和工业净产值。

a.工业总产值：由各种产品产量乘相应的出厂价格计算。从价值形态来看，工业总产值由三部分组成：第一，生产中消耗的原材料、燃料、动力和固定资产价值；第二，职工的工资和福利基金；第三，产品销售利润和税金。

b.工业净产值：净产值是企业一定时期内新创造价值的货币表现，它是从工业总产值中扣除生产中消耗的原材料、燃料、动力和固定资产折旧后剩下的部分。

C.净利润：净利润是指在利润总额中按规定缴纳了所得税后公司的利润留成。

D.净收益：净收益是在年净利润的基础上，再扣除逐年均衡偿还投资本息和年定额流动资金利息后的金额。

E.反映功能或适用性的指标：对于专业工程，如动力、运输、给水、排水和供热等设计方案，则要用提供动力的大小、运输能力、供水能力、排水能力和供热能力来表示。

②劳动消耗指标：包括活劳动消耗（职工总数、工时总额和工资总额等）、物化劳动消耗（单位产品的各类材料消耗量、设备和厂房的折旧费、材料利用率、设备负荷率、每台设备年产量以及单位生产性建筑面积年产量等），以及活劳动和物化劳动的综合消耗（成本、劳动生产率等）。

③劳动占用指标：制造产品需要占用一定的厂房设备，还需要有一定数量的原材料和半产品的储备，所有这些占用都是人们对过去物化劳动的占用。属于这方面的指标有固定资产总额、流动资金总额、设备总台数、总建筑面积等。

2.公共建筑设计方案评价指标

（1）平均单位建筑面积：影剧院、体育馆、餐馆等按座位计算建筑面积，旅馆、医院按床位计算建筑面积，教学楼、办公楼则按人数计算建筑面积（同理可计算单位使用面积）。

（2）平均单位使用面积：公共建筑中的使用面积包括主要使用面积，如教室、实验室、病房、营业厅、观众厅等的面积；辅助房间面积，如厕所、储藏室、电气、水暖设备用房的面积。

（3）建筑平面系数：建筑平面系数，或称"K"值，指使用面积占建筑面积的比例，一般用百分比表示。

（4）辅助面积系数：辅助面积系数=辅助面积/使用面积。辅助面积系数小，则方案在辅助面积上的浪费小，这也说明方案的平面有效利用率高。该系数一般在20%~27%。

（5）结构面积系数：结构面积系数指房屋的结构面积与建筑面积的比例系数。不同结构体系的结构面积系数也有所不同。此系数越小，有效面积就会有所增加。

其计算公式：结构面积系数=总结构面积（m²）/总建筑面积（m²）×100%。

结构面积系数减小，就表明住宅的结构面积占建筑面积的比重减小，而住宅的有效使用面积则相应增大。所以，结构面积系数是评价建筑设计方案的重要经济指标。该指标除与房屋的结构有关，还与房屋的外形、长度、宽度以及设计房间的平均面积大小、单元和户型的组成有关。房间的平均面积越大，墙体在建筑面积中占的比例越小，结构面积系数越低，设计方案也就越经济。

结构面积系数越小，说明有效使用面积越大，这是评价采用新材料、新结构的重要指标。

3.居住小区规划设计方案评价指标

（1）占用土地（公顷）：指生活居住用地、公共建筑用地、道路用地、绿化用地和其他用地的总和。

（2）居住总人口（人）。

（3）人口密度。

（4）平均每人居住用地。

（5）建筑密度。

（6）建筑面积密度。

（7）居住建筑密度：居住建筑密度是衡量用地经济性和保证居住区必要的卫生条件的主要技术经济指标，其数值的大小与建筑层数、房屋间距、层高、房屋排列方式等因素有关。适当提高建筑密度可节省用地，但应保证日照、绿化、通风、防火和交通安全的基本需要。

（8）居住建筑面积密度。

二、设计方案竞选

设计方案竞选是指组织竞选活动的单位，通过报刊、信息网络或其他媒介发布竞选公告，吸引设计单位参加方案竞选。参加竞选的设计单位按照竞选文件，做好方案设计和编制有关文件，经具有相应资格的注册建筑师签字并加盖单位法定代表人或法定代表人委托的代理人的印鉴，在规定的日期内，密封送达组织竞选单位。组织竞选单位邀请有关专家组成评定小组，采用科学的方法，按照适用、经济、美观的原则以及技术先进、结构合理、满足建筑节能、环保等要求，综合评定设计方案的优劣，择优确定中选方案，最后双方签订合同。

（一）设计方案竞选的建设项目应具备的条件

（1）具有批准的项目建议书或可行性研究报告。

（2）具有划定的项目建设地点、规划控制要点和用地红线图。

（3）具有符合要求的地形图，包括工程地质、水文地质资料，水、电、燃气、供热、环保、通信和市政道路等详细资料。

（4）有设计要求说明书。

（二）参选单位应提供的材料

（1）提供单位名称、法人代表、地址、单位所有制性质和隶属关系。

（2）提供设计证书的复印件及证书副本、设计收费证书及营业执照的复印件。

（3）单位简历、技术力量及主要设备。

（4）一级注册建筑师资格证书。

（三）设计方案竞选的方式

（1）公开竞选。由组织竞选的单位通过各种媒介发布竞选公告。

（2）邀请竞选。由组织竞选的单位直接向3个以上有关设计单位发出竞选邀请书。

（四）设计竞选方案的评定

由组织竞选单位和有关专家7～11人组成评定小组，其中技术专家人数应占2/3以上。评定小组按照技术先进、功能全面、结构合理、安全适用、满足建筑节能及环境要求、经济实用、美观的原则，并同时考虑设计进度的快慢及设计单位和注册建筑师的资历信誉等因素，综合评定设计方案的优劣，择优确定中选方案。评定会议结束后至确定中选单位的期限一般不超过15天。确定中选单位后，组织竞选单位应于7天内发出中选通知书，之后30天内签订设计发承包书面合同。

三、设计方案评价

（一）设计方案评价的原则

设计方案评价应遵循以下基本原则。

（1）设计方案必须处理好经济合理性与技术先进性之间的关系。经济合理性要求工程造价尽可能低，但一味地追求经济效果，可能会导致项目的功能水平偏低，无法满足使用者的要求；技术先进性追求技术的尽善尽美，项目功能水平先进，但可能会导致工程造价偏高。因此，技术先进性与经济合理性是相互矛盾的，设计者应妥善处理好两者的关系。一般情况下，要在满足使用者要求的前提下，尽可能降低工程造价。但是，如果受到资金限制，也可以在资金限制范围内，尽可能提高项目的功能水平。

（2）设计方案必须兼顾建设与使用，考虑项目全寿命费用。工程在建设过程中，控制造价是一个非常重要的目标。但是造价水平的变化，又会影响到项目将来的使用成本。如果单纯地降低造价，建筑物质量将得不到保障，就会导致在使用过程中的维修费用过高，甚至有可能发生重大事故，给社会财产和人民生命安全带来严重损害。

（3）设计方案必须兼顾近期与远期的要求。一项工程建成后，往往会在很长时间内发挥作用。如果只按照目前的要求设计工程，那么在不远的将来，可能会出现由于项目功能水平无法满足需要而重新建造的情况。但是如果只按照未来的需要设计工程，又会出现由于功能水平过高而产生资源闲置、浪费的现象。所以，设计者要兼顾近期和远期的要求，选择合理的项目功能水平。同时，也要根据远景发展需要，适当留有发展余地。

（二）工业建设项目设计评价

工业建设项目设计是由总平面设计、工艺设计及建筑设计三部分组成，它们之间是相互关联和制约的。各部分设计方案侧重点不同，评价内容也略有差异。因此，分别对各部分设计方案进行技术经济分析与评价，是保证总设计方案经济合理的前提。

1.总平面设计评价

总平面设计是指总图运输设计和总平面布置。主要内容有厂址方案、占地面积和土地利用情况；总图运输、主要建筑物和构筑物及公用设施的配置；外部运输、水、电、气及其他外部协作条件等。

（1）总平面设计对工程造价的影响因素

总平面设计是在按照批准的设计任务书选定厂址后进行的，它是对厂区内的建筑物、构筑物、露天堆场、运输线路、管线、绿化及美化设施等做全面合理的配置，以便使整个项目形成布置紧凑、流程顺畅、经济合理、方便使用的格局。总平面设计是工业项目设计的一个重要组成部分，它的经济合理性对整个工业企业设计方案的合理性有极大的影响。

在总平面设计中影响工程造价的因素有：

①占地面积。

②功能分区。

③运输方式的选择。

（2）总平面设计的基本要求

针对以上总平面设计中影响造价的因素，总平面设计应满足以下基本要求：

①总平面设计要注意节约用地，尽量少占农田。

②总平面设计必须满足生产工艺过程的要求。

③总平面设计要合理组织厂内外运输，选择方便经济的运输设施和合理的运输线路。

④总平面布置应适应建设地点的气候、地形、工程水文地质等自然条件。

⑤总平面设计必须符合城市规划的要求。

（3）工业项目总平面设计的评价指标

①有关面积的指标。

②比率指标。包括反映土地利用率和绿化率的指标。

A.建筑系数（建筑密度）：厂区内（一般指厂区围墙内）建筑物、构筑物和各种露天仓库及堆场、操作场地等的占地面积与整个厂区建设用地面积之比。它是反映总平面设计用地是否经济合理的指标。建筑系数大，表明布置紧凑，节约用地，又可缩短管线距离，降低工程造价。

B.土地利用系数：厂区内建筑物、构筑物、露天仓库及堆场、操作场地道路、广场、排水设施及地上地下管线等所占面积与整个厂区建设用地面积之比，反映出总平面布置的经济合理性和土地利用效率。

C.绿化系数。指厂区内绿化面积与厂区占地面积之比。它综合反映了厂区的环境质量水平。

③工程量指标。包括场地平整土石方量、地上及地下管线工程量、防洪设施工程量等。这些指标综合反映了总平面设计中功能分区的合理性及设计方案对地势地形的适应性。

④功能指标。包括生产流程短捷、流畅、连续程度，场内运输便捷程度，安全生产满足程度等。

⑤经济指标。包括每吨货物运输费用、经营费用等。

（4）总平面设计评价方法

总平面设计方案的评价方法很多，有价值工程理论、模糊数学理论、层次分析理论等不同的方法，操作比较复杂。常用的方法是多指标对比法。

2.工艺设计评价

工艺设计部分要确定企业的技术水平。主要包括建设规模、标准和产品方案，工艺流程和主要设备的选型，主要原材料、能源供应，"三废"治理及环保措施。此外还包括生产组织及生产过程中的劳动定员情况等。

（1）工艺设计过程中影响工程造价的因素

工艺设计是工程设计的核心，它是根据工业企业生产的特点、生产性质和功能来确定的。工艺设计一般包括生产设备的选择、工艺流程设计、工艺定额的制定和生产方法的确定。工艺设计标准高低，不仅直接影响工程建设投资的大小和建设进度，而且还决定着未来企业的产品质量、数量和经营费用。在工艺设计过程中影响工程造价的因素主要包括：

①选择合适的生产方法。

A.生产方法是否合适首先表现在是否先进适用。

B.生产方法的合理性还表现在是否符合所采用的原料路线。不同的工艺路线往往要求不同的原料路线。选择生产方法时，要考虑工艺路线对原料规格、型号、品质的要求，原料供应是否稳定可靠。

C.所选择的生产方法应该符合清洁生产的要求。近年来，随着人们环保意识的增强，国家也加大了环境保护执法监督力度，如果所选生产方法不符合清洁生产要求，项目主管部门往往要求投资者追加环保设施投入，带来工程造价的提高。

②合理布置工艺流程。工艺流程设计是工艺设计的核心。合理的工艺流程应既能保证主要工序生产的稳定性，又能根据市场需要的变化，在产品生产的品种规格上保持一定的灵活性。工艺流程设计与厂内运输、工程管线布置联系密切。合理布置应保证主要生产工艺流程无交叉和逆行现象，并使生产线路尽可能短，从而节省占地，减少技术管线的工程量，节约造价。

③合理的设备选型。

（2）工艺技术选择的原则

针对工艺设计过程中影响工程造价的因素，工艺技术选择应遵循以下原则：

①先进性。项目应尽可能采用先进技术和高新技术。衡量技术先进性的指标有产品质量性能、产品使用寿命、单位产品物耗能耗、劳动生产率、装备现代化水平等。

②适用性。项目所采用的工艺技术应该与国内的资源条件、经济发展水平和管理水平相适应。具体体现在：

A.采用的工艺路线要与可能得到的原材料、能源、主要辅助材料或半成品相适应。

B.采用的技术与可能得到的设备相适应，包括国内和国外设备、主机和辅机。

C.采用的技术、设备与当地劳动力素质和管理水平相适应。

D.采用的技术与环境保护要求相适应，应尽可能采用环保型生产技术。

③可靠性。

④安全性。

⑤经济合理性。

（3）设备选型与设计

在工艺设计中确定了生产工艺流程后，就要根据工厂生产规模和工艺过程的要求，选择设备型号和数量，并对一些标准和非标准设备进行设计。设备和工艺的选择是相互依存、紧密相连的。设备选择的重点因设计形式的不同而不同，应该选择能满足生产工艺要求、能达到生产能力的最适用的设备。

①设备选型的基本要求。对主要设备方案选择时应满足以下基本要求：

A.主要设备方案应与拟选的建设规模和生产工艺相适应，满足投产后生产（或使用）的要求。

B.主要设备之间、主要设备与辅助设备之间的能力相互配套。

C.设备质量、性能成熟，以保证生产的稳定和产品质量。

D.设备选择应在保证质量性能的前提下，力求经济合理。

选用设备时，应符合国家和有关部门颁布的相关技术标准要求。

②设备选型时应考虑的主要因素。设备选型的依据是企业对生产产品的工艺要求。设备选型重点要考虑设备的使用性能、经济性、可靠性和可维修性等。

A.设备的使用性能。包括设备要满足产品生产工艺的技术要求，设备的生产率，与其他系统的配套性、灵活性，及其对环境的污染情况等。

B.设备的经济性。选择设备时，既要使设备的购置费用不高，又要使设备的维修费较为节省。任何设备都要消耗能量，但应使能源消耗较少，并能节省劳动力消耗。设备要有一定的自然寿命，即耐用性。

C.设备的可靠性。是指机器设备的精度、准确度的保持性，机器零件的耐用性、执行功能的可靠程度，操作是否安全等。

D.设备的可维修性。设备维修的难易程度用可维修性表示。一般来说，设计合理，结构比较简单，零部件组装合理，维修时零部件易拆易装，检查容易，零件的通用性、标准性及互换性好，那么可维修性就好。

③设备选型方案评价。合理选择设备，可以使有限的投资发挥最大的技术经济效益。设备选型应该遵循生产上适用、技术上先进、经济上合理的原则，考虑生产率、工艺性、可靠性、可维修性、经济性、安全性、环境保护性等因素进行设备选型。设备选择方案评价的方法有工程经济相关理论、寿命周期成本评价法、本量利分析法等。

（4）工艺技术方案的评价

对工艺技术方案进行比选的内容主要有技术的先进程度、可靠程度，技术对产品质量性能的保证程度，技术对原料的适应程度，工艺流程的合理性，技术获得的难易程度，对环境的影响程度，技术转让费或专利费等技术经济指标。

对工艺技术方案进行比选的方法很多，主要有多指标评价法和投资效益评价法。

（三）民用建设项目设计评价

民用建设项目设计是根据建筑物的使用功能要求，确定建筑标准、结构形式、建筑物空间与平面布置以及建筑群体的配置等。民用建筑设计包括住宅设计、公共建筑设计以及住宅小区设计。住宅建筑是民用建筑中最大量、最主要的建筑形式。

1.住宅小区建设规划

（1）住宅小区规划中影响工程造价的主要因素。

①占地面积。

②建筑群体的布置形式。

（2）在住宅小区规划设计中节约用地的主要措施。

①压缩建筑的间距。

②提高住宅层数或高低层搭配。

③适当增加房屋长度。

④提高公共建筑的层数。

⑤合理布置道路。

（3）居住小区设计方案评价指标

①居住建筑净密度是衡量用地经济性和保证居住区必要卫生条件的主要技术经济指标。其数值的大小与建筑层数、房屋间距、层高、房屋排列方式等因素有关。适当提高建筑密度，可节省用地，但应保证日照、通风、防火、交通安全的基本需要。

②居住面积密度是反映建筑布置、平面设计与用地之间关系的重要指标。影响居住面积密度的主要因素是房屋的层数，增加层数其数值就增大，有利于节约土地和管线费用。

2.民用住宅建筑设计评价

（1）民用住宅建筑设计的基本原则

民用建筑设计要坚持"适用、经济、美观"的原则。

①平面布置合理，长度和宽度比例适当。

②合理确定户型和住户面积。

③合理确定层数与层高。

④合理选择结构方案。

（2）民用建筑设计的评价指标

①平面指标。该指标用来衡量平面布置的紧凑性、合理性。

②建筑周长指标。该指标是墙长与建筑面积之比。居住建筑进深加大，则单元周长缩小，可节约用地，减少墙体，降低造价。

③建筑体积指标。该指标是建筑体积与建筑面积之比，是衡量层高的指标。

④面积定额指标。该指标用于控制设计面积。

⑤户型比。该指标是指不同居室数的户数占总户数的比例，是评价户型结构是否合理的指标。

四、设计方案优选

设计方案选择就是通过对工程设计方案的经济分析，从若干设计方案中选出最佳方案的过程。由于设计方案的经济效果不仅取决于技术条件，还受不同地区的自然条件和社会条件的影响，选择设计方案时，需要综合考虑各方面因素，对方案进行全方位技术经济分析与比较，结合当时当地的实际条件，选择功能完善、技术先进、经济合理的设计方案。

五、工程设计优化途径

方案设计优化是使设计质量不断提高的有效途径，在设计招标以及设计方案竞赛过程中可以将各方案的可取之处重新组合，吸收众多设计方案的优点，使设计更加完美。而对于具体方案，则应综合考虑工程质量、造价、工期、安全和环保五大目标，基于全要素造价管理进行优化。

工程项目五大目标之间的整体相关性，决定了设计方案的优化必须考虑工程质量、造价、工期、安全和环保五大目标之间的最佳匹配，力求达到整体目标最优，而不能孤立、片面地考虑某一目标或强调某一目标而忽略其他目标。在保证工程质量和安全、保护环境的基础上，追求全寿命期成本最低的设计方案。

（一）通过设计招标和设计方案竞选优化设计方案

建设单位首先就拟建工程的设计任务通过报刊、信息网络或其他媒介发布公告，吸引设计单位参加设计招标或设计方案竞选，以获得众多设计方案；然后组织7～11人的专家评定小组，其中技术专家人数应占2/3以上；最后，专家评定小组采用科学的方法，按照经济、适用、美观的原则，以及技术先进、功能全面、结构合理、安全适用、满足建设节能及环境等要求，综合评定各设计方案的优劣，从中选择最优的设计方案，或将各方案的可取之处重新组合，提出最佳方案。

（二）运用价值工程优化设计方案

1.价值工程原理

价值工程是通过各相关领域的协作，对所研究对象的功能与费用进行系统分析，不断创新，旨在提高研究对象的价值的思想方法和管理技术。

价值工程的定义包括以下几个方面的含义：

（1）价值工程的性质属于一种"思想方法和管理技术"。

（2）价值工程的核心内容是对"功能与成本进行系统分析"和"不断创新"。

（3）价值工程的目的旨在提高产品的"价值"。若把价值的定义结合起来，便应理解为旨在提高功能对成本的比值。

（4）价值工程通常是由多个领域协作而开展的活动。

2.价值工程的特点

（1）以使用者的功能需求为出发点

价值工程出发点的选择应满足使用者对功能的需求。

（2）研究对象进行功能分析并系统研究功能与成本之间的关系

价值工程对功能进行分析的技术内容特别丰富。既要辨别必要功能和不必要功能、过剩功能和不足功能，又要计算出不同方案的功能量化值，还要考虑功能与其载体的有分有合问题。通过功能与成本进行比较，形成比较价值的概念和量值。由于功能与成本关系的复杂性，必须用系统的观点和方法对其进行深入研究。

（3）致力于提高价值的创造性活动

提高功能与成本的比值是一项创造性活动，要求技术创新。提高功能或降低成本，都必须创造出新的功能载体或者创造新的载体加工制造的方法。

（4）有组织、有计划、有步骤地开展工作

开展价值工程活动的过程涉及各个部门的各方面人员。他们要沟通思想、交换意见、统一认识、协调行动，要步调一致地开展工作。

3.价值工程主要工作内容

（1）对象选择

①对象选择的一般原则

选择价值工程对象时一般应遵循以下两条原则：一是优先考虑企业生产经营上迫切要求改进的主要产品，或对国计民生有重大影响的项目；二是对企业经济效益影响大的产品（或项目）。其具体包括以下几个方面：

A.设计方面：选择结构复杂、体大量重、技术性能差、能源消耗高、原材料消耗大或稀有的、贵重的、奇缺的产品；

B.施工生产方面：选择产量大、工序烦琐、工艺复杂、工艺落后、返修率高、废品率高、质量难以保证的产品；

C.销售方面：选择用户意见大、退货索赔多、竞争力差、销售量下降或市场占有率低的产品；

D.成本方面：选择成本高、利润低的产品或在成本构成中比重大的产品。

②对象选择的方法。对象选择的方法有很多，每种方法有各自的优点和适应性。

A.经验分析法。该方法也称为因素分析法，是一种定性分析的方法，即凭借开展价值工程活动人员的经验和智慧，根据对象选择应考虑的因素，通过定性分析来选择对象的方法。其优点是能综合、全面地考虑问题且简便易行，不需要特殊训练，特别是在时间紧迫或信息资料不充分的情况下，利用此法较为方便。其缺点是缺乏定量依据，分析质量受工作人员的工作态度和知识经验水平的影响较大。若本方法与其他定量方法相结合使用往往能取得较好效果。

B.百分比法。百分比即按某种费用或资源在不同项目中所占的比重大小来选择价值工程对象的方法。

C.ABC分析法。运用数理统计分析原理，按局部成本在总成本中比重的大小选择价值工程对象。一般来说，企业产品的成本往往集中在少数关键部件上。在选择对象产品或部件时，为便于抓住重点，把产品（或部件）种类按成本大小顺序划分为A、B、C三类。

ABC分析法的优点在于简单易行，能抓住成本中的主要矛盾，但企业在生产多品种、各品种之间不一定表现出均匀分布规律时应采用其他方法。该方法的缺点是有时部件虽属C类，但功能却较重要，有时因成本在部件或要素项目之间分配不合理，则会发生遗漏或顺序推后而未被选上。这种情况可通过结合运用其他分析方法来避免。

D.强制确定法。该方法在选择价值工程对象、功能评价和方案评价中都可以使用。在对象选择中，通过对每个部件与其他各部件的功能重要程度进行逐一对比打分，相对重要的得1分，不重要的得0分，即01法。以各部件功能得分占总分的比例确定功能评价系数，根据功能评价系数和成本系数确定价值系数。

（2）信息资料的收集。明确收集资料的目的，确定资料的内容和调查范围，有针对性地收集信息。收集信息资料的首要目的就是要了解活动的对象，明确价值工程对象的范围，信息资料有利于帮助价值工程人员统一认识、确保功能、降低物耗。只有在以充分的信息作为依据的基础上，才能创造性地运用各种有效手段，正确地进行对象选择、功能分析和创新方案。

不同价值工程对象所需收集的信息资料内容不尽相同。一般包括市场信息、用户信息、竞争对手信息、设计技术方面的信息、制造及外协方面的信息、经济方面的信息、本企业的基本情况、国家和社会方面的情况等。收集信息资料是一项周密而系统的调查研究活动，应有计划、有组织、有目的地进行。

收集信息资料的方法通常如下。①面谈法。通过直接交谈收集信息资料。②观察法。通过直接观察对象收集信息资料。③书面调查法。将所需资料以问答形式预先归纳为若干问题然后通过资料问卷的回答来取得信息资料。

（3）功能系统分析。功能系统分析是价值工程活动的中心环节，具有明确用户的功能要求、转向对功能的研究、可靠实现必要的功能三个方面的作用。功能系统分析中的功能定义、功能整理、功能计量紧密衔接，有机地结合为一体运行。

（4）功能评价。功能评价包括研究对象的价值评价和成本评价两个方面的内容。价值评价着重计算、分析、研究对象的成本与功能间的关系是否协调、平衡，评价功能价值的高低，评定需要改进的具体对象。功能价值的一般计算公式与对象选择的价值的基本计算公式相同，所不同的是功能价值计算所用的成本按功能统计，而不是按部件统计。

成本评价是计算对象的目前成本和目标成本，分析、测算成本降低期望值，排列改进对象的优先顺序。

（5）方案创新的技术方法。方案创新的方法很多，都强调发挥人的聪明才智，积极地进行思考，设想出技术经济效果更好的新方案。下面为常用的两种方法。

①头脑风暴法。头脑风暴法指无拘无束、自由奔放地思考问题的方法。其具体步骤如下：

A.组织对本问题有经验的专家召开会议；

B.会议鼓励对本问题自由鸣放，相互不指责批判；

C.提出大量方案；

D.结合他人意见提出设想。

②哥顿法。哥顿法是会议主持人将拟解决的问题抽象后抛出，与会人员共同讨论并充分发表看法，在适当时机会议主持人再将原问题抛出继续讨论的方法。

（6）方案评价与提案编写。方案评价就是从众多的备选方案中选出价值最高的可行方案。方案评价可分为概略评价和详细评价，两者都包括技术评价、经济评价和社会评价等方面的内容。将这三个方面联系起来进行权衡则称为综合评价。技术评价是对方案功能的必要性及必要程度和实施的可能性进行分析评价，经济评价是对方案实施的经济效果进行分析评价，社会评价是方案为国家和社会带来影响和后果的分析评价。综合评价又称价值评价，是根据以上三个方面的评价内容，对方案价值大小所做的综合评价。

为争取决策部门的理解和支持，使提案获得批准，要有侧重地撰写出具有充分说服力的提案书（表）。提案编写应扼要阐明提案内容，如改善对象的名称及现状、改善的原因及效果、改善后方案将达到的功能水平与成本水平、功能的满足程度、试验途径和办法以及必要的测试数据等。提案应具有说服力，使决策者理解并采纳提案。

4.在设计阶段阶段实施价值工程的意义

建设项目的寿命周期内各个阶段均可通过实施价值工程进行造价控制，但对于建筑工程而言，在设计阶段应用价值工程进行方案的优选意义更大。

（1）能够使各专业设计既独立又相互协调。在设计过程中涉及多部门多专业工种，每个专业均需独立设计，通过实施价值工程，发挥集体智慧，不仅可以保证各专业工种的设计符合业主和用户的要求，而且可以解决各工程设计的协调问题，得到全局合理优良的方案。

（2）能够使建筑产品的功能更合理。价值工程的核心是功能分析，而工程设计的实质也是对建筑产品的功能设计，因此，通过实施价值工程，能够使设计人员更准确地了解业主和用户对建筑产品的功能要求，还能够根据各专业的专家建议合理确定各项功能的权重，从而保证设计的功能合理性。

（3）能够有效地控制工程造价。价值工程是对建筑产品的功能与成本之间关系的系统分析与研究过程，设计阶段应用价值工程进行方案优选，在明确功能的前提下，可以避免只重视功能而忽视成本或只关注成本而降低功能的倾向，优选出能够实现功能且成本最优的经济合理的方案，从而有效控制工程造价。

（4）能够均衡建筑产品的全寿命周期费用。价值工程研究的是包括工程建设费用和使用成本的建筑产品全寿命周期内发生的费用，实施价值工程能够避免因节约建设费用而导致使用成本过高的情况，从而在均衡建筑产品全寿命周期成本的前提下，节约成本费用。

5.价值工程在设计方案优选中的应用

价值工程对设计方案的优选即通过价值系数的计算选取价值最高的方案的过程，主要包括研究对象选择、功能分析、功能评价、方案的创造与创新、方案评价五个步骤。

（1）研究对象选择。在设计阶段对于建设项目的功能及其实现手段进行的设计主要是通过设计方案体现的，因此，在设计阶段以整个设计方案作为价值工程的研究对象。

（2）功能分析。功能分析是价值工程的核心和基本内容，包括功能定义、功能整理和功能重要度排序等内容。

①功能定义。建筑功能是指建筑产品满足社会需要的各种性能的总和，一般分为社会功能、适用功能、技术功能、物理功能和美学功能等。

②功能整理。不同的建筑产品有不同的使用功能，它们通过一系列建筑因素体现出来，反映建筑物的使用要求，功能系统图是按照一定的原则和方式，将定义的功能连接起来，从单个到局部，再从局部到整体而形成的一个完整的功能体系。

③功能确定。是以功能系统图为基础，以研究对象的整体功能为出发点，依据各个功能之间的逻辑关系逐级分析，确定出需评价的功能，以保证必要功能、剔除过剩功能及补足欠缺功能，为功能评价和方案创新等提供依据。

（3）功能评价。是指对各项目功能重要程度进行的定量化分析。主要是应用0～1评分法、0～4评分法、环比评分法或专家评分法等方法，计算各项功能的功能评价系数，作为该功能的重要度权数，称为功能重要性系数。

（4）方案的创造与创新。方案的创造是指根据功能分析和功能评价的结果，提出各种可满足不同需求的实现功能的设计方案，方案的创新强调通过发挥专业人才的聪明才智，设想出技术经济效果更好的方案，主要有头脑风暴法、哥顿法、专家调查法等方法。

（5）方案的评价与优选。方案评价是指通过功能系数和成本系数计算出各方案的价值系数，方案优选是指从众多备选方案中选出价值最高的可行方案。方案评价与优选的步骤为：①对通过方案的创造与创新所提出的各种设计方案以其满足各项功能的程度为基准进行评分；②以功能评价系数作为权数计算各方案的功能评价得分，据此计算各方案的功能系数；③根据各方案的成本计算成本系数；④应用功能系数和成本系数计算各方案的价值系数，并以价值系数最大者为最优设计方案。

（三）推广标准化设计，优化设计方案

标准设计是指按照国家规定的现行标准规范，对各种建筑、结构和构配件等编制的具有重复作用性质的整套技术文件，经主管部门审查、批准后颁发的全国、部门或地方通用的设计。推广标准设计，能加快设计速度，节约设计费用；可进行机械化、工厂化生产，提高劳动生产率，缩短建设周期；有利于节约建筑材料，降低工程造价。

1.标准设计的特点

（1）以图形表示为主，对操作要求和使用方法作文字说明。

（2）具有设计、施工、经济标准各项要求的综合性。

（3）当设计人员选用后可直接用于工程建设，具有产品标准的作用。

（4）对地域、环境的适应性要求强，地方性标准较多。

（5）除特殊情况可做少量修改外，一般情况下，设计人员不得自行修改标准设计。

2.标准设计的分类

标准设计的种类有很多种，有一个工厂全厂的标准设计（火电厂、糖厂、纺织厂和造纸厂等），有一个车间或某个单项工程的标准设计，有公用辅助工程（供水、供电等）的标准设计，有某些建筑物（住宅等）、构筑物（冷水塔等）的标准设计，也有建筑工程某些部位的构配件或零部件（梁、板等）的标准设计。

标准设计从管理权限和适用范围方面来讲，可分为以下几类。

（1）国家标准设计，简称"国标"。国标是指对全国工程建设具有重要作用的、跨行业、跨地区的并且可在全国范围内统一通用的设计。这种设计由编制部门提出送审文件，报国家发展和改革委员会审批颁发。

（2）部颁标准设计，简称"部标"。部标是指可以在全国各有关专业范围内统一使用的设计。这种设计由各专业主管部、总局审批颁发。

（3）省、自治区、直辖市标准设计，简称"地方标准"。地方标准是指可以在本地区范围内统一使用的标准设计。这种设计由省、自治区、直辖市审批颁发。

（4）设计单位自行制定的标准。设计单位自行制定的标准是指在本单位范围内需要统一，在本单位内部使用的设计技术原则、设计技术规定，由设计单位批准执行，并报上一级主管部门备案。

3.标准设计的阶段划分

标准设计一般分为初步设计和施工图设计两个阶段。初步设计阶段，主要是确定设计原则和技术条件，提出在技术经济上合理的设计方案。施工图设计阶段，是根据批准的初步设计，提出符合生产、施工要求的施工图。

4.标准设计的一般范围

（1）重复建造的建筑类型及生产能力相同的企业、单独的房屋和构筑物，都应采用标准设计或通用设计。

（2）对不同用途和要求的建筑物，按照统一的建筑模数、建筑标准、设计规范和技术规定等进行设计。

（3）当整个房屋或构筑物不能定型化时，则应把其中重复出现的部分，如房屋的建筑单元、节间和主要的结构点构造，在配件标准化的基础上定型化。

（4）建筑物和构筑物的柱网、层高及其他构件尺寸的统一化。

（5）建筑物采用的构配件应力求统一化，在基本满足使用要求和修建条件的情况下，尽可能地具有通用互换性。

5.采用标准设计的意义和作用

标准设计是在经过大量调查研究，反复总结生产、建设实践经验和吸收科研成果的基础上制定出来的，因此，在建设项目中积极采用标准设计具有以下意义和作用。

（1）加快提供设计图纸的速度、缩短设计周期、节约设计费用。

（2）可使工艺定型，易使生产均衡，提高工人技术水平和劳动生产率并节约材料，有益于较大幅度降低建设投资。

（3）可加快施工准备和定制预制构件等项工作，并能使施工速度大大加快，既有利于保证工程质量，又能降低建筑安装工程费用。

（4）按通用性条件编制、按规定程序审批，可供大量重复使用，做到既经济又优质。

（5）贯彻执行国家的技术经济政策，密切结合自然条件和技术发展水平，合理利用资源和材料设备，考虑施工、生产、使用和维修的要求，便于工业化生产。

（四）实施限额设计，优化设计方案

限额设计是在资金一定的情况下，尽可能提高工程功能水平的一种设计方法，也是优化设计方案的一个重要手段。限额设计相关内容详见本章第一节。

第三节　设计概算与施工预算的编制

一、设计概算的编制

（一）设计概算的含义与作用

1.设计概算的含义

设计概算是指设计单位在初步设计或扩大初步设计阶段，根据设计图样及说明书、设备清单、概算定额或概算指标、各项费用取费标准、类似工程预（决）算文件等资料，用科学的方法计算和确定建筑安装工程全部建设费用的经济文件。

设计概算包括单位工程概算、单项工程综合概算、其他工程的费用概算、建设项目总概算及编制说明等。它是由单个到综合、由局部到总体，逐个编制，层层汇总而成的。

设计概算应按建设项目的建设规模、隶属关系和审批程序报请审批。总概算按照规定的程序经由权力机关批准后，成为国家控制该建设项目总投资额的主要依据，并不得任意突破。

2.设计概算的作用

建设项目设计概算是设计文件的重要组成部分，是确定和控制建设项目全部投资的文件；是编制固定资产投资计划、实行建设项目投资包干、签订承发包合同的依据；是签订贷款合同、项目实施全过程造价控制管理，以及考核项目经济合理性的依据。设计概算的作用具体表现如下：

（1）设计概算是确定建设项目、各单项工程及各单位工程投资的依据。按照规定报请有关部门或单位批准的初步设计及总概算，一经批准，即作为建设项目静态总投资的最高限额，不得任意突破，如必须突破时，须报原审批部门（单位）批准。

（2）设计概算是编制投资计划的依据。计划部门根据批准的设计概算编制建设项目年固定资产投资计划，并严格控制投资计划的实施。若建设项目实际投资数额超过了总概算，那么必须在原设计单位和建设单位共同提出追加投资的申请报告基础上，经上级计划部门审核批准后，方能追加投资。

（3）设计概算是进行拨款和贷款的依据。建设银行根据批准的设计概算和年度投资计划，进行拨款和贷款，并严格实行监督控制。对超出概算的部分，未经计划部门批准，建设银行不得追加拨款和贷款。

（4）设计概算是实行投资包干的依据。在进行概算包干时，单项工程综合概算及建设项目总概算是投资包干指标商定和确定的基础。经上级主管部门批准的设计概算或修正概算，是主管单位和包干单位签订包干合同、控制包干数额的依据。

（5）设计概算是考核设计方案的经济合理性和控制施工图预算的依据。设计单位根据设计概算进行技术经济分析和多方案评价，以提高设计质量和经济效果。同时保证施工图预算在设计概算的范围内。

（6）设计概算是进行施工准备、设备供应指标、加工订货及落实各项技术经济责任制的依据。

（7）设计概算是控制项目投资、考核建设成本、提高项目实施阶段工程管理和经济核算水平的必要手段。

（二）设计概算编制

1.设计概算的编制依据及要求

（1）设计概算的编制依据

①国家、行业和地方有关规定。

②相应工程造价管理机构发布的概算定额（或指标）。

③工程勘察与设计文件。

④拟定或常规的施工组织设计和施工方案。

⑤建设项目资金筹措方案。

⑥工程所在地编制同期的人工、材料、机具台班市场价格，以及设备供应方式及供应价格。

⑦建设项目的技术复杂程度，新技术、新材料、新工艺以及专利的使用情况等。

⑧建设项目批准的相关文件、合同、协议等。

⑨政府有关部门、金融机构等发布的价格指数、利率、汇率、税率及工程建设其他费用等。

⑩委托单位提供的其他技术经济资料。

（2）设计概算的编制要求

①设计概算应按编制时项目所在地的价格水平编制，总投资应完整地反映编制时建设项目实际投资。

②设计概算应考虑建设项目施工条件等因素对投资的影响。

③设计概算应按项目合理建设期限预测建设期价格水平，以及资产租赁和贷款时的时

间价值等动态因素对投资的影响。

2.单位工程概算的编制

（1）概算定额法

概算定额法又称扩大单价法或扩大结构定额法，它是套用概算定额编制建筑工程概算的方法。运用概算定额法，要求初步设计必须达到一定深度，建筑结构尺寸比较明确，能按照初步设计的平面图、立面图、剖面图纸计算出楼地面、墙身、门窗和屋面等扩大分项工程（或扩大结构构件）项目的工程量时，方可采用。

建筑工程概算表的编制，按构成单位工程的主要分部分项工程和措施项目编制，根据初步设计工程量按工程所在省、市、自治区颁发的概算定额（指标）或行业概算定额（指标），以及工程费用定额计算。采用概算定额法编制设计概算的步骤如下：

①收集基础资料、熟悉设计图纸和了解有关施工条件和施工方法。

②按照概算定额子目，列出单位工程中分部分项工程项目名称并计算工程量。工程量计算应按概算定额中规定的工程量计算规则进行，计算时采用的原始数据必须以初步设计图纸所标识的尺寸或初步设计图纸能读出的尺寸为准，并将计算所得各分部分项工程量按概算定额编号顺序，填入工程概算表内。

③确定各分部分项工程费。工程量计算完毕后，逐项套用各子目的综合单价，各子目的综合单价应包括人工费、材料费、施工机具使用费、管理费、利润、规费和税金。然后分别将其填入单位工程概算表和综合单价表中。如遇设计图中的分项工程项目名称、内容与采用的概算定额手册中相应的项目与某些不相符时，则按规定对定额进行换算后方可套用。

④计算措施项目费。措施项目费的计算应分以下两部分进行：

A.可以计量的措施项目费与分部分项工程费的计算方法相同，其费用按照第（3）项的规定计算。

B.综合计取的措施项目费应以该单位工程的分部分项工程费和可以计量的措施项目费之和为基数乘相应费率计算。

（2）概算指标法

概算指标法是用拟建的厂房、住宅的建筑面积（或体积）乘技术条件相同或基本相同的概算指标而得出人工、材料和机具费用，然后按规定计算出企业管理费、利润、规费和税金等，得出单位工程概算的方法。概算指标法适用的情况包括：在方案设计中，由于无设计详图而只有概念性设计时，或初步设计深度不够，不能准确地计算出工程量，但工程设计采用的技术比较成熟时，可以选定与该工程相似类型的概算指标编制概算；设计方案急需造价概算而又有类似工程概算指标可以利用的情况；图样设计间隔很久后才开始实施，概算造价不适用于当前情况而又急需确定造价的情形下，可按当前概算指标来修正原有概算造价；通用设计图设计，可组织编制通用图设计概算指标来确定。

采用概算指标法编制设计概算包括以下两种情况：

①拟建工程结构特征与概算指标相同时的计算。在使用概算指标法时，如果拟建工程在建设地点、结构特征、地质及自然条件、建筑面积等方面与概算指标相同或相近，就可直接套用概算指标编制概算。在直接套用概算指标时，拟建工程应符合以下条件：

A.拟建工程的建设地点与概算指标中的工程建设地点相同；

B.拟建工程的工程特征和结构特征与概算指标中的工程特征、结构特征基本相同；

C.拟建工程的建筑面积与概算指标中工程的建筑面积相差不大。

根据选用的概算指标内容，以指标中所规定的工程每m²（m³）的工料单价，根据管理费、利润、规费、税金的费（税）率确定该子目的全费用综合单价，乘拟建单位工程建筑面积或体积，即可求出单位工程的概算造价。

②拟建工程结构特征与概算指标有局部差异时的调整。在实际工作中，经常会遇到拟建对象的结构特征与概算指标中规定的结构特征有局部不同的情况，因此，必须对概算指标进行调整后方可套用。

A.调整概算指标中的每m²（m³）综合单价。这种调整方法是将原概算指标中的综合单价进行调整，扣除每m²（m³）原概算指标中与拟建工程结构不同部分的造价，增加每m²（m³）拟建工程与概算指标结构不同部分的造价，使其成为与拟建工程结构相同的综合单价。

若概算指标中的单价为工料单价，则应根据管理费、利润、规费、税金的费（税）率确定该子目的全费用综合单价。

B.调整概算指标中的人工、材料、机具数量。这种方法是将原概算指标中每100m²建筑面积（体积）中的人工、材料、机具数量进行调整，扣除原概算指标中与拟建工程结构不同部分的人工、材料、机具消耗量，增加拟建工程与概算指标结构不同部分的人工、材料、机具消耗量，使其成为与拟建工程结构相同的每100m²建筑面积（体积）人工、材料、机具数量。其计算公式如下：

结构变化修正概算指标的人工、材料、机具数量=原概算指标的人工、材料、机具数量+换入结构件工程量×相应定额人工、材料、机具消耗量-换出结构件工程量×相应定额人工、材料、机具消耗量

将修正后的概算指标结合报告编制期的人工、材料、机具要素价格的变化，以及管理费、利润、规费、税金的费（税）率，确定该子目的全费用综合单价。

以上两种方法，前者是直接修正概算指标单价，后者是修正概算指标人工、材料、机具数量。修正之后，方可按上述方法分别套用。

（3）类似工程预算法

类似工程预算法是利用技术条件与设计对象相类似的已完工程或在建工程的工程造价资料来编制拟建工程设计概算的方法。

当拟建工程初步设计与已完工程或在建工程的设计相似而又没有可用的概算指标时，可以采用类似工程预算法。

①类似工程预算法的编制步骤。

类似工程预算法的编制步骤如下：

a.根据设计对象的各种特征参数，选择最合适的类似工程预算；

b.根据本地区现行的各种价格和费用标准，计算类似工程预算的人工费、材料费、施工机具使用费、企业管理费修正系数；

c.根据类似工程预算修正系数和人工费、材料费、施工机具使用费、企业管理费费用占预算成本的比重，计算预算成本总修正系数，并计算出修正后的类似工程平方米预算成本；

d.根据类似工程修正后的平方米预算成本和编制概算工程所在地区的利税率计算修正后的类似工程平方米造价；

e.根据拟建工程的建筑面积和修正后的类似工程平方米造价，计算拟建工程概算造价；

f.编制概算编写说明。

②建筑结构差异和价差调整。

类似工程预算法对条件有所要求，也就是可比性，即拟建工程项目在建筑面积、结构构造特征要与已建工程基本一致，如层数相同、面积相似、结构相似、工程地点相似等。采用此法时，必须对建筑结构差异和价差进行调整。

A.建筑结构差异的调整。结构差异调整方法与概算指标法的调整方法相同。即先确定有差别的部分，然后分别按每一项目算出结构构件的工程量和单位价格（按编制概算工程所在地区的单价），然后以类似工程中相应（有差别）的结构构件的工程数量和单价为基础，算出总差价。将类似预算的人工、材料、机具费总额减去（或加上）这部分差价，就得到结构差异换算后的人工、材料、机具费，再行取费得到结构差异换算后的造价。

B.价差调整。类似工程造价的价差调整可以采用以下两种方法：

a.当类似工程造价资料有具体的人工、材料、机具台班的用量时，可按类似工程预算造价资料中的主要材料、工日、机具台班数量乘拟建工程所在地的主要材料预算价格、人工单价、机具台班单价，计算出人工、材料、机具费，再计算企业管理费、利润、规费和税金，即可得出所需的综合。

b.类似工程造价资料只有人工、材料、施工机具使用费和企业管理费等费用或费率时，可进行调整。

（4）单位设备及安装工程概算编制方法

单位设备及安装工程概算包括单位设备及工、器具购置费概算和单位设备安装工程费概算两大部分。

①设备及工、器具购置费概算。设备及工、器具购置费是根据初步设计的设备清单计算出设备原价，并汇总求出设备总原价，然后按有关规定的设备运杂费费率乘设备总原价，两项相加再考虑工、器具及生产家具购置费即为设备及工、器具购置费概算。有关设备及工、器具购置费概算可参见第一章第二节的计算方法。设备及工、器具购置费概算的编制依据包括设备清单、工艺流程图，各部、省、自治区、直辖市规定的现行设备价格和运费标准、费用标准。

②设备安装工程费概算的编制方法。设备安装工程费概算的编制方法应根据初步设计深度和要求所明确的程度而采用，其主要编制方法如下：

A.预算单价法。当初步设计较深，有详细的设备清单时，可直接按安装工程预算定额单价编制安装工程概算，概算编制程序与安装工程施工图预算程序基本相同。该法的优点是计算比较具体，精确性较高。

B.扩大单价法。当初步设计深度不够，设备清单不完整，只有主体设备或仅有成套设备质量时，可采用主体设备、成套设备的综合扩大安装单价来编制概算。

上述两种方法的具体编制步骤与建筑工程概算相类似。

C.设备价值百分比法，又叫作安装设备百分比法。当初步设计深度不够，只有设备出厂价而无详细规格、质量时，安装费可按占设备费的百分比计算。其百分比值（安装费费率）由相关管理部门制定或由设计单位根据已完类似工程确定。该法常用于价格波动不大的定型产品和通用设备产品。

D.综合吨位指标法。当初步设计提供的设备清单有规格和设备质量时，可采用综合吨位指标编制概算，其综合吨位指标由相关主管部门或由设计单位根据已完类似工程的资料确定。该法常用于设备价格波动较大的非标准设备和引进设备的安装工程概算。

3.单项工程综合概算的编制

单项工程综合概算是确定单项工程建设费用的综合性文件，它是由该单项工程所属的各专业单位工程概算汇总而成的，是建设项目总概算的重要组成部分。

单项工程综合概算采用综合概算表（包含其所附的单位工程概算表和建筑材料表）进行编制。对单一的、具有独立性的单项工程建设项目，按照两级概算编制形式，直接编制总概算。

综合概算表是根据单项工程所管辖范围内的各单位工程概算等基础资料，按照国家或部委所规定统一表格进行编制。对工业建筑而言，其概算包括建筑工程和设备及安装工程；对民用建筑而言，其概算包括土建工程、给水排水、采暖、通风及电气照明工程等。

综合概算一般应包括建筑工程费用、安装工程费用、设备及工器具购置费。

综合概算表是根据单项工程所辖范围内的各单位工程概算等基础资料，按照国家或部委所规定统一表格进行编制。

4.建设项目总概算的编制

建设项目总概算是设计文件的重要组成部分，是预计整个建设项目从筹建到竣工交付使用所花费的全部费用的文件。它是由各单项工程综合概算、工程建设其他费用、建设期利息、预备费和经营性项目的铺底流动资金概算所组成，按照主管部门规定的统一表格进行编制而成的。

设计总概算文件应包括编制说明、总概算表、各单项工程综合概算书、工程建设其他费用概算表、主要建筑安装材料汇总表。独立装订成册的总概算文件宜加封面、签署页（扉页）和目录。

（1）封面、签署页及目录。

（2）编制说明。编制说明包括以下内容：

①工程概况。简述建设项目性质、特点、生产规模、建设周期、建设地点、主要工程量和工艺设备等情况。引进项目要说明引进内容以及与国内配套工程等主要情况。

②编制依据。编制依据包括国家和有关部门的规定、设计文件、现行概算定额或概算指标、设备材料的预算价格和费用指标等。

③编制方法。说明设计概算是采用概算定额法，还是采用概算指标法，或者其他方法。

④主要设备、材料的数量。

⑤主要技术经济指标。主要包括项目概算总投资（有引进地给出所需外汇额度）及主要分项投资、主要技术经济指标（主要单位投资指标）等。

⑥工程费用计算表。主要包括建筑工程费用计算表、工艺安装工程费用计算表、配套工程费用计算表、其他涉及的工程费用计算表。

⑦引进设备材料有关费率取定及依据。主要是关于国际运输费、国际运输保险费、关税、增值税、国内运杂费、其他有关税费等。

⑧引进设备材料从属费用计算表。

⑨其他必要的说明。

（3）总概算表。

（4）工程建设其他费用概算表。工程建设其他费用概算按国家或地区或部委所规定的项目和标准确定，并按统一格式编制。应按具体发生的工程建设其他费用项目填写工程建设其他费用概算表，需要说明和具体计算的费用项目依次相应在说明及计算式栏内填写或具体计算。填写时注意以下事项：

①土地征用及拆迁补偿费应填写土地补偿单价、数量和安置补助费标准、数量等，列式计算所需的费用，填入金额栏。

②建设管理费包括建设单位（业主）管理费、工程监理费等，按"工程费用×费率"或有关定额列式计算。

③研究试验费应根据设计需要进行研究试验的项目分别填写项目名称及金额或列式计算或进行说明。

（5）单项工程综合概算表和建筑安装单位工程概算表。

（6）主要建筑安装材料汇总表。针对每一个单项工程列出钢筋、型钢、水泥、木材等主要建筑安装材料的消耗量。

二、施工图预算的编制

（一）施工图预算的含义与作用

1.施工图预算的含义

施工图预算是在工程设计的施工图完成以后，以施工图为依据，根据工程预算定额、费用标准及工程所在地区的人工、材料、施工机械台班的预算价格所编制的一种确定单位工程预算造价的经济文件。施工图预算是建筑安装工程施工图预算的组成部分，是工程建设施工阶段核定工程施工造价的重要文件。

2.施工图预算的作用

（1）施工图预算对建设单位的作用

①施工图预算是施工图设计阶段确定建设工程项目造价的依据，是设计文件的重要组成部分。

②施工图预算是建设单位在施工期间安排建设资金计划和使用建设资金的依据。建设单位按照施工组织设计、施工工期、工程施工顺序、各个部分预算造价安排建设资金计划，确保资金的有效使用，保证项目建设顺利进行。

③施工图预算是招标投标的重要基础，既是工程量清单的编制依据，也是招标控制价编制的依据。

④施工图预算是拨付进度款及办理工程结算的依据。

（2）施工图预算对施工企业的作用

①根据施工图预算确定投标报价。在竞争激烈的建筑市场，积极参与投标的施工企业根据施工图预算确定投标报价，制定出投标策略，从某种意义上关系到企业的生存与发展。

②根据施工图预算进行施工准备。施工企业通过投标竞争中标并签订工程承包合同。此后，劳动力的调配、安排，材料的采购、储存，机械台班的安排使用，内部分包合同的签订等，均是以施工图预算为依据安排的。

③根据施工图预算拟定降低成本措施。在招标承包制中，根据施工图预算确定的中标价格是施工企业收取工程价款的依据，企业必须依据工程实际，合理利用时间、空间，拟订人工、材料、机械台班、管理费等降低成本的技术、组织和安全技术措施，确保工程快、好、省地完成，以获得经济效益。

④根据施工图预算编制施工预算。在拟定降低工程计划成本措施的基础上，施工企业在施工前应编制施工预算。施工预算仍然是以施工图计算的工程量为依据的，并采用工程定额来编制。

（二）施工图预算的编制内容

1.施工图预算文件的组成

施工图预算由建设项目总预算、单项工程综合预算和单位工程预算组成。建设项目总预算由单项工程综合预算汇总而成，单项工程综合预算由组成本单项工程的各单位工程预算汇总而成，单位工程预算包括建筑工程预算和设备及安装工程预算。

施工图预算根据建设项目实际情况可采用三级预算编制或二级预算编制形式。当建设项目有多个单项工程时，应采用三级预算编制形式。三级预算编制形式由建设项目总预算、单项工程综合预算、单位工程预算组成。当建设项目只有一个单项工程时，应采用二级预算编制形式。二级预算编制形式由建设项目总预算和单位工程预算组成。

采用三级预算编制形式的工程预算文件包括封面、签署页及目录、编制说明、总预算表、综合预算表、单位工程预算表、附件等内容。采用二级预算编制形式的工程预算文件包括封面、签署页及目录、编制说明、总预算表、单位工程预算表、附件等内容。

2.施工图预算的内容

按照预算文件的不同，施工图预算的内容也有所不同。建设项目总预算是反映施工图设计阶段建设项目投资总额的造价文件，是施工图预算文件的主要组成部分，由组成该建设项目的各个单项工程综合预算和相关费用组成。其具体包括建筑安装工程费、设备及工器具购置费、工程建设其他费用、预备费、建设期利息及铺底流动资金。施工图总预算应控制在已批准的设计总概算投资范围以内。

以单项工程综合预算是反映施工图设计阶段一个单项工程（设计单元）造价的文件，是总预算的组成部分，由构成该单项工程的各个单位工程施工图预算组成。其编制的费用项目是各单项工程的建筑安装工程费和设备及工、器具购置费总和。

单位工程预算是依据单位工程施工图设计文件、现行预算定额以及人工、材料和施工机具台班价格等，按照规定的计价方法编制的工程造价文件，包括单位建筑工程预算和单位设备及安装工程预算。单位建筑工程预算是建筑工程各专业单位工程施工图预算的总称，按其工程性质可分为一般土建工程预算，给水排水工程预算，采暖通风工程预算，煤气工程预算，电气照明工程预算，弱电工程预算，特殊构筑物，如烟窗、水塔等工程预算及工业管道工程预算等。安装工程预算是安装工程各专业单位工程预算的总称，安装工程预算按其工程性质可分为机械设备安装工程预算、电气设备安装工程预算、工业管道工程预算和热力设备安装工程预算等。

（三）施工图预算编制

1.施工图预算编制依据

编制依据是指编制建设项目施工图预算所需的一切基础资料。建设项目施工图预算的编制依据主要有以下几个方面。

（1）根据国家、行业、地方政府发布的计价依据，有关法律法规或规定。

（2）工程施工合同或协议书。工程施工合同是发包单位和承包单位履行双方各自承担的责任和分工的经济契约，也是当事人按有关法令、条例签订的权利和义务的协议。它完整地表达了甲、乙双方对有关工程价值既定的要求，明确了双方的责任以及分工协作、互相制约、互相促进的经济关系。经双方签订的合同包括双方同意的有关修改承包合同的设计和变更文件，承包范围，结算方式，包干系数的确定，材料量、质和价的调整，协商记录，会议纪要及资料和图表等。这些都是编制工程概预算的主要依据。

（3）经过批准和会审的施工图纸和设计文件。预算编制单位必须具备建设单位、设计单位和施工单位共同会审的全套施工图和设计变更通知单，经三方签署的图纸会审记录，以及有关的各类标准图集。完整的施工图及其说明，以及图上注明采用的全部标准图是进行预算列项和计算工程量的重要依据之一。除此以外，预算部门还应具备所需的一切标准图（包括国家标准图和地区标准图）。通过这些资料，可以对工程概况（工程性质、结构等）有一个详细的了解，这是编制施工图预算的前提条件。

（4）批准的施工图设计图纸及相关标准图集和规范。

（5）经过批准的设计总概算文件。经过批准的设计总概算文件是国家控制拨款或贷款的最高限额，也是控制单位工程预算的主要依据。因此，在编制工程施工图预算时，必须以此为依据，使其预算造价不能突破单项工程概算中所规定的限额。如工程预算确定的投资总额超过设计概算，应补做调整设计概算，并经原批准单位批准后方可实施。

（6）工程预算定额。工程预算定额对于各分项工程项目都进行了详细的划分，同时，对于分项工程的内容、工程量计算规则等都有明确的规定。工程预算定额还给出了各个项目的人工、材料、机械台班的消耗量，是编制施工图预算的基础资料。

（7）经过批准的施工组织设计或施工方案。工程施工组织设计具体规定了工程中各分部分项工程的施工方法、施工机具、构配件加工方式、施工进度计划技术组织措施和现场平面布置等内容，它直接影响整个工程的预算造价，是计算工程量、选套定额项目和计算其他费用的重要依据。施工组织设计或施工方案必须合理，且必须经过上级主管部门批准。

（8）材料价格。材料费在工程造价中所占的比重很大，工程所在地区不同、运费不同，必将导致材料预算价格的不同。因此，要正确计算工程造价，必须以相应地区的材料预算价格进行定额调整或换算，作为编制工程预算的主要依据。

（9）项目所在地区有关的气候、水文、地质地貌等自然条件。

（10）项目的技术复杂程度以及新技术和专利使用情况等。

（11）项目所在地区有关的经济和人文等社会条件。

2.单位工程施工图预算的编制

（1）建筑安装工程费计算

单位工程施工图预算包括建筑工程费、安装工程费和设备及工、器具购置费。单位工程施工图预算中的建筑安装工程费应根据施工图设计文件、预算定额（或综合单价），以及人工、材料及施工机具台班等价格资料进行计算。由于施工图预算既可以是设计阶段的施工图预算书，也可以是招标或投标，甚至是施工阶段依据施工图纸形成的计价文件。因而，它的编制方法较为多样，在设计阶段，主要采用的编制方法是单价法，招标及施工阶段主要的编制方法是基于工程量清单的综合单价法。在此主要介绍设计阶段的单价法，单价法又可分为工料单价法和全费用综合单价法两种。

①工料单价法。工料单价法是指分部分项工程及措施项目的单价为工料单价，将子项工程量乘对应工料单价后的合计作为直接费，直接费汇总后，再根据规定的计算方法计取企业管理费、利润、规费和税金，将上述费用汇总后得到该单位工程的施工图预算造价。工料单价法中的单价，一般采用地区统一单位估价表中的各子目工料单价（定额基价）。

②全费用综合单价法。采用全费用综合单价法编制建筑安装工程预算的程序与工料单价法大体相同，只是直接采用包含全部费用和税金等项在内的综合单价进行计算，过程更加简单，其目的是适应目前推行的全过程全费用单价计价的需要。

A.分部分项工程费的计算。建筑安装工程预算的分部分项工程费应由各子目的工程量乘各子目的综合单价汇总而成。各子目的工程量应按预算定额的项目划分及其工程量计算规则计算。各子目的综合单价应包括人工费、材料费、施工机具使用费、管理费、利润、规费和税金。

B.综合单价的计算。各子目综合单价的计算可通过预算定额及其配套的费用定额确定。其中，人工费、材料费、机具费应根据相应的预算定额子目的人工、材料、机具要素消耗量，以及报告编制期人、材、机的市场价格（不含增值税进项税额）等因素确定；管理费、利润、规费、税金等应依据预算定额配套的费用定额或取费标准，并依据报告编制期拟建项目的实际情况、市场水平等因素确定，编制建筑安装工程预算时，应同时编制综合单价分析表。

C.措施项目费的计算。建筑安装工程预算的措施项目费应按下列规定计算：

a.可以计量的措施项目费与分部分项工程费的计算方法相同；

b.综合计取的措施项目费应以该单位工程的分部分项工程费和可以计量的措施项目费之和为基数乘相应费率计算。

D.分部分项工程费与措施项目之和，即为建筑安装工程施工图预算费用。

（2）设备及工、器具购置费计算

设备购置费由设备原价和设备运杂费构成。未达到固定资产标准的工、器具购置费一般以设备购置费为计算基数，按照规定的费率计算。设备及工、器具购置费编制方法及内容可参照设计概算相关内容。

（3）单位工程施工图预算书编制

单位工程施工图预算由建筑安装工程费和设备及工、器具购置费组成，将计算好的建筑安装工程费和设备及工、器具购置费相加，得到单位工程施工图预算。

3.单项工程总额预算的编制

单项工程综合预算造价由组成该单项工程的各个单位工程预算造价汇总而成。计算公式如下：

$$单项工程施工图预算=\sum 单位建筑工程费用+\sum 单位设备及安装工程费用 \quad （8-1）$$

4.建设项目总预算的编制

建设项目总预算由组成该建设项目的各个单项工程综合预算，以及经计算的工程建设其他费、预备费和建设期利息和铺底流动资金汇总而成。三级预算编制中总预算由综合预算和工程建设其他费、预备费、建设期利息及铺底流动资金汇总而成。

二级预算编制中总预算由单位工程施工图预算和工程建设其他费、预备费、建设期利息及铺底流动资金汇总而成。

工程建设其他费、预备费、建设期利息及铺底流动资金具体编制方法可参考第一章相关内容。以建设项目施工图预算编制时为界线，若上述费用已经发生，按合理发生金额列入，如果还未发生，按照原概算内容和本阶段的计费原则计算列入。

采用三级预算编制形式的工程预算文件，包括封面、签署页及目录、编制说明、总预算表、综合预算表、单位工程预算表、附件等内容。

第九章　建设工程施工阶段的工程造价

第一节　工程施工计量

一、工程计量的概念及原则

（一）工程计量的概念

工程计量就是发承包双方根据合同约定，对承包人完成合同工程的数量进行的计算和确认。具体地说，就是双方根据设计图纸、技术规范及施工合同约定的计量方式和计算方法，对承包人已经完成的质量合格的工程实体数量进行测量与计算，并以物理计量单位或自然计量单位进行表示、确认的过程。

招标工程量清单中所列的数量，通常是根据设计图纸计算的数量，是对合同工程的估计工程量。工程施工过程中，通常会由于一些原因导致承包人实际完成工程量与工程量清单中所列工程量的不一致，比如，招标工程量清单缺项、漏项或项目特征描述与实际不符，工程变更，现场施工条件的变化，现场签证，暂列金额中的专业工程发包等。因此，在工程合同价款结算前，必须对承包人履行合同义务所完成的实际工程进行准确的计量。

（二）工程计量一般遵循的原则

①计量的项目必须是合同（或合同变更）中约定的项目，超出合同规定的项目不予以计量。

②计量的项目应是已完工或正在施工项目的完工部分，即是已经完成的分部分项工程。

③计量项目的质量应该达到合同规定的质量标准。

④计量项目资料齐全，时间符合合同规定。

⑤计量结果要得到双方工程师的认可。

⑥双方计量的方法一致。

⑦对承包人超出设计图纸范围和因承包人原因造成返工的工程量，不予以计量。

二、工程计量的重要性

（一）计量是控制工程造价的关键环节

工程计量是指根据设计文件及承包合同中关于工程量计算的规定，项目管理机构对承包商申报的已完成工程的工程量进行的核验。合同条件中明确规定工程量表中开列的工程量是该工程的估算工程量，不能作为承包商应予完成的实际和确切的工程量。因为工程量表中的工程量是在编制招标文件时，在图纸和规范的基础上估算的工作量，不能作为结算工程价款的依据，而必须通过项目管理机构对已完成的工程进行计量。经过项目管理机构计量所确定的数量是向承包商支付任何款项的凭证。

（二）计量是约束承包商履行合同义务的手段

计量不仅是控制项目投资费用支出的关键环节，同时也是约束承包商履行合同义务、强化承包商合同意识的手段。FIDIC合同条件规定，业主对承包商的付款，是以工程师批准的付款证书为凭据的，工程师对计量支付有充分的批准权和否决权。对于不合格的工作和工程，工程师可以拒绝计量。同时，工程师通过按时计量，可以及时掌握承包商工作的进展情况和工程进度。当工程师发现工程进度严重偏离计划目标时，可要求承包商及时分析原因、采取措施、加快进度。因此，在施工过程中，项目管理机构可以通过计量支付手段，控制工程按合同进行。

三、工程计量的依据

计量依据一般有质量合格证书、工程量清单前言和技术规范中的"计量支付"条款以及设计图纸。也就是说，计量时必须以这些资料为依据。

（一）质量合格证书

对于承包商已完的工程，并不是全部进行计量，而只是质量达到合同标准的已完工程才予以计量。所以，工程计量必须与质量管理紧密配合，经过专业工程师检验，工程质量达到合同规定的标准后，由专业工程师签署报验申请表（质量合格证书），只有质量合格的工程才予以计量。所以说，质量管理是计量管理的基础，计量又是质量管理的保障，通过计量支付，强化承包商的质量意识。

（二）工程量清单前言和技术规范

工程量清单前言和技术规范是确定计量方法的依据。因为工程量清单前言和技术规范的"计量支付"条款规定了清单中每一项工程的计量方法，同时还规定了按规定的计量方法确定的单价所包括的工作内容和范围。

例如，某高速公路技术规范计量支付条款规定：所有道路工程、隧道工程和桥梁工程中的路面工程按各种结构类型及各层不同厚度分别汇总以图纸所示或工程师指示为依据，按经工程师验收的实际完成数量，以平方米为单位分别计量。计量方法是根据路面中心线的长度乘图纸所表明的平均宽度，再加单独测量的岔道、加宽路面、喇叭口和道路交叉处的面积，以平方米为单位计量。除工程师书面批准外，凡超过图纸所规定的任何宽度、长度、面积或体积均不予计量。

（三）设计图纸

单价合同以实际完成的工程量进行结算，但被工程师计量的工程数量，并不一定是承包商实际施工的数量。计量的几何尺寸要以设计图纸为依据，工程师对承包商超出设计图纸要求增加的工程量和自身原因造成返工的工程量，不予计量。例如，在京津塘高速公路施工管理中，灌注桩的计量支付条款中规定按照设计图纸以延米计量，其单价包括所有材料及施工的各项费用。根据这个规定，如果承包商做了35m，而桩的设计长度为30m，则只计量30m，业主按30m付款，承包商多做了5m灌注桩所消耗的钢筋及混凝土材料，业主不予补偿。

四、工程计量的方法

工程师一般只对以下三方面的工程项目进行计量：①工程量清单中的全部项目；②合同文件中规定的项目；③工程变更项目。

根据FIDIC合同条件的规定，一般可按照以下方法进行计量：

（一）均摊法

所谓均摊法，就是对清单中某些项目的合同价款，按合同工期平均计量，如为造价管理者提供宿舍、保养测量设备、保养气象记录设备、维护工地清洁和整洁等。这些项目都有一个共同的特点，即每月均有发生，所以可以采用均摊法进行计量支付。例如，保养气象记录设备，每月发生的费用是相同的，如本项合同款额为2 000元，合同工期为20个月，则每月计量、支付的款额为2 000元/20月=100元/月。

（二）凭据法

所谓凭据法，就是按照承包商提供的凭据进行计量支付。如，建筑工程险保险费、第三方责任险保险费、履约保证金等项目，一般按凭据法进行计量支付。

（三）估价法

所谓估价法，就是按合同文件的规定，根据工程师估算的已完成的工程价值支付。如为工程师提供办公设施和生活设施，为工程师提供用车，为工程师提供测量设备、天气记录设备、通信设备等项目。这类清单项目往往要购买几种仪器设备，当承包商对于某一项清单项目中规定购买的仪器设备不能一次购进时，则需采用估价法进行计量支付。

（四）断面法

断面法主要用于取土坑或填筑路堤土方的计量。对于填筑土方工程，一般规定计量的体积为原地面线与设计断面所构成的体积。采用这种方法计量，在开工前承包商需测绘出原地形的断面，并需经工程师检查，作为计量的依据。

（五）图纸法

在工程量清单中，许多项目采取按照设计图纸所示的尺寸进行计量。如混凝土构筑物的体积、钻孔桩的桩长等。

（六）分解计量法

所谓分解计量法，就是将一个项目，根据工序或部位分解为若干子项。对完成的各子项进行计量支付。这种计量方法主要是为了解决一些包干项目或较大的工程项目的支付时间过长，影响承包商的资金流动等问题。

第二节　施工阶段合同变更价款的确定

一、法规变化类合同价款变更

（一）基准日的确定

为了合理划分发、承包双方的合同风险，施工合同中应当约定一个基准日，对于基准日之后发生的、作为一个有经验的承包人在招标投标阶段不可能合理预见的风险，应当由发包人承担。对于实行招标的建设工程，一般以施工招标文件中规定的提交投标文件的截止时间前的第28天作为基准日；对于不实行招标的建设工程，一般以建设工程施工合同签订前的第28天作为基准日。

（二）合同价款的调整方法

施工合同履行期间，国家颁布的法律、法规、规章和有关政策在合同工程基准日之后发生变化，且因执行相应的法律、法规、规章和政策引起工程造价发生增减变化的，合同双方当事人应当依据法律、法规、规章和有关政策的规定调整合同价款。但是，如果有关价格（如人工、材料和工程设备等价格）的变化已经包含在物价波动事件的调价公式中，则不再予以考虑。

（三）工期延误期间的特殊处理

如果由于承包人的原因导致的工期延误，在工程延误期间国家的法律、行政法规和相关政策发生变化引起工程造价变化，造成合同价款增加的，合同价款不予调整；造成合同价款减少的，合同价款予以调整。

二、工程变更类合同价款变更

（一）工程变更

1.工程变更的范围

根据《标准施工招标文件》中的通用合同条款，工程变更的范围和内容包括：①取消合同中任何一项工作，但被取消的工作不能转由发包人或其他人实施；②改变合同中任何一项工作的质量或其他特性；③改变合同工程的基线、标高、位置或尺寸；④改变合同中任何一项工作的施工时间或改变已批准的施工工艺或顺序；⑤为完成工程需要追加的额外工作。

2.工程变更处理程序

设计单位对原设计存在的缺陷提出的工程变更，应编制设计变更文件；建设单位或承包单位提出的变更，应提交造价总管理者，由造价总管理者组织专业造价管理者审查。审查同意后，应由建设单位转交原设计单位编制设计变更文件。当工程变更涉及安全、环保等内容时，应按规定经有关部门审定。项目管理机构应了解实际情况和收集与工程变更有关的资料。造价总管理者必须根据实际情况、设计变更文件和其他有关资料，按照施工合同的有关款项，在指定专业造价管理者完成下列工作后，对工程变更的费用和工期做出评估。确定工程变更项目与原工程项目之间的类似程度和难易程度，确定工程变更项目的工程量，确定工程变更的单价或总价。造价总管理者应就工程变更费用及工期的评估情况与承包单位和建设单位进行协调，造价总管理者签发工程变更单。工程变更单应包括工程变更要求、工程变更说明、工程变更费用和工期、必要的附件等内容，有设计变更文件的工程变更应附设计变更文件。项目管理机构根据项目变更单监督承包单位实施。在建设单位和承包单位未能就工程变更的费用等方面达成协议时，项目管理机构应提出一个暂定的价格，作为临时支付工程款的依据。该工程款最终结算时，应以建设单位与承包单位达成的协议为依据。在造价总管理者签发工程变更单之前，承包单位不得实施工程变更。未经总造价管理者审查同意而实施的工程变更，项目管理机构不得予以计量。

3.工程变更价款的确定方法

（1）分部分项工程费的调整

工程变更引起分部分项工程项目发生变化的，应按照下列规定调整：已标价工程量清单中有适用于变更工程项目的，且工程变更导致的该清单项目的工程数量变化不足15%时，采用该项目的单价。已标价工程量清单中没有适用、但有类似于变更工程项目的，可在合理范围内参照类似项目的单价或总价调整。已标价工程量清单中没有适用也没有类似于变更工程项目的，由承包人根据变更工程资料、计量规则和计价办法、工程造价管理机构发布的信息（参考）价格和承包人报价浮动率，提出变更工程项目的单价或总价，报发包人确认后调整。已标价工程量清单中没有适用也没有类似于变更工程项目，且工程造价管理机构发布的信息（参考）价格缺价的，由承包人根据变更工程资料、计量规则、计价办法和通过市场调查等取得的有合法依据的市场价格提出变更工程项目的单价或总价，报发包人确认后调整。

（2）措施项目费的调整

工程变更引起措施项目发生变化的，承包人提出调整措施项目费的，应事先将拟实施的方案提交发包人确认，并详细说明与原方案措施项目相比的变化情况。拟实施的方案经发承包双方确认后执行，并应按照下列规定调整措施项目费：安全文明施工费，按照实际发生变化的措施项目调整，不得浮动。采用单价计算的措施项目费，按照实际发生变化的措施项目按前述分部分项工程费的调整方法确定单价。按总价（或系数）计算的措施项目费，除安全文明施工费外，按照实际发生变化的措施项目调整，但应考虑承包人报价浮动因素。

如果承包人未事先将拟实施的方案提交给发包人确认，则视为工程变更不引起措施项目费的调整或承包人放弃调整措施项目费的权利。

（3）删减工程或工作的补偿

如果发包人提出的工程变更，非因承包人原因删减了合同中的某项原定工作或工程，致使承包人发生的费用或（和）得到的收益不能被包括在其他已支付或应支付的项目中，也未被包含在任何替代的工作或工程中，则承包人有权提出并得到合理的费用及利润补偿。

（二）项目特征描述不符

1.项目特征描述

项目的特征描述是确定综合单价的重要依据之一，承包人在投标报价时应依据发包人提供的招标工程量清单中的项目特征描述，确定其清单项目的综合单价。发包人在招标工程量清单中对项目特征的描述，应被认为是准确的和全面的，并且与实际施工要求相符合。承包人应按照发包人提供的招标工程量清单，根据其项目特征描述的内容及有关要求实施合同工程，直到其被改变为止。

2.合同价款的调整方法

承包人应按照发包人提供的设计图纸实施合同工程，若在合同履行期间，出现设计图纸（含设计变更）与招标工程量清单任一项目的特征描述不符，且该变化引起该项目的工程造价增减变化的，发承包双方应当按照实际施工的项目特征，重新确定相应工程量清单项目的综合单价，调整合同价款。

（三）招标工程量清单缺项

1.清单缺项漏项的责任

招标工程量清单必须作为招标文件的组成部分，其准确性和完整性由招标人负责。因此，招标工程量清单是否准确和完整，应当由提供工程量清单的发包人负责，作为投标人的承包人不应承担因工程量清单的缺项、漏项以及计算错误带来的风险与损失。

2.合同价款的调整方法

（1）分部分项工程费的调整

施工合同履行期间，由于招标工程量清单中分部分项工程出现缺项漏项，造成新增工程清单项目的，应按照工程变更事件中关于分部分项工程费的调整方法，调整合同价款。

（2）措施项目费的调整

由于招标工程量清单中分部分项工程出现缺项漏项，引起措施项目发生变化的，应当按照工程变更事件中关于措施项目费的调整方法，在承包人提交的实施方案被发包人批准后，调整合同价款；由于招标工程量清单中措施项目缺项，承包人应将新增措施项目实施方案提交发包人批准后，按照工程变更事件中的有关规定调整合同价款。

（四）工程量偏差

1.工程量偏差的概念

工程量偏差是指承包人根据发包人提供的图纸（包括由承包人提供经发包人批准的图纸）进行施工，按照现行国家计量规范规定的工程量计算规则，计算得到的完成合同工程项目应予计量的工程量与相应的招标工程量清单项目列出的工程量之间出现的量差。

2.合同价款的调整方法

（1）综合单价的调整原则

当应予计算的实际工程量与招标工程量清单出现偏差（包括因工程变更等原因导致的工程量偏差）超过15%时，对综合单价的调整原则为：当工程量增加15%以上时，其增加部分的工程量的综合单价应予调低；当工程量减少15%以上时，减少后剩余部分的工程量的综合单价应予调高。至于具体的调整方法，则应由双方当事人在合同专用条款中约定。

（2）措施项目费的调整

当应予计算的实际工程量与招标工程量清单出现偏差（包括因工程变更等原因导致的工程量偏差）超过15%，且该变化引起措施项目相应发生变化，如该措施项目是按系数或单一总价方式计价的，对措施项目费的调整原则为：工程量增加的，措施项目费调增；工程量减少的，措施项目费调减。至于具体的调整方法，则应由双方当事人在合同专用条款中约定。

（五）计日工

1.计日工费用的产生

发包人通知承包人以计日工方式实施的零星工作，承包人应予执行。采用计日工计价的任何一项变更工作，承包人应在该项变更的实施过程中，按合同约定提交以下报表和有关凭证送发包人复核工作名称、内容和数量。投入该工作所有人员的姓名、工种、级别和耗用工时。投入该工作的材料名称、类别和数量。投入该工作的施工设备型号、台数和耗用台时。发包人要求提交的其他资料和凭证。

2.计日工费用的确认和支付

任一计日工项目实施结束，承包人应按照确认的计日工现场签证报告核实该类项目的工程数量，并根据核实的工程数量和承包人已标价工程量清单中的计日工单价计算，提出应付价款；已标价工程量清单中没有该类计日工单价的，由发承包双方按工程变更的有关规定商定计日工单价计算。

每个支付期末，承包人应与进度款同期向发包人提交本期间所有计日工记录的签证汇总表，以说明本期间自己认为有权得到的计日工金额，调整合同价款，列入进度款支付。

三、物价变化类合同价款变更

（一）物价波动

施工合同履行期间，因人工、材料、工程设备和施工机械台班等价格波动影响合同价款时，发承包双方可以根据合同约定的调整方法，对合同价款进行调整。因物价波动引起的合同价款调整方法有两种：一种是采用价格指数调整价格差额，另一种是采用造价信息调整价格差额。承包人采购材料和工程设备的，应在合同中约定主要材料、工程设备价格变化的范围或幅度，如没有约定，则材料、工程设备单价变化超过5%，超过部分的价格按上述两种方法之一进行调整。

1.采用价格指数调整价格差额

采用价格指数调整价格差额的方法，主要适用于施工中所用的材料品种较少，但每种材料使用量较大的土木工程，如公路、水坝等。

2.采用造价信息调整价格差额

采用造价信息调整价格差额的方法，主要适用于使用的材料品种较多，相对而言每种材料使用量较小的房屋建筑与装饰工程。

施工合同履行期间，因人工、材料、工程设备和施工机械台班价格波动影响合同价格时，人工、施工机械使用费按照国家或省、自治区、直辖市建设行政管理部门、行业建设管理部门或其授权的工程造价管理机构发布的人工成本信息、施工机械台班单价或施工机具使用费系数进行调整；需要进行价格调整的材料，其单价和采购数应由发包人复核，发包人确认需调整的材料单价及数量，作为调整合同价款差额的依据。

（二）暂估价

1.给定暂估价的材料、工程设备

（1）不属于依法必须招标的项目

发包人在招标工程量清单中给定暂估价的材料和工程设备不属于依法必须招标的，由承包人按照合同约定采购，经发包人确认后以此为依据取代暂估价，调整合同价款。

（2）属于依法必须招标的项目

发包人在招标工程量清单中给定暂估价的材料和工程设备属于依法必须招标的，由发承包双方以招标的方式选择供应商。依法确定中标价格后，以此为依据取代暂估价，调整合同价款。

2.给定暂估价的专业工程

（1）不属于依法必须招标的项目

发包人在工程量清单中给定暂估价的专业工程不属于依法必须招标的，应按照前述工程变更事件的合同价款调整方法，确定专业工程价款，并以此为依据取代专业工程暂估价，调整合同价款。

（2）属于依法必须招标的项目

发包人在招标工程量清单中给定暂估价的专业工程，依法必须招标的，应当由发承包双方依法组织招标选择专业分包人，并接受有管辖权的建设工程招标投标管理机构的监督。

四、工程索赔

索赔是工程承包合同履行中，当事人一方因对方不履行或不完全履行既定的义务，或者由于对方的行为使权利人受到损失时，要求对方补偿损失的权利。索赔是工程承包中经常发生并随处可见的正常现象。施工现场条件、气候条件的变化，施工进度的变化，以及合同条款、规范、标准文件和施工图纸的变更、差异、延误等因素的影响，使得工程承包中不可避免地出现索赔，进而导致项目的投资发生变化。因此，索赔的控制将是建设工程施工阶段投资控制的重要手段。

五、其他类合同价款变更

（一）现场签证的提出

承包人应发包人要求完成合同以外的零星项目、非承包人责任事件等工作的，发包人应及时以书面形式向承包人发出指令，提供所需的相关资料；承包人在收到指令后，应及时向发包人提出现场签证要求。

承包人在施工过程中，若发现合同工程内容因场地条件、地质水文、发包人要求等不一致时，应提供所需的相关资料，提交发包人签证认可，作为合同价款调整的依据。

（二）现场签证报告的确认

承包人应在收到发包人指令后的7天内，向发包人提交现场签证报告，发包人应在收到现场签证报告后的48小时内对报告内容进行核实，予以确认或提出修改意见。发包人在收到承包人现场签证报告后的48小时内未确认也未提出修改意见的，视为承包人提交的现场签证报告已被发包人认可。

（三）现场签证报告的要求

现场签证的工作如果已有相应的计日工单价，现场签证报告中仅列明完成该签证工作所需的人工、材料、工程设备和施工机械台班的数量。如果现场签证的工作没有相应的计日工单价，应当在现场签证报告中列明完成该签证工作所需的人工、材料、工程设备和施工机械台班的数量及其单价。

现场签证工作完成后的7天内，承包人应按照现场签证内容计算价款，报送发包人确认后，作为增加合同价款，与进度款同期支付。

（四）现场签证的限制

合同工程发生现场签证事项，未经发包人签证确认，承包人便擅自实施相关工作的，除非征得发包人书面同意，否则发生的费用由承包人承担。

第三节　施工阶段造价控制

一、施工阶段造价控制的概述

（一）施工阶段造价概述

根据建筑产品的特点和成本管理的要求，施工阶段造价可按不同的标准的应用范围进行划分。

按成本计价的定额标准分，施工阶段造价可分为预算成本、计划成本和实际成本。预算成本，是按建筑安装工程实物量和国家或地区或企业制定的预算定额及取费标准计算的社会平均成本或企业平均成本，是以施工图预算为基础进行分析、预测、归集和计算确定的。计划成本，是在预算成本的基础上，根据企业自身的要求，结合施工项目的技术特征、自然地理特征、劳动力素质、设备情况等确定的标准成本，亦称目标成本。实际成本，是工程项目在施工过程中实际发生的可以列入成本支出的各项费用的总和，是工程项目施工活动中劳动耗费的综合反映。

按计算项目成本对象分，施工阶段造价可分为建设工程成本、单项工程成本、单位工程成本、分部工程成本和分项工程成本。

按工程完成程度的不同分，施工阶段造价可分为本期施工成本、已完施工成本、未完工程成本和竣工施工工程成本。

按生产费用与工程量关系来划分，施工阶段造价可分为固定成本和变动成本。固定成本，是指在一定的期间和一定的工程量范围内，其发生的成本额不受工程量增减变动的影响而相对固定的成本，如折旧费、大修理费、管理人员工资、办公费等。变动成本，是指发生总额随着工程量的增减变动而成正比例变动的费用，如直接用于工程的材料费、实行计划工资制的人工费等。

按成本的构成要素划分，施工阶段造价由人工费、材料费、施工机具使用费、企业管理费、利润、规费以及税金构成。

（二）施工阶段造价分析的方法

1.成本分析的基本方法

（1）比较法

又称指标对比分析法，是指将实际指标与计划指标对比，将本期实际指标与上期实际指标对比，将本企业与本行业平均水平、先进水平对比。

（2）因素分析法

又称连环置换法，可用来分析各种因素对成本的影响程度。

（3）差额计算方法

是指利用各个因素的目标值与实际值的差额来计算其对成本的影响程度，是因素分析法的简化方法。

（4）比率法

包括相关比率法、构成比率法和动态比率法。

相关比率法：将两个性质不同而又相关的指标对比考察经营成本的好坏。

构成比率法：通过构成比例考察成本总量的构成情况及各成本项目占成本总量的比重。

动态比率法：将同类指标不同时期的数值进行对比，分析该项指标的发展方向和速度。

2.综合成本的分析方法

（1）分部分项工程成本分析

施工项目包括很多种分部分项工程，通过对分部分项工程成本的系统分析，可以基本了解项目成本形成的全过程。方法：进行预算成本、计划成本和实际成本的"三算"对比，计算实际偏差和目标偏差，分析产生原因。

（2）月（季）度成本分析

它是施工项目定期的、经常性的中间成本分析，依据是当月（季）度的成本报表。

（3）年度成本分析

其依据是年度成本报表，重点是针对下一年度的施工进展情况，规划切实可行的成本管理措施，保证施工项目成本目标的实现。

（4）竣工成本的综合分析

分为两种情况：有几个单位工程而且是单独进行成本核算的施工项目；只有一个单位工程的施工项目。

（三）施工阶段造价控制的任务

1.搞好成本预测，确定成本控制目标

要结合中标价，根据项目施工条件、机械设备、人员素质等情况对项目的成本目标进行科学预测，通过预测确定工、料、机及间接费的控制标准，制订费用限额控制方案，依据投入和产出费用额，做到量效挂钩。

2.围绕成本目标，确立成本控制原则

施工阶段造价控制是在实施过程中对资源的投入、施工过程及成果进行监督、检查和衡量，并采取措施保证项目成本实现。搞好成本控制必须把握好5项原则，即项目全面控制原则，成本最低化原则，项目责、权、利相结合原则，项目动态控制原则，项目目标控制原则。

3.查找有效途径，实现成本控制目标

为了有效降低项目成本，必须做到以下几点：采取组织措施控制工程成本；采取新技术、新材料、新工艺措施控制工程成本；采取经济措施控制工程成本；加大质量管理力度；控制返工率控制工程成本；加强合同管理力度，控制工程成本。

除此之外，在项目成本管理工作中，应及时制定落实各项相配套的行之有效的管理制度，将成本目标层层分解，签订项目成本目标管理责任书，并与经济利益挂钩，奖罚分明，强化全员项目成本控制意识，落实完善各项定额，定期召开经济活动分析会，及时总结、不断完善、最大限度地确保项目经营管理工作的良性运作。

施工阶段造价管理是施工企业项目管理中的一个子系统，具体包括预测、决策、计划、控制、核算、分析和考核等一系列工作环节。

二、施工阶段资金使用计划的编制

（一）投资目标的分解

1.按投资构成分解的资金使用计划

工程项目的投资主要分为建筑安装工程投资、设备工器具购置投资及工程建设其他投资。由于建筑工程和安装工程在性质上存在着较大差异，投资的计算方法和标准也不尽相同。因此，在实际操作中往往将建筑工程投资和安装工程投资分解开来。

在按项目投资构成分解时，可以根据以往的经验和建立的数据库来确定适当的比例。必要时也可以作一些适当的调整。例如，如果估计所购置的设备大多包括安装费，则可将安装工程投资和设备购置投资作为一个整体来确定它们所占的比例，然后再根据具体情况决定细分或不细分。按投资的构成来分解的方法比较适合于有大量经验数据的工程项目。

2.按子项目分解的资金使用计划

大中型的工程项目通常是由若干单项工程构成的，而每个单项工程包括了多个单位工程，每个单位工程又是由若干个分部分项工程构成的，因此，首先要把项目总投资分解到单项工程和单位工程中。

一般来说，由于概算和预算大都是按照单项工程和单位工程来编制的，因此将项目总投资分解到各单项工程和单位工程是比较容易的。需要注意的是，按照这种方法分解项目总投资，不能只是分解建筑安装工程投资和设备工器具购置投资，还应该分解项目的其他投资。但项目其他投资所包含的内容既与具体单项工程或单位工程直接有关，也与整个项目建设有关，因此必须采取适当的方法将项目其他投资合理地分解到各个单项工程和单位工程中。最常用的也是最简单的方法就是按照单项工程的建筑安装工程投资和设备工器具购置投资之和的比例分摊，但其结果可能与实际支出的投资相差甚远。因此，实践中一般应对工程项目的其他投资的具体内容进行分析，将其中确实与各单项工程和单位工程有关的投资分离出来，按照一定比例分解到相应的工程内容上。其他与整个项目有关的投资则不分解到各单项工程和单位工程上。

另外，对各单位工程的建筑安装工程投资还需要进一步分解，在施工阶段一般可分解到分部分项工程。

3.按时间进度分解的资金使用计划

工程项目的投资总是分阶段、分期支出的，资金应用是否合理与资金的时间安排有密切关系。为了编制项目资金使用计划，并据此筹措资金，尽可能减少资金占用和利息支出，有必要将项目总投资按其使用时间进行分解。

编制按时间进度的资金使用计划，通常可利用控制项目进度的网络图进一步扩充而得。即在建立网络图时，一方面确定完成各项工作所需花费的时间，另一方面同时确定完成这一工作的合适的投资支出预算。在实践中，将工程项目分解为既能方便地表示时间，又能方便地表示投资支出预算的工作是不容易的。一般而言，如果项目分解程度对时间控制合适，则对投资支出预算可能分配过细，以至于不可能对每项工作确定其投资支出预算；反之亦然。因此，在编制网络计划时应在充分考虑进度控制对项目划分要求的同时，还要考虑确定投资支出预算对项目划分的要求，做到二者兼顾。

以上三种编制资金使用计划的方法并不是相互独立的。在实践中，往往是将这几种方法结合起来使用，从而达到扬长避短的效果。例如，将按子项目分解项目总投资与按投资构成分解项目总投资两种方法相结合，横向按子项目分解，纵向按投资构成分解，或相反。这种分解方法有助于检查各单项工程和单位工程造价构成是否完整，有无重复计算或缺项；同时还有助于检查各项具体的投资支出的对象是否明确或落实，并且可以从数字上校核分解的结果有无错误。或者还可将按子项目分解项目总造价目标与按时间分解项目总造价目标结合起来，一般是纵向按子项目分解，横向按时间分解。

（二）资金使用计划的形式

1.按子项目分解得到的资金使用计划表

在完成工程项目投资目标分解之后，接下来就要具体地分配投资，编制工程分项的投资支出计划，从而得到详细的资金使用计划表。其内容一般包括：①工程分项编码，②工程内容，③计量单位，④工程数量，⑤计划综合单价，⑥本分项总计。

在编制投资支出计划时，要在项目总的方面考虑总的预备费，也要在主要的工程分项中安排适当的不可预见费，避免在具体编制资金使用计划时，可能发现个别单位工程或工程量表中某项内容的工程量计算有较大出入，使原来的投资预算失实，并在项目实施过程中对其尽可能地采取一些措施。

2.时间—投资累计曲线

通过对项目投资目标按时间进行分解，在网络计划基础上，可获得项目进度计划的横道图，并在此基础上编制资金使用计划。其表示方式有两种：一种是在总体控制时标网络图上表示，另一种是利用时间—投资曲线（S形曲线）表示。

时间—投资累计曲线的绘制步骤如下：

（1）确定工程项目进度计划，编制进度计划的横道图；

（2）根据每单位时间内完成的实物工程量或投入的人力、物力和财力，计算单位时间（月或旬）的投资，在时标网络图上按时间编制投资支出计划；

（3）计算规定时间计划累计完成的投资额，其计算方法为：各单位时间计划完成的投资额累加求和，可按下式计算：

$$Q_t = \sum_{n=1}^{t} q_n \qquad (9-1)$$

式中：Q_t——表示某时间计划累计完成投资额；

q_n——表示单位时间n的计划完成投资额；

t——表示某规定计划时刻。

（4）按各规定时间的Q_t值，绘制S形曲线

每一条S形曲线都对应某一特定的工程进度计划。因为在进度计划的非关键路线中存在许多有时差的工序或工作，因而S形曲线（投资计划值曲线）必然包络在由全部工作都按最早开始时间开始和全部工作都按最迟必须开始时间开始的曲线所组成的"香蕉图"内。建设单位可根据编制的投资支出预算来合理安排资金，同时建设单位也可以根据筹措

的建设资金来调整S形曲线，即通过调整非关键路线上的工作的最早或最迟开工时间，力争将实际的投资支出控制在计划的范围内。

一般而言，所有工作都按最迟开始时间开始，对节约建设单位的建设资金贷款利息是有利的，但同时，也降低了项目按期竣工的保证率。因此，造价管理者必须合理地确定投资支出计划，达到既节约投资支出，又能控制项目工期的目的。

3.综合分解资金使用计划表

将投资目标的不同分解方法相结合，会得到比前者更为详尽、有效的综合分解资金使用计划表。综合分解资金使用计划表一方面有助于检查各单项工程和单位工程的投资构成是否合理，有无缺陷或重复计算；另一方面也可以检查各项具体的投资支出的对象是否明确和落实，并可校核分解的结果是否正确。

三、施工阶段造价（费用）控制的措施

（一）偏差原因分析

偏差分析的一个重要目的就是要找出引起偏差的原因，从而有可能采取有针对性的措施，减少或避免相同原因再次发生。在进行偏差原因分析时，首先应当将已经导致和可能导致偏差的各种原因逐一列举出来。导致不同工程项目产生投资偏差的原因具有一定共性，因而可以通过对已建项目的投资偏差原因进行归纳、总结，为该项目采取预防措施提供依据。

对偏差原因进行分析的目的是有针对性地采取纠偏措施，从而实现投资的动态控制和主动控制。纠偏首先要确定纠偏的主要对象，如上面介绍的偏差原因，有些是无法避免和控制的，如客观原因，充其量只能对其中少数原因做到防患于未然，力求减少该原因所产生的经济损失。对于施工原因所导致的经济损失通常是由承包商自己承担的，从投资控制的角度只能加强合同的管理，避免被承包商索赔。所以，这些偏差原因都不是纠偏的主要对象。纠偏的主要对象是业主原因和设计原因造成的投资偏差。在确定了纠偏的主要对象之后，就需要采取有针对性的纠偏措施。纠偏可采用组织措施、经济措施、技术措施和合同措施等。

在工程施工阶段，在随机因素和风险因素的作用下，通常会使实际投入与计划投入、实际工程进度与计划工程进度产生差异，前者称为投资偏差，后者称为进度偏差。

1.偏差分析方法

常用的偏差分析方法有如下几种：

（1）横道图分析法

用横道图法进行造价偏差分析，是用不同的横道标识已执行工作预算成本（BCWP，已完工程计划造价）、计划执行预算成本（BCWS，拟完工程计划造价）和已执行工作实际成本（ACWP，已完工程实际造价）。

在实际工程中，有时需要根据拟完工程计划投资和已完工程实际投资确定已完工程计划投资后，再确定投资偏差、进度偏差。

（2）时标网络图法

在双代号网络图中，利用水平时间坐标代表工作时间，其具体单位包括天、周、月等。通过时标网络图能够掌握各时间段的拟完工程计划投资；根据实际施工情况可以得到已完工程实际投资；利用时标网络图中的实际进度前锋线并经过计算，可以得到每一时间段的已完工程计划投资；最后再确定投资偏差、进度偏差。

（3）表格法

表格法是进行偏差分析最常用的一种方法，应依据工程的实际情况、数据来源、投资控制的有关要求等来设计表格。制得的投资偏差分析表可反映各类偏差变量和指标，进而便于相关人员更加全面地把握工程投资的实际情况。此法具有灵活、适用性强、信息量大、便于计算机辅助造价控制等特点。

（4）挣值法

挣值法是度量项目执行效果的一种方法。它的评价指标常通过曲线来表示，所以在一些书中又称为曲线法。该法是用投资时间曲线（S形曲线）进行分析的一种方法，通常有3条曲线，即已完工程实际投资曲线、已完工程计划投资曲线、拟完工程计划投资曲线。已完实际投资与已完计划投资两条曲线之间的竖向距离表示投资偏差，拟完计划投资与已完计划投资曲线之间的水平距离表示进度偏差。

2.投资偏差产生的原因及纠正措施

（1）引起投资偏差的原因

①客观原因。包括人工、材料费涨价，自然条件变化，国家政策法规变化等。

②业主意愿。包括投资规划不当、建设手续不健全、因业主原因变更工程、业主未及时付款等。

③设计原因。包括设计错误、设计变更、设计标准变更等。

④施工原因。包括施工组织设计不合理、质量事故等。

（2）偏差类型

偏差分为以下4种形式。

①投资增加且工期拖延。该类型是纠正偏差的主要对象。

②投资增加但工期提前。对于此类情况，应注意工期提前会带来的效益；若增加的投资超过增加的收益，应该进行纠偏；若增加的收益超过增加的投资或大致相同，那么就不需要进行纠偏。

③工期拖延但投资节约。此类情况下是否采取纠偏措施要根据实际需要确定。

④工期提前且投资节约。此类情况是最理想的，不需要采取任何纠偏措施。

（3）纠偏措施

①组织措施

组织措施指的是进行投资控制的组织管理层面实施的措施。例如，合理安排负责投资控制的机构和人员，明确投资控制人员的任务、权利和责任，完善投资控制的流程等。

②经济措施

需要采取的经济措施，既包括对工程量和支付款项进行审核，也包括审查投资目标分解的合理性、资金使用计划的保障性和施工进度计划的协调性。除此之外，还可以利用偏差分析和工程预测来及时发现潜在的问题，采取相应的预防措施，更加主动地进行造价控制。

③技术措施

采取不同的技术措施会带来不同的经济效果。具体来说，通过不同的技术方案来开展技术经济分析，从而做出正确选择。

④合同措施

采用合同措施进行纠偏，即进行索赔管理。无论进行哪一工程项目，都有可能发生索赔事件，在发生此类事件后，应确定索赔依据是否满足合同的要求，有关计算是否合理。

（二）造价（费用）控制的措施

1.组织措施

在项目管理班子中落实从投资控制角度进行施工跟踪的人员、任务分工和职能分工。编制本阶段投资控制工作计划和详细的工作流程图。

2.经济措施

经济措施不能只理解为审核工程量及相应支付价款，应从全局出发来考虑，如检查投资目标分解的合理性、资金使用计划的保障性、施工进度计划的协调性。另外，通过偏差分析和未完工程预测可以发现潜在的问题，及时采取预防措施，从而取得造价控制的主动权。

3.技术措施

不同的技术措施往往会有不同的经济效果。运用技术措施纠偏，对不同的技术方案进行技术经济分析加以选择。

4.合同措施

合同措施在纠偏方面是指索赔管理。在施工过程中，索赔事件的发生是难免的，发生索赔事件后要认真审查索赔依据是否符合合同规定、计算是否合理等。

①做好工程施工记录，保存各种文件图纸，特别是注有实际施工变更情况的图纸，注意积累素材，为正确处理可能发生的索赔提供依据。参与处理索赔事宜。

②参与合同修改、补充工作，着重考虑它对投资控制的影响。

第四节　工程索赔控制

一、工程索赔的内容

（一）承包商向业主的索赔

1.不利的自然条件与人为障碍引起的索赔

（1）地质条件变化引起的索赔

一般来说，在招标文件中规定，由业主提供有关该项工程的勘察所取得的水文及地表以下的资料。但在合同中往往写明承包商在提交投标书之前，已对现场和周围环境及与之有关的可用资料进行了考察和检查，包括地表以下条件及水文和气候条件。承包商应对自己对上述资料的解释负责。但合同条件中经常还有另外一条：在工程施工过程中，承包商如果遇到了现场气候条件以外的外界障碍或条件，在其看来这些障碍和条件是一个有经验的承包商也无法预见到的，则承包商应就此向造价管理者提供有关通知，并将一份副本呈交业主。收到此类通知后，如果造价管理者认为这类障碍或条件是一个有经验的承包商无法合理预见到的，在与业主和承包商适当协商以后，应给予承包商延长工期和费用补偿的权利，但不包括利润。以上两条并存的合同文件，往往是承包商同业主及造价管理者各执一端争议的缘由所在。

（2）工程中人为障碍引起的索赔

在施工过程中，如果承包商遇到了地下构筑物或文物，如地下电缆、管道和各种装置等，只要是图纸上并未说明的，承包商应立即通知造价管理者，并共同讨论处理方案。如果导致工程费用增加（如原计划是机械挖土，现在不得不改为人工挖土），承包商即可提出索赔。这种索赔发生争议较少。由于地下构筑物和文物等确属是有经验的承包商难以合理预见的人为障碍，一般情况下，因遭遇人为障碍而要求索赔的数额并不太大，但闲置机器而引起的费用是索赔的主要部分。如果要减少突然发生的障碍的影响，造价管理者应要求承包商详细编制其工作计划，以便在必须停止一部分工作时，仍有其他工作可做。当未预知的情况所产生的影响是不可避免时，造价管理者应立即与承包商就解决问题的办法和有关费用达成协议，给予工期延长和成本补偿。如果办不到的话，可发出变更命令，并确定合适的费率和价格。

2.工程变更引起的索赔

在工程施工过程中，由于工地上不可预见的情况、环境的改变，或为了节约成本等，在造价管理者认为必要时，可以对工程或其任何部分的外形、质量或数量做出变更。任何此类变更，承包商均不应以任何方式使合同作废或无效。但如果造价管理者确定的工程变更单价或价格不合理，或缺乏说服承包商的依据，则承包商有权就此向业主进行索赔。

3.工期延期的费用索赔

（1）工期索赔

承包商提出工期索赔，通常是由于下述原因：①合同文件的内容出错或互相矛盾；②造价管理者在合理的时间内未曾发出承包商要求的图纸和指示；③有关放线的资料不准；④不利的自然条件；⑤在现场发现化石、钱币、有价值的物品或文物；⑥额外的样本与试验；⑦业主和造价管理者命令暂停工程；⑧业主未能按时提供现场；⑨业主违约；⑩业主风险；⑪不可抗力。

以上这些原因要求延长工期，只要承包商能提出合理的证据，一般可获得造价管理者及业主的同意，有的还可索赔损失。

（2）延期产生的费用索赔

以上提出的工期索赔中，凡属于客观原因造成的延期，属于业主也无法预见到的情况，如特殊反常天气等，承包商可得到延长工期，但得不到费用补偿。凡纯属业主方面的原因造成拖期，不仅应给承包商延长工期，还应给予费用补偿。

4.加速施工费用的索赔

一项工程可能遇到各种意外的情况或由于工程变更而必须延长工期。但由于业主的原因（例如，该工程已经出售给买主，需按议定时间移交给买主），坚持不给延期，迫使承包商加班赶工来完成工程，从而导致工程成本增加，如何确定加速施工所发生的附加费用，合同双方可能差距很大。因为影响附加费用款额的因素很多，如投入的资源量、提前的完工天数、加班津贴、施工新单价等。解决这一问题建议采用"奖金"的办法，鼓励承包商克服困难，加速施工。即规定当某一部分工程或分部工程每提前完工一天，发给承包商奖金若干。这种支付方式的优点是：不仅促使承包商早日建成工程，早日投入运行，而且计价方式简单，避免了计算加速施工、延长工期、调整单价等许多容易扯皮的烦琐计算和讨论。

5.业主不正当地终止工程而引起的索赔

由于业主不正当地终止工程，承包商有权要求补偿损失，其数额是承包商在被终止工程中的人工、材料、机械设备的全部支出，以及各项管理费用、保险费、贷款利息、保函费用的支出（减去已结算的工程款），并有权要求赔偿其盈利损失。

6.物价上涨引起的索赔

物价上涨是各国市场的普遍现象，尤其在一些发展中国家。由于物价上涨，人工费和材料费不断增长，引起了工程成本的增加。

7.法律、货币及汇率变化引起的索赔

（1）法律改变引起的索赔

如果在基准日期（投标截止日期前的28天）以后，由于业主国家或地方的任何法规、法令、政令或其他法律或规章发生了变更，导致了承包商成本增加。对承包商由此增加的开支，业主应予补偿。

（2）货币及汇率变化引起的索赔

如果在基准日期以后，工程施工所在国政府或其授权机构对支付合同价格的一种或几种货币实行货币限制或货币汇兑限制，则业主应补偿承包商因此而受到的损失。

如果合同规定将全部或部分款额以一种或几种外币支付给承包商，则这项支付不应受上述指定的一种或几种外币与工程施工所在国货币之间的汇率变化的影响。

8.拖延支付工程款的索赔

如果业主在规定的应付款时间内未能按工程师的任何证书向承包商支付应支付的款额，承包商可在提前通知业主的情况下，暂停工作或减缓工作速度，并有权获得任何误期的补偿和其他额外费用的补偿（如利息）。FIDIC合同规定利息以高出支付货币所在国中央银行的贴现率加3个百分点的年利率进行计算。

9.业主的风险

（1）FIDIC合同条件对业主风险的定义

业主的风险是指：①战争、敌对行动（不论宣战与否）、入侵、外敌行动；②工程所在国内的叛乱、恐怖主义、革命、暴动、军事政变或篡夺政权，或内战；③承包商人员及承包商和分包商的其他雇员以外的人员在工程所在国内的暴乱、骚动或混乱；④工程所在国内的战争军火、爆炸物资、电离辐射或放射性引起的污染，但可能由承包商使用此类军火、炸药、辐射或放射性引起的除外；⑤由音速或超声速飞行的飞机或飞行装置所产生的压力波；⑥除合同规定以外业主使用或占有的永久工程的任何部分；⑦由业主人员或业主对其负责的其他人员所做的工程任何部分的设计；⑧不可预见的或不能合理预期一个有经验的承包商已采取适宜预防措施的任何自然力的作用。

（2）业主风险的后果

如果上述业主风险列举的任何风险达到对工程、货物，或承包商文件造成损失或损害的程度，承包商应立即通知工程师，并应按照工程师的要求，修正此类损失或损害。

如果因修正此类损失或损害使承包商遭受延误和（或）招致增加费用，承包商应进一步通知工程师，并根据《承包商的索赔》的规定，有权要求：①根据《竣工时间的延长》的规定，如果竣工已经或将受到延误，对任何此类延误给予延长期；②任何此类成本应计入合同价格，给予支付。如有业主的风险的⑥和⑦项的情况，还应包括合理的利润。

10.不可抗力

（1）不可抗力的定义

不可抗力是指合同双方在合同履行中出现的不能预见、不能避免并不能克服的客观情况。不可抗力的范围一般包括因战争、敌对行动（无论是否宣战）、入侵、外敌行为、军事政变、骚动、暴动、空中飞行物坠落，或其他非合同双方当事人责任或原因造成的罢工、停工、爆炸、火灾等，以及当地气象、地震、卫生等部门规定的情形。双方当事人应当在合同专用条款中明确约定不可抗力的范围以及具体的判断标准。

（2）不可抗力造成损失的承担

①费用损失的承担原则。因不可抗力事件导致的人员伤亡、财产损失及其费用增加，发承包双方应按以下原则分别承担并调整合同价款和工期：合同工程本身的损害、因工程损害导致第三方人员伤亡和财产损失以及运至施工场地用于施工的材料和待安装的设备的损害，由发包人承担；发包人、承包人人员伤亡由其所在单位负责，并承担相应费用；承包人的施工机械设备损坏及停工损失，由承包人承担；停工期间，承包人应发包人要求留在施工场地的必要的管理人员及保卫人员的费用由发包人承担；工程所需清理、修复费用，由发包人承担。

②工期的处理。因发生不可抗力事件导致工期延误的，工期相应顺延；发包人要求赶工的，承包人应采取赶工措施，赶工费用由发包人承担。

（二）业主向承包商的索赔

1.工期延误索赔

在工程项目的施工过程中，由于多方面的原因，往往使竣工日期拖后，影响到业主对该工程的利用，给业主带来经济损失，按惯例，业主有权对承包商进行索赔，即由承包商支付误期损害赔偿费。承包商支付误期损害赔偿费的前提是：这一工期延误的责任属于承包商方面。施工合同中的误期损害赔偿费，通常是由业主在招标文件中确定的。业主在确定误期损害赔偿费的费率时，一般要考虑以下因素：①业主盈利损失；②由于工程拖期而引起的贷款利息增加；③工程拖期带来的附加管理费；④由于工程拖期不能使用，继续租用原建筑物或租用其他建筑物的租赁费。

至于误期损害赔偿费的计算方法，在每个合同文件中均有具体规定。一般按每延误2天赔偿一定的款额计算，累计赔偿额一般不超过合同总额的5%～10%。

2.质量不满足合同要求索赔

当承包商的施工质量不符合合同的要求，或使用的设备和材料不符合合同规定，或在缺陷责任期未满以前未完成应该负责修补的工程时，业主有权向承包商追究责任，要求补偿所受的经济损失。如果承包商在规定的期限内未完成缺陷修补工作，业主有权雇佣他人来完成工作，发生的成本和利润由承包商负担。如果承包商自费修复，则业主可索赔重新检验费。

3.承包商不履行的保险费用索赔

如果承包商未能按照合同条款指定的项目投保，并保证保险有效，业主可以投保并保证保险有效，业主所支付的必要的保险费可在应付给承包商的款项中扣回。

4.对超额利润的索赔

如果工程量增加很多，使承包商预期的收入增大，因工程量增加承包商并不增加任何固定成本，合同价应由双方讨论调整，收回部分超额利润。

由于法规的变化导致承包商在工程实施中降低了成本，产生了超额利润，应重新调整合同价格，收回部分超额利润。

5.对指定分包商的付款索赔

在承包商未能提供已向指定分包商付款的合理证明时，业主可以直接按照造价管理者的证明书，将承包商未付给指定分包商的所有款项（扣除保留金）付给这个分包商，并从应付给承包商的任何款项中如数扣回。

6.业主合理终止合同或承包商不正当地放弃工程的索赔

如果业主合理地终止承包商的承包，或者承包商不合理放弃工程，则业主有权从承包商手中收回由新的承包商完成工程所需的工程款与原合同未付部分的差额。

二、索赔的依据和前提条件

（一）索赔的依据

提出索赔和处理索赔都要依据下列文件或凭证。①工程施工合同文件。工程施工合同是工程索赔中最关键和最主要的依据，工程施工期间，发承包双方关于工程的洽商、变更等书面协议或文件，也是索赔的重要依据。②国家法律、法规。国家制定的相关法律、行政法规，是工程索赔的法律依据。工程项目所在地的地方性法规或地方政府规章，也可以作为工程索赔的依据，但应当在施工合同专用条款中约定为工程合同的适用法律。③国家、部门和地方有关的标准、规范和定额。对于工程建设的强制性标准，是合同双方必须严格执行的；对于非强制性标准，必须在合同中有明确规定的情况下，才能作为索赔的依据。④工程施工合同履行过程中与索赔事件有关的各种凭证。这是承包人因索赔事件所遭受费用或工期损失的事实依据，它反映了工程的计划情况和实际情况。

（二）索赔成立的条件

承包人工程索赔成立的基本条件包括：索赔事件已造成了承包人直接经济损失或工期延误，造成费用增加或工期延误的索赔事件是非因承包人的原因发生的，承包人已经按照工程施工合同规定的期限和程序提交了索赔意向通知、索赔报告及相关证明材料。

三、索赔费用的计算

（一）索赔费用的组成

1.人工费

人工费包括施工人员的基本工资、工资性质的津贴、加班费、奖金及法定的安全福利等费用。对于索赔费用中的人工费部分而言，人工费是指完成合同之外的额外工作所花费的人工费用、由于非承包商责任的工效降低所增加的人工费用、超过法定工作时间加班劳动、法定人工费增长以及非承包商责任工程延误导致的人员窝工费和工资上涨费等。在计算停工损失中人工费时，通常采取人工单价乘折算系数计算。

2.材料费

材料费的索赔包括由于索赔事件的发生造成材料实际用量超过计划用量而增加的材料费、由于发包人原因导致工程延期期间的材料价格上涨和超期储存费用。材料费中应包括运输费、仓储费以及合理的损耗费用。如果由于承包商管理不善，造成材料损坏失效，则不能列入索赔款项内。

3.施工机械使用费

施工机械使用费的索赔包括：①由于完成额外工作增加的机械使用费，②非承包商责任工效降低增加的机械使用费，③由于业主或造价管理者原因导致机械停工的窝工费。窝工费的计算，如系租赁设备，一般按实际租金和调进调出费的分摊计算；如系承包商自有设备，一般按台班折旧费计算，而不能按台班费计算，因台班费中包括了设备使用费。

4.现场管理费

现场管理费的索赔包括承包人完成合同之外的额外工作及由于发包人原因导致工期延期期间的现场管理费，包括管理人员工资、办公费、通信费、交通费等。

现场管理费索赔金额的计算公式为：

现场管理费索赔金额=索赔的直接成本费用×现场管理费率

其中，现场管理费率的确定可以选用下面的方法：①合同百分比法，即管理费比率在合同中规定；②行业平均水平法，即采用公开认可的行业标准费率；③原始估价法，即采用投标报价时确定的费率；④历史数据法，即采用以往相似工程的管理费率。

5.总部（企业）管理费

总部管理费的索赔主要指的是由于发包人原因导致工程延期期间所增加的承包人向公司总部提交的管理费，包括总部职工工资、办公大楼折旧、办公用品、财务管理、通信设施及总部领导人员赴工地检查指导工作等开支。总部管理费索赔金额的计算，目前还没有统一的方法。通常可采用以下几种方法：

（1）按总部管理费的比率计算

总部管理费索赔金额=（人材机费索赔金额+现场管理费索赔金额）×总部管理费比率（%）

其中，总部管理费的比率可以按照投标书中的总部管理费比率计算（一般为3%~8%），也可以按照承包人公司总部统一规定的管理费比率计算。

（2）按已获补偿的工程延期天数为基础计算

该公式是在承包人已经获得工程延期索赔的批准后，进一步获得总部管理费索赔的计算方法。计算步骤如下：

①计算被延期工程应当分摊的总部管理费：

$$延期工程应分摊的总部管理费 = 同期公司计划总部管理费 × \frac{延期工程合同价格}{同期公司所有工程合同总结} \qquad (9-2)$$

②计算被延期工程的日平均总部管理费：

$$延期工程的日均总部管理费 = \frac{延期工程应分摊的总部管理费用}{延期工程计划工期} \qquad (9-3)$$

③计算索赔的总部管理费：

$$索赔的总部管理费 = 延期工程的日平均总部管理费 × 工程延期的天数 \qquad (9-4)$$

6.保险费

因发包人原因导致工程延期时，承包人必须办理工程保险、施工人员意外伤害保险等各项保险的延期手续，对于由此而增加的费用，承包人可以提出索赔。

7.保函手续费

因发包人原因导致工程延期时，承包人必须办理相关履约保函的延期手续，对于由此而增加的手续费，承包人可以提出索赔。

8.利息

在索赔款额的计算中，经常包括利息。利息的索赔通常发生于下列情况：①拖期付款的利息；②由于工程变更和工程延期增加投资的利息；③索赔款的利息；④错误扣款的利息。

至于这些利息的具体利率应是多少，在实践中可采用不同的标准，主要有这样几种：①按当时的银行贷款利率；②按当时的银行透支利率；③按合同双方协议的利率；④按中央银行贴现率加3个百分点。

9.利润

一般来说，由于工程范围的变更、文件有缺陷或技术性错误、业主未能提供现场等引起的索赔，承包商可以列入利润。但对于工程暂停的索赔，由于利润通常是包括在每项实施的工程内容的价格之内的，而延误工期并未影响削减某些项目的实施，而导致利润减少，所以，一般造价管理者很难同意在工程暂停的费用索赔中加进利润损失。

索赔利润的款额计算通常是与原报价单中的利润百分率保持一致，即在成本的基础上，增加原报价单中的利润率，作为该项索赔款的利润。

10.分包费用

由于发包人的原因导致分包工程费用增加时，分包人只能向总承包人提出索赔，但分包人的索赔款项应当列入总承包人对发包人的索赔款项中。分包费用索赔指的是分包人的索赔费用，一般也包括与上述费用类似的内容索赔。

（二）索赔费用的计算方法

1.实际费用法

实际费用法又称分项法，即根据索赔事件所造成的损失或成本增加，按费用项目逐项进行分析、计算索赔金额的方法。这种方法比较复杂，但能客观地反映施工单位的实际损失，比较合理，易于被当事人接受，在国际工程中被广泛采用。由于索赔费用组成的多样化，不同原因引起的索赔，承包人可索赔的具体费用内容有所不同，必须具体问题具体分析。由于实际费用法所依据的是实际发生的成本记录或单据，所以，在施工过程中，系统而准确地积累记录资料是非常重要的。

2.总费用法

总费用法，也被称为总成本法，就是当发生多次索赔事件后，重新计算工程的实际总费用，再从该实际总费用中减去投标报价时的估算总费用，即为索赔金额。总费用法计算索赔金额的公式如下：

$$索赔金额=实际总费用-投标报价估算总费用 \qquad （9-5）$$

但是，在总费用法的计算方法中，没有考虑实际总费用中可能包括由于承包商的原因（如施工组织不善）而增加的费用，投标报价估算总费用也可能由于承包人为谋取中标而导致过低的报价，因此，总费用法并不十分科学。只有在难以精确地确定某些索赔事件导致的各项费用增加额时，总费用法才得以采用。

3.修正的总费用法

修正的总费用法是对总费用法的改进，即在总费用计算的原则上，去掉一些不合理的因素，使其更为合理。修正的内容如下：①将计算索赔款的时段局限于受到索赔事件影响的时间，而不是整个施工期；②只计算受到索赔事件影响时段内的某项工作所受影响的损失，而不是计算该时段内所有施工工作所受的损失；③与该项工作无关的费用不列入总费用中；④对投标报价费用重新进行核算，即按受影响时段内该项工作的实际单价进行核算，乘实际完成的该项工作的工程量，得出调整后的报价费用。按修正后的总费用计算索赔金额的公式如下：

$$索赔金额=某项工作调整后的实际总费用-该项工作的报价费用 \qquad （9-6）$$

修正的总费用法与总费用法相比，有了实质性的改进，它的准确程度已接近于实际费用法。

四、索赔工期的计算

（一）工期索赔中应当注意的问题

1.划清施工进度拖延的责任

因承包人的原因造成施工进度滞后，属于不可原谅的延期；只有承包人不应承担任何责任的延误，才是可原谅的延期。有时工程延期的原因中可能包含有双方责任，此时监理人应进行详细分析，分清责任比例，只有可原谅延期部分才能批准顺延合同工期。可原谅延期，又可细分为可原谅并给予补偿费用的延期和可原谅但不给予补偿费用的延期，后者是指非承包人责任的影响并未导致施工成本的额外支出，大多属于发包人应承担风险责任事件的影响，如异常恶劣的气候条件影响的停工等。

2.被延误的工作应是处于施工进度计划关键线路上的施工内容

只有位于关键线路上工作内容的滞后，才会影响到竣工日期。但有时也应注意，既要看被延误的工作是否在批准进度计划的关键路线上，又要详细分析这一延误对后续工作的可能影响。因为若对非关键路线工作的影响时间较长，超过了该工作可用于自由支配的时间，也会导致进度计划中非关键路线转化为关键路线，其滞后将影响总工期的拖延。此时，应充分考虑该工作的自由时间，给予相应的工期顺延，并要求承包人修改施工进度计划。

（二）工期索赔的具体依据

承包人向发包人提出工期索赔的具体依据主要包括合同约定或双方认可的施工总进度规划，合同双方认可的详细进度计划，合同双方认可的对工期的修改文件，施工日志、气象资料，业主或工程师的变更指令，影响工期的干扰事件，受干扰后的实际工程进度等。

（三）工期索赔的计算方法

1.直接法

如果某干扰事件直接发生在关键线路上，造成总工期的延误，可以直接将该干扰事件的实际干扰时间（延误时间）作为工期索赔值。

2.比例计算法

如果某干扰事件仅仅影响某单项工程、单位工程或分部分项工程的工期，要分析其对总工期的影响，可以采用比例计算法。

比例计算法虽然简单方便，但有时不符合实际情况，而且比例计算法不适用于变更施工顺序、加速施工、删减工程量等事件的索赔。

3.网络图分析法

网络图分析法是利用进度计划的网络图，分析其关键线路。如果延误的工作为关键工作，则延误的时间为索赔的工期；如果延误的工作为非关键工作，当该工作由于延误超过时差而成为关键工作时，可以索赔延误时间与时差的差值；若该工作延误后仍为非关键工作，则不存在工期索赔问题。

该方法通过分析干扰事件发生前和发生后网络计划的计算工期之差来计算工期索赔值，可以用于各种干扰事件和多种干扰事件共同作用所引起的工期索赔。

4.共同延误的处理

在实际施工过程中，工期拖期很少是只由一方造成的，往往是两、三种原因同时发生（或相互作用）而形成的，故称为"共同延误"。在这种情况下，要具体分析哪一种情况延误是有效的，应依据以下原则。①首先判断造成拖期的哪一种原因是最先发生的，即确定"初始延误"者，它应对工程拖期负责。在初始延误发生作用期间，其他并发的延误者不承担拖期责任。②如果初始延误者是发包人原因，则在发包人原因造成的延误期内，承包人既可得到工期延长，又可得到经济补偿。③如果初始延误者是客观原因，则在客观因素发生影响的延误期内，承包人可以得到工期延长，但很难得到费用补偿。④如果初始延误者是承包人原因，则在承包人原因造成的延误期内，承包人既不能得到工期补偿，也不能得到费用补偿。

第五节　工程结算

一、工程价款的结算

（一）工程价款的主要结算方式

按现行规定，工程价款支付是通过"阶段小结、最终结清"来体现的，常见的工程价款结算方式有以下几种。①按月结算：即先预付工程备料款，在施工过程中按月结算工程进度款，竣工后进行竣工结算。我国现行建筑安装工程价款结算中，相当一部分是实行这种按月结算方式。②竣工后一次结算：建设项目或单项工程全部建筑安装工程建设期在12个月以内，或者工程承包合同价值在100万元以下的，可以实行工程价款每月月中预支，竣工后一次结算。③分段结算：即当年开工，当年不能竣工的单项工程或单位工程按照工程形象进度，划分不同阶段进行结算。分段结算可以按月预支工程款。实行竣工后一次结算和分段结算的工程，当年结算的工程款应与分年度的工作量一致，年终不另清算。④结算双方约定的其他结算方式。⑤目标结算。

（二）工程预付款

工程预付款是建设工程施工合同订立后由发包人按照合同约定，在正式开工前预先支付给承包人的工程款。它是施工准备和所需要材料、结构件等流动资金的主要来源，国内习惯上又称为预付备料款。预付工程款的具体事宜由发承包双方根据建设行政主管部门的规定，结合工程款、建设工期和包工包料情况在合同中约定。《建设工程施工合同》中，对有关工程预付款作了如下约定："实行工程预付款的，双方应当在专用条款内约定发包人向承包人预付工程款的时间和数额，开工后按约定的时间和比例逐次扣回。预付时间应不迟于约定的开工日期前7天。发包人不按约定预付，承包人在约定预付时间7天后向发包人发出要求预付的通知，发包人收到通知后仍不能按要求预付，承包人可在发出通知后7天停止施工，发包人应从约定应付之日起向承包人支付应付款的贷款利息，并承担违约责任。"

工程预付款额度，各地区、各部门的规定不完全相同，主要是保证施工所需材料和构件的正常储备。一般是根据施工工期、建安工作量、主要材料和构件费用占建安工作量的比例以及材料储备周期等因素经测算来确定。

1.在合同条件中约定

发包人根据工程的特点、工期长短、市场行情、供求规律等因素，招标时在合同条件中约定工程预付款的百分比。

2.公式计算法

公式计算法是根据主要材料（含结构件等）占年度承包工程总价的比重、材料储备定额天数和年度施工天数等因素，通过公式计算预付备料款额度的一种方法。

其计算公式是：

$$工程预付款数额 = \frac{工程总价 \times 材料比重\,(\%)}{年度施工天数} \times 材料储备定额天数 \qquad （9-7）$$

$$工程预付款比率 = \frac{工程预付款数额}{工程总价} \times 100\% \qquad （9-8）$$

式中：年度施工天数按365天日历天计算；材料储备定额天数由当地材料供应的在途天数、加工天数、整理天数、供应间隔天数、保险天数等因素决定。

（三）工程预付款的扣回

发包人支付给承包人的工程预付款其性质是预支。随着工程进度的推进，拨付的工程进度款数额不断增加，工程所需主要材料、构件的用量逐渐减少，原已支付的预付款应以抵扣的方式予以陆续扣回。扣款的方法如下。①由发包人和承包人通过洽商用合同的形式予以确定，采用等比率或等额扣款的方式。也可针对工程实际情况具体处理，如有些工程工期较短、造价较低，就无须分期扣还；有些工期较长，如跨年度工程，其备料款的占用时间很长，根据需要可以少扣或不扣。②从未施工工程尚需的主要材料及构件的价值相当于工程预付款数额时扣起，从每次中间结算工程价款中，按材料及构件比重扣抵工程价款，至竣工之前全部扣清。因此确定起扣点是工程预付款起扣的关键。

确定工程预付款起扣点的依据是，未完施工工程所需主要材料和构件的费用，等于工程预付款的数额。

（四）预付款担保

预付款担保是指承包人与发包人签订合同后领取预付款前，承包人正确、合理使用发包人支付的预付款而提供的担保。其主要作用是保证承包人按合同规定的目的使用并及时偿还发包人已支付的全部预付款金额。如果承包人中途毁约、中止工程，使发包人不能在规定期限内从应付工程款中扣除全部预付款，则发包人有权从该项担保金额中获得补偿。

预付款担保的主要形式是银行保函。预付款担保的担保金额一般与发包人的预付款是等值的。预付款一般逐月从工程进度款中扣除，预付款担保的担保金额也相应逐月减少。预付款担保也可采用发承包方约定的其他形式，如有担保公司提供的担保，或采取抵押担保等形式。

（五）工程进度款

1.工程进度款的计算

工程进度款的计算，主要涉及两个方面：一是工程量的计量，二是单价的计算方法。

单价的计算方法，主要根据由发包人和承包人事先约定的工程价格的计价方法决定。一般来讲，目前我国工程价格的计价方法可以分为工料单价和综合单价两种方法。所谓工料单价法是指单位工程分部分项的单价为直接成本单价，按现行计价定额的人工、材料、机械的消耗量及其预算价格确定，其他直接成本、间接成本、利润、税金等按现行计算方法计算。所谓综合单价法是指单位工程、分部分项工程量的单价是全部费用单价，既包括直接成本，也包括间接成本、利润、税金等一切费用。二者在选择时，既可采取可调价格的方式，即工程价格在实施期间可随价格变化而调整，也可采取固定价格的方式，即工程价格在实施期间不因价格变化而调整，在工程价格中已考虑价格风险因素并在合同中明确了固定价格所包括的内容和范围。实践中采用较多的是可调工料单价法和固定综合单价法。

2.工程进度款的支付

工程进度款的支付，一般按当月实际完成工程量进行结算，工程竣工后办理竣工结算。在工程竣工前，承包人收取的工程预付款和进度款的总额一般不超过合同总额（包括工程合同签订后经发包人签证认可的增减工程款）的90%，不低于60%。

（六）竣工结算

1.竣工结算的编制依据

国家有关法律法规、规章制度和相关的司法解释；工程造价的计价标准、方法、有关规定和相关解释；《建设工程工程量清单计价规范》；施工合同、专业分包合同及补充协议、有关材料、设备合同；招投标文件；工程竣工图或施工图、施工图会审记录，经批准的施工组织设计、设计变更、工程洽商和相关会议纪要；经批准的开竣工报告或停工、复工报告；实施过程中已确认的工程量及其结算的合同价款；实施过程中已确认调整后的追加（减）的合同价款；其他依据。

2.竣工结算的计价原则

分部分项工程和措施项目的单价费按双方确认的工程量和已标工程量清单综合单价计算，如发生调整，以发承包双方确认后调整的综合单价计入；措施项目中的总价根据合同约定确定金额和项目计入，若发生调整，以发承包双方确认调整的金额及项目计入，其中安全文明施工费必须按国家或省级、行业建设主管部门的规定计算；其他项目按实际发生确认；规费中的工程排污费按工程所在地环保部门规定标准按实列入；实施中已确认的工程计量结果和合同价款直接计入结算。

3.竣工结算的程序

（1）承包人提交竣工结算

工程完工后，承包人应在发承包双方确认的合同工期中价款结算的基础上汇总编制完成竣工结算文件，并在提交竣工验收的同时向发包人提交竣工结算文件。承包人未在合同约定的时间内提交竣工结算资料，经发包人催告后14天内仍未提交或未有明确答复，发包人有权根据已有的资料编制竣工结算文件，作为办理竣工结算和支付结算款的依据，承包人应予以认可。

（2）发包人核对竣工结算

发包人收到承包人递交的竣工结算报告结算资料后28天内进行核实，给予确认或者提出核实及修改意见。承包人在接到通知后28天内按照发包人提出的合理要求补充资料，修改竣工结算资料，并再次提交给发包人复核后批准。如果发包人、承包人对复核结果无异议，应在7天内在竣工结算文件上签字确认，竣工结算办理完毕。如果发包方、承包方对复核结果有异议，对无异议部分办理不完全竣工结算，对有异议部分双方协商解决，协商不成，按照合同约定的争议解决方式处理。

发包人收到竣工结算报告及结算资料后28天内，不核对竣工结算或未提出意见的，视为承包人提交的竣工结算文件已被发包人认可，竣工结算办理完毕。

承包人在接到发包人提出的核实意见后28天内，不确认也未提出异议的，视为发包人提出的核实意见已被承包人认可，竣工结算办理完毕。

发包人可以委托工程造价咨询机构核对竣工结算文件。

对发包人或发包人委托的工程造价咨询机构指派的专业人员与承包人指派的专业人员核对无异议并签名确认的竣工结算文件，除非发承包人能够提出具体、详细的不同意见，发承包人都应在竣工结算文件上签名认可。若发包人不签认，承包人可不提供竣工验收备案资料，有权拒绝重新核对竣工结算文件；若承包人不签认，承包人不得拒绝提供竣工验收备案资料，否则，造成的损失，要承担连带责任。工程竣工结算核对完成，发承包方签字确认后，禁止发包人又要求承包人与另一个或多个工程造价咨询人重复核对竣工结算。

（3）竣工结算价款的支付

承包人根据办理的竣工结算文件，发包人提交竣工结算支付申请。发包人在收到承包人提交的竣工结算款申请7天内予以核实，向承包人签发竣工结算支付证书。发包人签发竣工结算支付证书后14天内，按照竣工结算支付证书列明的金额向承包人支付结算款。

发包人在收到承包人提交的竣工结算款申请7天内不予以核实，不向承包人签发竣工结算支付证书，视为承包人的竣工结算申请支付已被发包人认可。发包人应在收到承包人提交的竣工结算支付申请7天后的14天内，按照承包人提交的竣工结算支付申请列明的金额向承包人支付结算款。

发包人未按照规定程序支付工程竣工结算价款的，承包人可以催告发包人支付，并有权获得延迟支付的利息。发包人在收到竣工结算支付申请7天后的56天内仍不支付的，承包人可以与发包人协议将该工程折价，也可以由承包人申请法院将该工程依法拍卖，承包人就该工程折价或者拍卖的价款优先受偿。

4.最终结清

最终结清是指合同约定的缺陷责任期终止后，承包人已按合同规定完成全部剩余工作且质量合格，发包人与承包人结清全部剩余款项的活动。

（1）最终结算申请单

缺陷责任期终止后，承包人已按合同规定完成全部剩余工作且质量合格，发包人签发缺陷责任终止证书，承包人按合同约定的份数和期限向发包人提交最终结清申请单，并提供相关的证明材料，详细说明承包人按合同规定已完成的全部工程价款金额以及承包人认为根据合同规定应进一步支付给他的其他款项。发包人对最终结清申请单内容有异议的，有权要求承包人进行修正和提供补充资料，由承包人向发包人提交修正后的最终结清申请单。

（2）最终支付证书

发包人收到承包人提交的最终结清申请单的14天内予以核实，向承包人签发最终支付证书。发包人未在约定时间核实，有未提出具体意见的，视为承包人提交的最终结清申请单已被发包人认可。

（3）最终结清付款

发包人应在签发最终支付证书后的14天内，按照最终结清支付证书列明的金额向承包人支付最终结清款。最终结清付款后，承包人在合同内享有的索赔权利也自行终止。发包人未按期支付的，承包人可以催告发包人在合理的期限内支付，并有权获得延迟支付的利息。

承包人对发包人最终结清款有异议的，按照合同约定的争议解决方式处理。

二、FIDIC合同条件下工程费用的支付

（一）工程支付的范围和条件

1.工程支付的范围

FIDIC合同条件所规定的工程支付的范围主要包括两部分：一部分费用是工程量清单中的费用，这部分费用是承包商在投标时，根据合同条件的有关规定提出的报价，并经业主认可的费用；另一部分费用是工程量清单以外的费用，这部分费用虽然在工程量清单中没有规定，但是在合同条件中却有明确的规定，因此它也是工程支付的一部分。

2.工程支付的条件

（1）质量合格是工程支付的必要条件

支付以工程计量为基础，计量必须以质量合格为前提。所以，并不是对承包商已完的工程全部支付，而只支付其中质量合格的部分，对于工程质量不合格的部分一律不予支付。

（2）符合合同条件

一切支付均需要符合合同约定的要求，例如，动员预付款的支付款额要符合标书附录中规定的数量，支付的条件应符合合同条件的规定，即承包商提供履约保函和动员预付款保函之后才予以支付动员预付款。

（3）变更项目必须有工程师的变更通知

没有工程师的指示承包商不得作任何变更。如果承包商没有收到指示就进行变更，其无理由就此类变更的费用要求补偿。

（4）支付金额必须大于期中支付证书规定的最小限额

合同条件约定，如果在扣除保留金和其他金额之后的净额少于投标书附录中规定的期中支付证书的最小限额时，工程师没有义务开具任何支付证书。不予支付的金额将按月结转，直到达到或超过最低限额时才予以支付。

（5）承包商的工作使工程师满意

为了确保工程师在工程管理中的核心地位，并通过经济手段约束承包商履行合同中规定的各项责任和义务，合同条件充分赋予了工程师有关支付方面的权利。对于承包商申请支付的项目，即使达到以上所述的支付条件，但承包商其他方面的工作未能使工程师满意，工程师可通过任何期中支付证书对他所签发过的任何原有的证书进行任何修正或更改，也有权在任何期中支付证书中删去或减少该工作的价值。

（二）工程支付的项目

1.工程量清单项目

工程量清单项目分为一般项目、暂列金额和计日工作三种。

（1）一般项目

一般项目是指工程量清单中除暂列金额和计日工作以外的全部项目。这类项目的支付是以经过造价管理者计量的工程数量为依据，乘工程量清单中的单价，其单价一般是不变的。这类项目的支付占了工程费用的绝大部分，工程师应给予足够的重视。但这类支付的程序比较简单，一般通过签发期中支付证书支付进度款。

（2）暂列金额

暂列金额是指包括在合同中，供工程任何部分的施工，或提供货物、材料、设备或服务，或提供不可预料事件之费用的一项金额。这项金额按照工程师的指示可能全部或部分使用，或根本不予动用。没有工程师的指示，承包商不能进行暂列金额项目的任何工作。

承包商按照工程师的指示完成的暂列金额项目的费用若能按工程量表中开列的费率和价格估价则按此估价，否则承包商应向工程师出示与暂列金额开支有关的所有报价单、发票、凭证、账单或收据。工程师根据上述资料，按照合同的约定，确定支付金额。

（3）计日工作

计日工作是指承包商在工程量清单的附件中，按工种或设备填报单价的日工劳务费和机械台班费，一般用于工程量清单中没有合适项目，且不能安排大批量的流水施工的零星附加工作。只有当工程师根据施工进展的实际情况，指示承包商实施以日工计价的工作时，承包商才有权获得用日工计价的付款。使用计日工费用的计算一般采用下述方法。①按合同中包括的计日工作计划表中所定项目和承包商在其投标书中所确定的费率和价格计算。②对于清单中没有定价的项目，应按实际发生的费用加上合同中规定的费率计算有关的费用。承包商应向工程师提供可能需要的证实所付款额的收据或其他凭证，并且在订购材料之前，向工程师提交订货报价单供其批准。

对这类按计日工作制实施的工程，承包商应在该工程持续进行过程中，每天向工程师提交从事该工作的承包人员的姓名、职业和工时的确切清单，一式两份，以及表明所有该项工程所用的承包商设备和临时工程的标识、型号、使用时间和所用的生产设备和材料的数量和型号。

应当说明，由于承包商在投标时，计日工作的报价不影响他的评标总价，所以，一般计日工作的报价较高。在工程施工过程中，造价管理者应尽量少用或不用计日工这种形式，因为大部分采用计日工作形式实施的工程，也可以采用工程变更的形式。

2.工程量清单以外项目

（1）动员预付款

当承包商按照合同约定提交一份保函后，业主应支付一笔预付款，作为用于动员的无息贷款。预付款总额、分期预付的次数和时间安排（如次数多于一次），及使用的货币和比例，应遵照投标书附录中的规定。

工程师收到承包商期中付款证书申请规定的报表，以及业主收到按照履约担保要求提交的履约担保和由业主批准的国家（或其他司法管辖区）的实体，以专用条款所附格式或业主批准的其他格式签发的，金额和货币种类与预付款一致的保函后，应发出期中付款证书，作为首次分期预付款。

在还清预付款前，承包商应确保此保函一直有效并可执行，但其总额可根据付款证书列明的承包商付还的金额逐渐减少。如果保函条款中规定了期满日期，而在期满日期前28天预付款未还清时，承包商应将保函有效期延至预付款还清为止。

预付款应通过付款证书中按百分比扣减的方式付还。除非投标书附录中规定其他百分比。扣减应从确认的期中付款（不包括预付款、扣减款和保留金的付还）累计额超过中标合同金额减去暂列金额后余额的百分之十（10%）时的付款证书开始；扣减应按每次付款证书中的金额（不包括预付款、扣减额和保留金的付还）的四分之一（25%）的摊还比率，并按预付款的货币和比例计算，直到预付款还清为止。

如果在颁发工程接收证书前，或按照由业主终止、由承包商暂停和终止，或不可抗力的规定终止前，预付款尚未还清，则全部余额应立即成为承包商对业主的到期付款。

（2）材料设备预付款

材料、设备预付款一般是指运至工地尚未用于工程的材料设备预付款。对承包商买进并运至工地的材料、设备，业主应支付无息预付款，预付款按材料设备的某一比例（通常为发票价的80%）支付。在支付材料设备预付款时，承包商需提交材料、设备供应合同或订货合同的影印件，要注明所供应材料的性质和金额等主要情况；材料已运到工地并经工程师认可其质量和储存方式。

材料、设备预付款按合同中的规定从承包商应得的工程款中分批扣除。扣除次数和各次扣除金额随工程性质不同而异，一般要求在合同规定的完工日期前至少3个月扣清，最好是当材料设备用完时，该材料设备的预付款扣还完毕。

（3）保留金

保留金是为了确保在施工阶段，或在缺陷责任期间，由于承包商未能履行合同义务，由业主（或工程师）指定他人完成应由承包商承担的工作所发生的费用。保留金的限额一般为合同总价的5%，从第一次付款证书开始，按投标函附录中标明的保留金百分率乘当月末已实施的工程价值加上工程变更、法律改变和成本改变应增加的任何款额，直到累计扣留达到保留金的限额为止。

根据FIDIC施工合同条款规定，当已颁发工程接收证书时，工程师应确认将保留金的前一半支付给承包商。如果某分项工程或部分工程颁发了接收证书，保留金应按一定比例予以确认和支付。此比例应是该分项工程或部分工程估算的合同价值，除以估算的最终合同价格所得比例的五分之二（40%）。

在各缺陷通知期限的最末一个期满日期后，工程师应立即对付给承包商保留金未付的余额加以确认。如对某分项工程颁发了接收证书，保留金后一半的比例额在该分项工程的缺陷通知期限满日期后，应立即予以确认和支付。此比例应是该分项工程的估算合同价值，除以估算的最终合同价格所得比例的五分之二（40%）。

但如果在此时尚有工作要做，工程师则有权在这些工作完成前，暂不颁发这些工作估算费用的证书。

在计算上述的各百分比时，无须考虑法规改变和成本改变所进行的任何调整。

（4）工程变更的费用

工程变更也是工程支付中的一个重要项目。工程变更费用的支付依据是工程变更令和工程师对变更项目所确定的变更费用，支付时间和支付方式也是列入期中支付证书予以支付。

（5）索赔费用

索赔费用的支付依据是工程师批准的索赔审批书及其计算而得的款额，支付时间则随工程月进度款一并支付。

（6）价格调整费用

价格调整费用是按照合同条件规定的计算方法计算调整的款额，包括因法律改变和成本改变的调整。

（7）迟付款利息

如果承包商没有在按照合同规定的时间收到付款，承包商应有权就未付款额按月计算复利，收取延误期的融资费用。该延误期应认为从按照合同规定的支付日期算起，而不考虑颁发任何期中付款证书的日期。除非专用条件中另有规定，上述融资费用应以高出支付货币所在国中央银行的贴现率加3个百分点的年利率进行计算，并应用同种货币支付。

承包商应有权得到上述付款，无须正式通知或证明，且不损害他的任何其他权利或补偿。

（8）业主索赔

业主索赔主要包括拖延工期的误期损害赔偿费和缺陷工程损失等。这类费用可从承包商的保留金中扣除，也可从支付给承包商的款项中扣除。

（三）工程费用支付的程序

1.承包商提出付款申请

工程费用支付的一般程序是首先由承包商提出付款申请，填报一系列工程师指定格式的月报表，说明承包商认为这个月应得的有关款项。

2.工程师审核，编制期中付款证书

工程师在28天内对承包商提交的付款申请进行全面审核，修正或删除不合理的部分，计算付款净金额。计算付款净金额时，应扣除该月应扣除的保留金、动员预付款、材料设备预付款、违约金等。若净金额小于合同规定的期中支付的最小限额时，则工程师不需开具任何付款证书。

3.业主支付

业主收到工程师签发的付款证书后，按合同规定的时间支付给承包商。

（四）工程支付的报表与证书

1.月报表

月报表是指对每月完成的工程量的核算、结算和支付的报表。承包商应在每个月末后，按工程师批准的格式向工程师递交1式6份月报表，详细说明承包商自己认为有权得到的款额，以及包括按照进度报告的规定编制的相关进度报告在内的证明文件。该报表应包括下列项目：①截至月末已实施的工程和已提出的承包商文件的估算合同价值（包括各项变更，但不包括以下②至⑦项所列项目）；②按照合同中因法律改变的调整和因成本改变的调整的有关规定，应增减的任何款额；③至业主提取的保留金额达到投标书附录中规定的保留金限额（如果有）以前，用投标书附录中规定的保留金百分比计算的，对上述款项总额应减少的任何保留金额，保留金=（①+②）×保留金百分率；④按照合同中预付款的规定，因预付款的支付和返还，应增加和减少的任何款额；⑤按照合同中拟用于工程的生产设备和材料的规定，因生产设备和材料应增减的任何款额；⑥根据合同或包括索赔、争端与仲裁等其他规定，应付的任何其他增加或减少额；⑦所有以前付款证书中确认的减少额。

工程师应在收到上述月报表28天内向业主递交一份期中付款证书，并附详细说明。

但是在颁发工程接收证书前，工程师无须签发金额（扣减保留金和其他应扣款项后）低于投标书附录中期中付款证书的最低额（如果有）的期中付款证书。在此情况下，工程师应通知承包商。工程师可在任一次付款证书中，对以前任何付款证书作出应有的任何改正或修改。付款证书不应被视为工程师接收、批准、同意或满意的表示。

2.竣工报表

承包商在收到工程的接收证书后84天内，应向工程师送交竣工报表（1式6份），该报表应附有按工程师批准的格式所编写的证明文件，并应详细说明以下几点：①截至工程接收证书载明的日期，按合同要求完成的所有工作的价值；②承包商认为应支付的任何其他款项，如所要求的索赔款等；③承包商认为根据合同规定将应付给他的任何其他款项的估计款额，估计款额在竣工报表中应单独列出。

工程师应根据对竣工工程量的核算，对承包商其他支付要求的审核，确定应支付而尚未支付的金额，上报业主批准支付。

3.最终报表和结清单

承包商在收到履约证书后56天内，应向工程师提交按照工程师批准的格式编制的最终报表草案并附证明文件，1式6份，详细列出：根据合同应完成的所有工作的价值，承包商认为根据合同或其他规定应支付给他的任何其他款额。

承包商和工程师之间达成一致意见后，则承包商可向工程师提交正式的最终报表，承包商同时向业主提交一份书面结清单，进一步证实最终报表中按照合同应支付给承包商的总金额。如承包商和工程师未能达成一致，则工程师可对最终报表草案中没有争议的部分向业主签发期中支付证书。争议留待裁决委员会裁决。

4.最终付款证书

工程师在收到正式最终报表及结清单之后28天内，应向业主递交一份最终付款证书，说明工程师认为按照合同最终应支付给承包商的款额，业主以前所有应支付和应得到的款额的收支差额。

如果承包商未申请最终付款证书，工程师应要求承包商提出申请。如果承包商未能在28天期限内提交此类申请，工程师应按其公正决定的应支付的此类款额颁发最终付款证书。

在最终付款证书送交业主56天内，业主应向承包商进行支付，否则应按投标书附录中的规定支付利息。如果56天期满之后再超过28天不支付，就构成业主违规。承包商递交最终付款证书后，就不能再要求任何索赔了。

5.履约证书

履约证书应由工程师在整个工程的最后一个区段缺陷通知期限期满之后28天内颁发，这说明承包商已尽其义务完成施工和竣工并修补了其中的缺陷，达到了使工程师满意的程度。至此，承包商与合同有关的实际业务业已完成，但如业主或承包商任一方有未履行的合同义务时，合同仍然有效。履约证书发出后14天内业主应将履约保证退还给承包商。

第十章　建筑工程造价风险管理与全过程造价控制

第一节　建筑工程造价风险管理

目前，我国的建筑业具有涉及种类多、规模巨大、复杂程度高、企业数量众多、市场竞争激烈等行业特点。在工程建设上，建筑业也存在相应问题。它主要表现在以下几个方面：一是建筑行业资源占用量大，二是前期投资决策不全面，三是建筑企业管理不科学，四是建筑业法律体制不健全，五是各方参建主体行为不规范等问题。这些问题从一定程度上都增大了工程造价的风险。工程造价管理是建筑行业运行及工程建设的关键环节和核心内容。在这样的市场环境下，我们将风险管理引进到工程造价管理尤为迫切和重要。而我国目前的造价风险管理的重点是建设项目的施工阶段忽略了建设项目的运营维护和回收拆除的阶段，建设项目的各个造价阶段相互关联、相辅相成、建设项目的运营维护和回收拆除阶段造价高。它往往高于建设项目施工阶段的造价费用，故引入建筑工程全生命周期造价风险管理理论。这对项目的投资决策阶段、设计阶段、施工阶段、运营阶段、回收阶段进行系统的研究，对各个阶段造价管理及风险因素进行科学的分析。并制定相应的防范措施，合理地避免造价费用的增加，从而提高建设工程项目的利润。所以，建筑工程的全生命周期造价风险管理极其重要。

一、建筑工程全生命周期造价管理的相关知识

（一）全生命周期造价管理理论介绍

全生命周期造价管理理论是对建设项目全生命周期的各个阶段的成本管理。从不同的

领域出发，全生命周期造价管理运用多种技术方法，从而实现对建筑工程项目投资决策阶段、设计阶段、施工阶段、运营维护阶段、拆除回收阶段的造价最小化的理论和方法。

全生命周期造价管理思想的核心是从建筑项目各个阶段的造价出发，科学地运用各种管理方法及合理的评估和控制，以最小化的成本实现工程项目的建设与运营。

全生命周期造价管理要求人们在建设项目投资决策和分析及建设项目方案的评估和选择中充分考虑建设项目建设和运营的成本。这是建筑设计中的指导思想和手段，它可用于计算建筑项目整个生命周期的全部成本。这是一种最小化建设项目成本的方法，也是一种降低建设项目建设成本、降低建设项目造价的技术方法。

1.全生命周期造价管理的特征

从国内外许多研究文献可以发现，全生命周期造价管理具有以下四个特点。一是全生命周期造价管理的区间是建设项目的整个生命周期，它包括投资决策阶段、设计阶段、施工阶段、运行维护阶段和拆除回收阶段。二是全生命周期造价管理的目标是使建设项目生命周期的总成本最小化，即使整个生命周期的成本最小化去努力实现项目价值的最大化。一般而言，项目的建设成本与运营维护成本之间存在着相互制约的关系，在全生命周期造价管理模式下一次性建设成本与运营及维护成本平衡。我们应该综合考虑建设项目全生命周期内各个成本间的互相制约关系，才有可能实现全生命周期成本的最优。三是全生命周期造价管理包含全生命周期成本分析及全生命周期成本管理。成本分析是用来对建筑工程各个阶段成本的计算，并将未来各个阶段计划产生的成本转化为现在的费用。通常成本分析集中运用在建筑项目的决策阶段。同时，成本分析也是方案选择的一种工具。建筑工程全生命周期各个阶段方案的制定和选择可以依靠成本分析为基础。全生命周期造价管理是对建筑项目各个阶段的成本进行控制，从而实现全生命周期最小化成本的目标。四是从全生命周期造价管理出发，可以看出建筑项目各个阶段的成本都是可以得到控制的。全生命周期造价管理系统是一个可以主动控制和跟踪管理的系统。

2.全生命周期造价管理的影响

全生命周期造价管理是建设项目投资决策的分析工具。它是一种方法或工具，它用于在投资决策中选择最优解。这就要求人们在投资决策、建设项目的可行性分析和评价等方面考虑建设和运营的成本。全生命周期造价管理是建筑设计的依据和方法。它从项目的全生命周期成本出发，并结合建筑项目的建设和运营阶段的成本，从而进行建设设计和施工方案的编制。全生命周期造价管理是建筑项目投资决策的一种工具，同时也是实现建筑项目利益最大化的一种手段。它以项目成本最小化为基础，做好项目的投资决策，最终实现最大化的建筑项目利润。

3.全生命周期造价管理理论的运用

业主对建设项目投资要求是效果好、投资少、尽可能节约费用。在保证使用功能的前提下，我们必须研究节约投资的可能性。施工阶段的造价管理远远不能满足项目成本控制要求。项目的初期设计阶段是节约投资可能性最大的阶段，项目的运行与报废阶段将带来成本的累积增加。因此，在投资决策阶段、设计阶段、施工阶段、运营阶段和拆除回收阶段，我们应进行全生命周期造价管理。

全生命周期工程造价管理理论是国内外流行的工程造价管理理论，它已广泛应用于建筑工程。然而，中国的研究刚刚起步。在实践中，它还没有得到广泛的应用。业主是建筑业发展的推手，业主希望设计与施工紧密结合提供全生命周期的造价管理。它包括规划开发设计、施工、物业管理及项目结束的全部服务。因此，业主方是推行建设项目全生命周期造价管理的突破口。他们迫切需要对工程建设项目全生命周期进行造价管理。目前，建设主管部门已在政府投资项目中推展了全生命周期造价管理方法。这意味着，未来的工程造价管理将会有一个更加科学的造价管理系统使工程造价管理达到一个新的高度。传统的工程造价管理注重一次性建设成本，而忽视后期的运营和维护成本；而全生命周期造价管理注重一次性建设成本和后期的运营及维护成本之间的平衡。在项目前期的策划设计阶段，全生命周期造价管理应充分考虑项目的运营和维护阶段的成本。这样可以使运营和维护阶段信息流向前集成，达到建设运营一体化，从而实现全生命周期成本最低。

（二）全生命周期造价管理的相关内容

1.投资决策阶段的造价管理的作用

项目投资决策是对计划修建的建筑项目可实施性及正确性的分析确认，它是进行技术和经济的比较及不同建筑方案做出判断和决策的过程。它包括机会研究、初步可行性研究、项目建议书、敏感性分析和风险评估、投资决策六个阶段。投资决策是整个生命周期的初始阶段，它对建筑工程的总造价起着奠定基础的作用；投资决策同时也是全生命周期中资金投入最少的阶段。但是，它对工程总造价有很大影响。可见，只有不断提高投资决策阶段可行性研究的准确性，合理计算投资估算，才能将工程造价控制在合理范围内，更好地实现投资控制目标，避免过度投资的现象。建设项目的正确投资行为来自建设项目的正确投资决策。正确的决策不仅是投资行动方案的选择和决策的过程，也是投资行动的标准，更是合理确定和控制工程造价的前提。建筑项目的投资决策是建筑项目建设的基础，同时与建筑项目的造价息息相关，并决定着建筑项目的投资的好坏。

建设项目投资决策的正确性是建筑工程造价合理性的先决条件。只有做出建设项目投资的正确决策，才能选择最佳的投资行动方案实现资源的合理配置；只有正确的投资决策，才能保证建筑工程决策的合理性，实现建筑工程造价的正确性。建设项目投资决策的内容是确定项目成本的基础。工程造价管理贯穿于建设项目的各个阶段，投资决策阶段对工程造价的影响最大。因此，建筑项目的投资决策阶段是建筑工程造价管理的基础阶段，同时也影响其他阶段的建筑工程造价管理。工程造价和投资成本的大小也影响着建设项目的投资决策，它是对建筑项目投资方案比择的参考依据。同时，它是建筑工程可行性研究的重要依据，也是政府职能主管部门对建设项目审批的主要依据之一。因此，建设项目造价也影响建设项目投资决策。建设项目投资决策的深度直接影响投资估算的准确性和成本的控制效果。建设项目投资决策过程是一个由浅到深、不断深化的过程。不同阶段的决策深度不同，投资估算的精度也不同，其建设工程造价的控制效果也不同。

建设项目前期的计价与管理工作的主要内容是通过可行性研究论证建设项目投资的必要性和可行性、经济上的合理性和盈利性。它通过投资估算确定拟建项目的投资费用对建设项目进行经济和财务分析，并结合建设项目的国民经济评价、社会效益评价、环境影响评价及风险分析判断项目的可行性，从而判断经济可行性与抗风险能力。

（1）确定建设项目投资方式及其资金的应用

①确定建设项目的资金来源

目前，中国建设项目的资金来源有很多，一般是从国内外筹集资金。不同来源的资金成本不同，我们应根据建设项目及其环境的实际情况选择合适的资金来源。

②选择合理的资金筹集渠道与方式

资金筹集的渠道和方法主要包括财务预算投资、利用自筹资金投资、利用银行贷款投资、利用外资投资、利用债券和股票投资等。各种渠道和方法的融资成本不尽相同，它们对建设项目造价产生影响也不同。我们应该合理地对资金筹集的方式进行选择和组合，从而实现建设工程项目资金筹集的可行性和经济性。

③合理处理影响工程造价的主要因素

合理处理影响工程造价的主要因素包括建设项目的投资决策阶段施工标准水平的确定、施工现场的选择、工艺的选择、设备的选择等因素。这些因素都直接关系到工程造价和成本。因此，建设项目决策的内容是决定建设项目造价是否科学、合理的问题。在建设项目决策阶段编制可行性研究报告时，我们应对拟建项目的建设方案技术上的可行及经济上的合理进行论证。在选择优化方案的前提下，我们可以编制合理的项目投资估算。

（2）建设项目决策阶段的投资估算介绍

投资估算不仅是建设项目决策阶段的主要成本文件，也是可行性研究报告的重要内容，更是项目建议书的一部分，还是影响建设项目投资成败的重要因素。在编制建设项目投资估算时，我们应当根据建设项目的具体内容、国家有关规定和估算指标及动态因素的影响。在编制估算时，我们依据即期价格，如市场价格、利率、汇率等保证投资估算的质量。

（3）建设项目决策阶段的经济评价的意义

建设项目决策阶段的经济评价是对建设项目和技术方案的经济研究。它是可行性研究的核心内容，也是建设项目决策的主要依据。它的主要内容是对建设项目的经济效益和投资效益进行分析。

在建设项目决策可行性研究和评价过程中，建设项目经济分析是指通过对投入产出等经济因素的考察，运用现代经济分析方法进行综合经济评价。它是对拟建项目的实施期进行分析预测、合理研究、计算论证及进行综合经济评价。建设项目经济分析是提出投资决策的经济依据，确定最佳投资方案。财务分析是建设项目可行性分析及经济评价的重要组成部分。建设项目财务分析是基于主体的财务分析，也是现行的国家财务制度和市场经济体制的应用表现。我们可以通过计算分析建设项目产生的财务支出和收益情况，编制建设项目财务分析报表，计算各经济评价指标，进而得出建设工程项目的盈利能力、财务情况等。同时，我们可以根据此判断建设项目财务的可行性。评价结果是决定建设项目选择的重要决策依据。在遵循我国资源合理配置的原则前提下，国民经济评价是从国家角度出发，利用商品影子价格、影子工资、影子汇率、社会贴现率等经济参数对建设项目的效益和成本进行分析计算及评价建设项目的经济合理性。

（4）社会效益评价的作用

社会效益评价即对建筑工程竣工使用后主要社会因素的评价分析。它是对社会生态环境的影响的分析；对增强科学文化技术水平的影响的分析、对周边地区的经济水平影响分析、对产品用户分析、对改善人们的物质文化生活和社会福利影响的分析、对城市的总体规范影响的分析及对提高资源利用率的影响的分析。

（5）环境影响评价的作用

环境影响评价是实现社会生态环境可持续发展的重要手段。大多数国家都在建筑工程投资决策阶段对建设项目进行环境影响评价，它的目的是把环境保护的目标和措施纳入经济和社会发展规划，以便在规划形成的早期阶段认真考虑环境因素及经济和社会因素。环境影响评价是指对建设项目竣工结束后可能对生态环境产生影响因素的识别、分析和评估。它是对产生生态环境影响的因素制定防治的措施，并对这些影响因素进行跟踪监测，从而实现环境的可持续发展。伴随着国家对环境保护的重视和人民群众的环境保护意识提高，我们必须加强对环境工程的造价管理，特别是工业项目环境工程的投资。它所占比重大，应引起足够的重视。目前，我国依据建筑工程项目对环境的影响级别采取对建筑工程项目环境评价分类管理的办法。它要求建筑工程项目的建设单位需按照下列标准编制环境影响评价文件。它具体体现在以下三个方面。一是对可能对建设项目产生重大环境影响的项目，应当编制环境影响报告。它可以对由此产生的环境影响进行综合评价。二是对可能对建设项目造成轻度环境影响的项目，应当编制环境影响报告书。它可以对环境影响进行具体分析和评估。三是可能造成很小环境影响、不需要环境影响评价的建设项目，应当提交环境影响登记表。

2.设计阶段的造价管理的作用

建设项目设计分为工业建设项目设计和民用建设项目设计。根据住房城乡建设部文件规定，我国建筑设计分为方案设计、初步设计和施工图设计三部分。对于技术要求简单的建设项目，经相关部门批准，合同中没有规定必须要做初步设计的，我们则可以在方案设计批准后，直接进入施工图设计。建设工程技术难度大和特殊工程项目的，我们可以增设技术设计。前一个阶段的设计文件应该能够满足下一阶段设计文件的需要。方案设计又称为总体设计，它是设计的初始阶段，也是建设工程设计中最为关键的一个环节。方案设计是建设项目从粗糙到精细，从构想到真实，由表及里的最具体和最直观的表现过程。方案设计旨在解决整体发展计划方案和建设项目总体部署等重大问题。方案设计要满足下一阶段初步设计的需求，并满足物质及地理环境的要求。该阶段工程造价管理的主要工作是编制各个专业详尽的建筑安装工程造价估算书，检查投资估算是否在投资额度之内及建设周期是否满足投资回报要求。

初步设计是整个设计思想逐渐成真的阶段，也是整个设计阶段关键环节。该阶段工程造价管理的主要任务是分析建设项目经济合理性，它可以确定总投资和主要技术经济指标。现阶段工程造价管理的主要任务是制定总体概算并进行设计及考察建设项目总概算是否在投资估算限额内。

技术设计是在初步设计的前提下进行不断的深化，最终对设计中的技术问题进行确认的过程。它针对初步设计中所遇到的重大问题，通过科研试验、设备实验获得的数据具体确定初步设计中采用的主要技术问题和结构问题。该阶段的主要任务是编制修订后的总预算。

施工图设计是建筑设计的最后阶段，它基于初步设计或技术设计所确定的设计原则、建设方案和结构尺寸。在建筑安装和非标设备制造的需要前提下，我们绘制详细的施工图纸和编制设计说明是指导施工的直接依据。现阶段项目造价管理主要任务是编制施工图预算，核实施工成本是否超过批准的初步设计概算。施工图预算不仅可以作为施工招标的依据，也可以作为确定合同价格的依据，还可以作为工程价格结算的依据。

设计交底和配合施工是在建筑项目的施工阶段。设计单位负责说明设计意图、提交设计文件、解释设计文件、及时解决施工中设计文件产生的问题和设计变更，它参与并进行试运转和竣工验收，投入生产及进行工程设计总结。该阶段工程造价管理的主要工作是随变更图纸进行工程价款调整。设计交底标志着设计文件编制完成。在此之后，工程造价管理部门就可以编审招投标以后的造价文件，如工程清单、招标控制价、投标报价、施工预算、竣工结算和决算。在实施过程中，我们应该对建设项目投资进行分析和比较，从而及时反馈造价信息，控制项目的投资。

设计阶段的造价管理是一个有机联系的整体。方案设计中的投资估算、初步设计的投资概算、施工图设计中的施工图预算，三者相辅相成、相互补充，共同组成设计阶段的造价管理体系。

3.施工阶段的造价管理的作用

建筑工程的施工阶段是把项目决策阶段及项目设计阶段转换为实体工程，它是项目投入资金最集中的阶段，是项目价值工程体现最关键阶段。它主要包括以下三方面内容。一是建设项目招投标阶段的主要工作是建设项目招标和合同的签订。建设工程招标是获取优秀施工单位、供应商、监理单位等公正公平的方法。中国《招标投标法》规定，国家规定的建设项目包括工程勘察设计、工程建设、监理与工程建设有关的重要设备和材料的采购都必须进行招标。工程招投标的实施是中国建筑市场的规范和完善重要措施之一。我国实施招投标制度可以使建设项目的市场体系更加规范，使价格体系更加公平合理，使由投标者之间的激烈竞争所决定的工程价格更加合理。它有利于节约资源，提高资源的利用。招投标制度的实施可以不断降低社会劳动力消耗的平均水平，使项目价格得到有效控制。相同的项目在同一地点进行招标。在专家库成员的评估下，政府项目部门的监督下，它最终以群体决策的方法决定中标者，也减少了招投标阶段的成本，从而使得招标人的投资收益增加。它可以对整个工程造价产生有利的影响。二是施工阶段是实施建设项目价值工程的主要阶段，也是资本投入最大的阶段。在实际工程中，施工阶段通常被视为工程造价控制的重要组成部分。发包人在施工阶段项目造价管理的主要任务是通过工程项目价款控制、工程变更造价的控制处理及预防索赔费用，并探索节约工程造价来使实际产生费用不超过计划资金的措施。三是施工阶段造价管理的基本措施有组织措施、技术措施、经济措施、合同措施四个方面。竣工结算是指建设项目竣工验收合格后，合同双方按照施工合同要求对所完成的建筑工程的工程量进行计算和确认的过程。竣工结算通常由施工单位进行计算编制，报业主单位审核盖章签字，最终由双方确认后办理工程价款的结算。

4.运营维护阶段的造价管理的作用

建设项目运营维护是建设项目在流通领域简单再生产的延续和价值增值，它是由建设项目运营维护管理部门完成的。它对竣工验收的工程进行定期的维修和季节性的维护，确保建设项目的完好和正常使用。它包括建设项目的正确使用维护管理等工作，它不仅是建设项目运营维护管理的重要环节，也是为用户服务的重要手段，更是建设项目运营管理部门的基本职责。在建设项目运营维护管理中，建设项目营维护是主体工作和基础工作，建设项目运营维护管理始终占有极其重要的地位。建设项目运营维护管理水平的优劣很大程度上取决于建设项目运营维护工作的好坏。

建设项目运营维护造价管理的内容包括采用招投标制度选择建设项目运营管理企业和维修维护队伍，在前期管理中探索建设项目运营管理新模式，从而打造建设项目管理规模经济。对于房地产开发项目，运营维护阶段是指建设项目的运营管理阶段，即建设阶段的完成和运营阶段的开始。建设项目运营维护造价管理实际上是指企业的经营管理、房地产的经营维护。在项目的整个生命周期项目管理建设中，它发挥着重要作用。

5.报废回收阶段的造价管理的作用

报废回收阶段为建设项目生命周期的最后阶段，它是新的项目工程生命周期的开始。废料的回收、项目实体的拆除、设备拆除的残值处理都是该阶段工程造价管理的重点。

二、建筑工程造价风险管理介绍

（一）风险的相关概念

风险的相关概念包括以下三个方面。一是风险的意义。风险是人类活动中一种固有的不确定性，人们可以预测、分析其发生的概率及可能造成损失的后果和未来的不确定性。风险的简单定义意味着损失的不确定性。风险包括三个基本要素：风险因素的存在，导致风险事件的风险因素的不确定性，风险发生后损失额的不确定性。二是风险事件的含义。风险事件指的是风险事故。风险事件是由风险因素引起的，并造成一定的人身伤害和财产损失。三是风险因素的意义。风险因素是风险事件发生的直接或间接原因，它可导致风险事件发生概率的增加和风险事件造成的损失的严重程度的增加。

（二）工程造价风险介绍

1.工程造价风险的含义

工程造价风险主要是指影响建设项目工程造价的一些不确定因素，如政治、经济、环境等。由于建设项目具有一次性、建设工期长、技术复杂、工程造价风险大的特点，它容易出现"三超"现象。因此，有效地控制造价风险是必要的。

2.工程造价风险因素的来源

建设项目工程造价风险因素种类繁多，我们可以从不同的角度进行分类。建设工程造价风险主要来源于自然风险、政治风险、社会风险、经济风险、技术风险和管理风险。

3.工程造价风险的特征

建设项目造价风险是多方面的，它的具体表现形式和特点也不尽相同。它具有以下五个特征。一是客观性。工程造价风险是客观存在的。它不以人的意志转移，超越人的主观意识形态。在建设工程项目全生命周期中的各个阶段和方面，它都以各种不确定因素直接或者间接影响建筑工程造价，即工程造价风险具有客观性。二是不确定性。工程造价风险的不确定性意味着工程造价风险的发生是不确定的。工程造价风险是否发生以及后果如何都难以确定。它的主要原因为人们对客观世界意识形态的认识不够充分，且无法通过一定的方法准确地预测风险的发生。风险的不确定性并不意味着风险完全不可预测。三是损失性。工程造价的损失性是指只要有风险，就一定有发生损失的可能。工程造价风险发生时将导致风险主体产生挫败、损失甚至失败，这对风险主体极为不利。在风险的识别的基础上，工程造价风险的损失性需要做好决策，尽可能地避免风险，将工程造价风险的损失性降至最低。四是变异性。在建设项目实施的全过程中，工程造价风险的变异性是指各种工程造价风险的质量和数量能够发生变化。随着建设项目的进行，有些工程造价风险得到控制并消除，而新的工程造价风险又会发生。工程造价风险的变化程度决定了工程造价风险的大小。因此，工程造价风险也是可变的。五是相对性。工程造价风险的相对性是针对造价风险主体。即使在相同的风险情境下，不同的风险主体也具有不同的风险承受能力。参与项目建设的所有各方均有造价方面的风险，但各方的工程造价风险不尽相同。同样是通货膨胀或材料价格上涨等工程造价风险，在可调单价合同条件下，它对业主来说是相当大的工程造价风险，而对承包商来说工程造价风险就很小。但是，在固定总价合同条件下，情况则相反。

4.工程价风险种类

工程造价风险类型按构成工程造价风险因素包括以下四种。一是组织方面的工程造价风险。它主要指设计、监理、承包商、施工机械操作和安全管理等人员的知识、经验和能力的不足，而产生的工程造价风险。二是经济管理方面的工程造价风险。工程造价风险是由项目资金供应状况、合同、场地和公共防护设施的可用性和数量、事故预防措施和计划、人身安全控制计划和信息安全控制计划等因素引起的。三是工程环境方面的工程造价风险。如自然灾害、岩土地质条件、水文地质条件、气象条件及引发火灾爆炸等因素造成工程造价风险。四是技术方面的工程造价风险。如设计文件、施工方案、材料和机械等产生的工程造价风险。

5.工程造价风险管理的意义

工程造价风险管理是指通过工程造价风险识别、风险评估和风险控制，认识工程造价风险，并在此基础上我们合理运用各种风险应对措施、管理方法、技术和手段。它是对建设项目工程造价风险实行有效的控制，妥善处理由工程造价风险事件引起的不良后果，我们以最小的成本保证建设项目的总体目标的实现。

工程造价风险管理水平是衡量企业素质的重要标准，工程造价风险控制能力则是判断造价管理者能力的重要依据。因此，造价管理者必须在建立工程造价风险管理制度与方法体系结合工程造价的全面管理来实施，从而最终达到对工程造价的合理确定与有效控制。项目造价风险管理的目标可以概括：维持生存、稳定局面、降低成本、提高利润、稳定收入、避免业务中断、不断发展和壮大、建立信誉、扩大影响、处理突发事件。工程造价风险管理的责任一般包括识别工程造价风险潜在损失因素分析损失大小估计、制定工程造价风险财务对策、制定保护措施、提出保护方案、实施安全措施、理赔管理、负责保险事故处理计算、分配保费、统计损失、完成项目成本风险管理预算。

6.工程造价风险管理遵循的原则

在进行工程造价风险管理时，除了要遵循风险管理的一般原则以外，我们还需考虑一些工程造价风险管理中特有的原则。它主要包括以下七个。一是事前控制原则。为了充分体现风险管理的特点和优势，风险管理应遵循主动控制和事前控制的管理思想，及时采取措施应对不断变化的环境条件和新情况、新问题，调整管理计划，并把这一原则贯彻到底。二是合理设定质量等级原则。在一定范围内适当地增加在质量方面的投入可以极大地降低工程发生质量事故的概率，从而降低工程造价风险。但当质量达到一定程度时，若再进一步强化，它反而会增加工程造价风险。三是合理编制进度计划原则。一般情况下，成本随着工期的延长而降低，但工期延长达到一定的程度，也会增加工程造价风险。因此，我们可以通过寻找工期和成本的最佳平衡点，从而将工程造价风险控制在最低点。四是总成本最低化原则。工程造价风险管理应以总成本最低为总目标，力求节约管理成本、管理信息流畅、方法简单先进，从而充分体现工程造价风险管理的精湛水平。五是运用实效性原则。风险管理应针对所识别的风险源，制定操作管理方法。风险管理者运用有效的管理措施，可以大大提高管理的效率和效果。六是责权利相结合原则。通过工程造价风险目标的设定、分解，赋予工程项目的每个成员一定的权利，并使其相应地承担着一定的责任。风险管理者还要根据工程造价风险控制的实效，进行业绩评价与考核、取得相对称的利益，从而做到责权利相结合。七是综合治理原则。工程造价风险管理是一项系统、综合性的工作。造价风险管理方面的风险因素繁多，同时工程造价风险管理所造成的影响范围广，它需要应对处理的方法综合性强。因此，要有效地实现建筑工程全生命周期造价风险管理，风险管理者应动员全方位的力量实施综合全面的措施、合理地分配风险责任。风险管理者必须建立综合性的造价风险管理体系和全面的管理系统，才能有效地实现造价的风险管理。

7.工程造价风险管理包含的内容

工程造价风险管理是识别、评价、度量、制定、选择和实施工程造价风险处理方案，从而达到工程造价风险控制目标的过程。工程造价风险管理的内容包括工程造价风险评估、工程造价风险识别、工程造价风险控制。

第二节　建筑工程全生命周期造价风险管理

一、建筑工程全生命周期造价风险管理介绍

（一）全生命周期造价风险管理的相关概念

在全生命周期各个阶段过程中，全生命周期造价风险是指对工程造价风险造成不利影响因素的集合。全生命周期工程造价风险管理是指对全生命周期各个阶段的造价风险因素进行比较，详细地识别、评估，对发生频率高或造成损失大的风险因素进行规避、控制，从而能更好地实现建设项目工程造价风险的管理目标。

建设工程项目是一个工程量大、周期长、管理复杂的生产过程。工程造价风险管理对象为全生命周期的各个区间，其主要内容是项目造价的合理确定和有效控制，即合理准确地计算建设项目投资估算、设计概算、设计预算、结算价格、合同价格、竣工决算。在每个生命周期中，我们对工程造价风险的有效控制是必要的。控制项目每个阶段的造价实际发生费用在批准的造价限额范围内，并随时纠正偏差以确保实现建设项目的风险管理目标。

在确定了建设项目各个阶段的项目造价风险管理目标后，我们便可以依据这些风险管理目标确定管理系统的各个层次开展各阶段的项目造价风险管理活动。我们应该依据各个系统层次之间的动态联系对风险因素进行控制，最终实现整个建设项目全生命周期的工程造价风险管理。

（二）全生命周期造价风险管理的目标

我们要开展全生命周期造价风险管理，第一步是确定全生命周期造价风险管理目标。合理确定和有效控制工程造价是整个工程造价风险管理的总体目标。由于工程造价具有分阶段和多次计价的特点，所以在生命周期不同的阶段，项目工程造价风险管理目标略有不同。它具体包括以下几个方面。一是决策阶段风险管理目标。建设项目前期决策阶段工程造价风险管理的目标是合理确定工程造价，即合理确定投资估算价格。投资估算是工程造价的来源，也是工程造价控制的首要环节。其中，可行性研究的深度和精细程度直接

影响到工程的建设投资的准确性。二是设计阶段风险管理目标。这一阶段是确定建设项目主要价值的阶段，也是建设项目风险控制的关键阶段。设计阶段对投资的影响可达95%，设计阶段对工程造价的影响可达70%。根据建设项目投资估算限额，合理地确定建设项目设计概算和预算为现阶段项目造价风险管理的目标。三是施工招投标阶段风险管理目标。施工招投标是施工实施阶段的前奏。合理地选择适合工程项目的招标方式、编制正确的工程招标控制价、选择最佳施工单位、签订公平合理的合同、为施工期间正常的施工和造价风险控制打下良好的基础是本阶段工程造价风险管理的目标。四是施工阶段风险管理目标。施工阶段的工程造价风险管理是整个生命周期工程造价风险管理的重要组成部分。在建设项目施工阶段，建设资金投入最大。除了按照合同条款付款外，它还可能存在各种额外费用。在确保项目进度和质量目标的前提下，我们应最大限度地控制工程造价额外费用发生。施工阶段的风险管理应避免不合理的开支，使项目的实际价格尽可能接近合同价格。因此，该阶段项目造价风险管理的目标是有效控制施工过程中的工程造价变化。五是竣工阶段风险管理目标。在项目建成后，项目应依据建设项目的实际情况分析建设项目的立项、分析建设项目的决策、分析建设项目的设计、分析建设项目的实施。通过建筑项目的工程造价的实际发生与计划进行比较找出主观愿望与客观现实的区别，这有助于不断地提高项目的决策阶段和设计阶段及施工阶段的造价管理水平以及指导未来建设项目的工程造价风险管理工作。因此，竣工阶段工程造价风险管理的目标是合理编制建设项目的决算、进行后评价。六是运营维护阶段风险管理目标。建设项目的运营维护阶段是一个长期过程，其时限约占整个建设项目全生命周期的95%以上。建设项目的运营维护阶段要保障产品的更新换代和建筑设备长期稳定运营，还要考虑建设项目改造、运营费用和保修金的使用问题。因此，在建设项目运营维护阶段，我们应加强工程造价风险管理确保建设项目运营维护阶段的运行性能稳定、有效。这是能否长久地发挥建设项目的经济、环境及社会效益的重要阶段。七是拆除回收阶段风险管理目标。拆除回收阶段是最后阶段。它可以通过制定有效科学的拆除回收方案，实现该阶段造价风险管理目标。

二、全生命周期造价风险识别内容

（一）全生命周期造价风险识别的相关知识

全生命周期造价风险识别是指系统地识别影响建设项目全生命周期中各个阶段的成本目标因素与识别风险事件的过程。全生命周期造价风险识别过程是描述全生命周期造价风险和确定项目全生命周期造价风险的主要活动与方法。

建设项目全生命周期造价风险识别的根本目的是要找出建设项目的各个阶段中所存在的各种工程造价风险，以便为建设项目工程造价风险控制提供有关依据。全生命周期造价风险的识别是在建设项目各个阶段分析与区分对影响工程造价的风险因素，从而形成工程造价风险清单，最终目的是实现对工程造价风险的管理。

通过工程造价风险的识别，将可能给建设项目各个阶段带来危害或者机遇的因素标识出来，把工程造价风险管理注意力集中在特定的事件上。

（二）全生命周期造价风险识别的方式

全生命周期造价风险识别的方法主要有以下三种。一是头脑风暴法（Brain Storming）。它又称 BS 法、自由思维法，这项方法的实质是团体会议的一种特殊形式。它建立了一些特定的规则和方法技巧，形成一个有利于创造力的环境。它可以使参与者通过自己的自由意志思考问题，构思自己的新想法、新主意，激发彼此达到激发创新思想的连锁反应。通过这种会议的方法实现对建筑工程全生命周期造价风险管理的分析和识别。二是 Delphi 法。也称为专家查阅法，它是一种邀请专家匿名参与建设工程造价风险分析和识别的一种方法。该方法首先是由工程造价风险管理人员选定相关领域的专家，通过通信进行调查、收集专家的意见，然后进行全面整理。它是通过匿名的方式将结论返还专家进行进一步的评论。经过多次重复后，专家的意见将逐渐趋于一致，它可以作为最后预测和识别的基础。三是访问面谈法。是通过与高级项目经理和造价工程师进行面谈来确定工程造价风险。项目造价风险管理人员必须首先要有针对性地选择合适的受访者。它应向受访者提供建设项目内部和外部环境，提供假设和约束的信息。受访者根据自己的建筑工程造价方面相关的经验和建筑工程造价风险管理的相关信息对建设项目工程造价风险进行识别，从而帮助工程造价风险管理人员获得更广泛的有益信息。

三、全生命周期造价风险评估的相关知识介绍

（一）全生命周期造价风险评估的概念

全生命周期造价风险评估是评价工程造价风险事件发生的可能性及工程造价风险事件对建设项目的影响。它是在确定工程造价风险的基础上，量化了建设项目实施过程中所存在的项目造价风险发生的概率和损失程度。它可以综合考虑其他因素来确定这些项目造价风险可能的影响程度，并客观地衡量它们，进一步对工程造价风险进行规划决策。

全生命周期造价风险评估的目的是加深对建设项目工程造价自身和环境的了解，进一步找到可行方案，从而实现建设项目全生命周期造价的科学管理。全面、系统地考虑工程造价的不确定性和风险及明确工程造价的不确定性对建设项目其他方面的影响。我们应该比较建设项目工程造价风险，并选择威胁最少、机会最多的方案。

全生命周期造价风险评估的内容为确定工程造价风险事件发生的概率，以及对建设项

目工程造价影响的严重程度。我们应增强建设项目全生命周期内工程造价风险事件的预测能力和处置能力。建设项目决策的重要依据是对各种工程造价风险的潜在影响进行评估、得出工程造价风险决策变量值。

（二）全生命周期造价风险评估的方式

全生命周期造价风险评估的方式包括以下四种。一是客观概率法。客观概率是实际发生的概率，它可以基于历史统计或是大量的试验来推定。客观概率估计是指应用客观概率估算建设项目工程造价风险，通过参考相同事件发生的概率类比估算突出现在发生的概率。客观概率法最大的缺点是它需要足够的信息，但其通常很难获得。二是理论概率分布法。当项目工程造价管理人员无法提供充足的信息和历史数据来推测建设工程项目风险发生的概率时，他们可以根据一些理论概率分布对其补充和修正以建立工程造价风险的概率分布图。通常的工程造价风险概率分布方法为正态分布的方法。三是主观概率法。因为工程项目的唯一性和特殊性，不同的建筑工程项目往往存在的工程造价风险都略有不同。因此，在许多情况下，工程造价管理人员应根据自己的经验来衡量建设项目工程造价风险发生的概率或概率分布。他们以这种方法获得建设项目工程造价风险概率称为主观概率。主观概率的估算往往通过造价管理人员长期以来的经验和日常工作经历及对工程造风险管理理解等方面。四是损失期望值法。这种方法首先要分析和估计建设项目工程造价风险概率和建设工程项目成本风险可能带来的损失（或收益）的大小，然后两相乘求得建设项目成本风险的损失（或收益）的预期值，并使用损失的预期值（或收益）来衡量建设项目。

四、全生命周期造价风险控制的相关知识

（一）全生命周期造价风险控制的概念

在一个工程项目中，全生命周期造价风险控制是指实现建筑工程各个阶段造价风险管理最小化的管理过程。它是指工程造价风险管理者采取各种措施和方法消除和减少项目各个阶段造价风险事件的各种可能性，或者采取措施降低造价风险事件对建筑工程造价的损失。全生命周期造价风险控制的目的在于积极改善工程造价风险本身的特征，如工程造价各个阶段风险发生的概率与损失程度。在市场经济条件下，客观存在的风险不可能完全消除。机遇与风险并存，风险的出现也预示着收益的到来。各个参建单位作为市场的竞争的主体就应该正确地面对风险。因此，风险的防范与控制就尤为突出重要。

全生命周期的工程造价风险控制应同时坚持全面工程造价风险控制原则。全面工程造价风险控制原则就是在工程造价风险控制过程中，要求全员参与，并依据建设项目工程造价风险的管理方法科学合理地安排每个周期。它包括全体员工、全过程，以及整个项目

的控制，也称为"三全"控制。在建设项目全生命周期工程造价风险控制过程中，工程造价风险管理者应合理运用工程造价风险控制手段，加强工程造价风险控制的可靠性和有效性。

（二）全生命周期造价风险控制的内容

全生命周期造价风险控制是运用系统与动态的方法控制项目造价的风险，从而降低建筑项目造价风险管理的不确定性。它使各级建筑项目管理者能够建立造价风险管理意识，重视造价风险管理的问题，从而实现对建筑项目造价风险管理的各个阶段及各个层次有效的控制。它最终可以形成一个完整的造价管理系统。

全生命周期造价风险控制有四个方面的含义。一是建设项目全生命周期的工程造价的风险控制。从建设项目的立项到建设项目的结束都必须进行工程造价风险的研究与预测、过程控制及工程造价风险评价，有效地控制整个生命周期的造价风险，从而积累经验和教训。二是对全部工程造价风险的控制。三是全方位的造价控制。四是全面的组织措施。全面工程造价风险控制强调工程造价风险的事先分析与评价，工程造价风险因素分析是确定一个建设项目的工程造价风险范围，即有哪些工程造价风险存在，并将这些工程造价风险因素逐一列出以作为全面工程造价风险控制的对象。建筑工程造价风险管理要从多个角度和方向进行，最终形成对项目系统的全方位视角控制。它具体包括以下两个方面。一方面是加强工程造价风险的预控和预警工作。在建设项目全生命周期中，工程造价风险管理者积极主动地从多方面、多角度搜集项目的信息实现对项目造价风险因素的判别，从而实现对项目工程造价风险管理的准备。另一方面是提高对项目造价风险管理的防范能力。当项目造价风险发生时及时采取措施控制项目造价风险的影响，这是减少损失和防范工程造价风险的有效途径。

在项目造价风险发生的状态下，工程造价风险管理者仍需确保项目的顺利实施。如快速恢复生产确保按计划完成目标，防止项目中断和成本超支。只有这样才能很好地控制已经发生和可能发生的工程造价风险，同时努力获得保险单位的赔偿和工程造价风险责任索赔等工程造价风险的补偿，尽可能减少工程造价风险的损失。

五、构建建筑工程全生命周期造价风险模型

（一）层次分析法的相关知识介绍

1.层次分析法（AHP）理论的概念

匹兹堡大学的T.L.Saaty教授是一位著名的运筹学专家。在20世纪70年代初，他运用系统网络和多目标综合评价的方法形成了一套分层次权重决策评价的理论。该方法的特点是

基于复杂决策问题的性质，在深入分析影响因素和内部关系的基础上，利用较少的量化信息进行数学决策的思维过程，从而为具有多目标、多标准或非结构化特征的复杂决策问题提供简单的决策方法。它是在复杂系统上做出决策的模型与方法。

自引入中国以来，层次分析法结合定性与定量及灵活简单的系统优势处理解决了各种决策问题，并迅速地在社会和经济范围内广泛应用于项目规划、资源配置、方案排序、政策制定、冲突问题的解决、绩效评价、能源系统分析、城市规划、经济管理、科研评价等。通过定量分析与定性分析相结合，并利用决策者的经验来判断给出了每个目标所能达到的准则的相对重要性，合理地给出了每个决策方案的各准则的权重。决策者用这些权重找出了各方案的优缺点顺序，它更有效地应用于通过定量的方法解决困难的问题。层次分析法（AHP）是一种有效的社会经济问题决策方法。它的特点是定性决策与定量决策合理结合，根据思维和心理规律对决策过程进行分层、量化。它是一种常用的、科学的、系统的分析方法。

2.成分分析的基本原理和步骤

成分分析将定性分析与定量分析相结合，并根据问题的性质与要实现的总目标将问题分解为不同的组件，并根据这些因素之间的上下关系和相互关联。它是对这些因素进行分类组合，最终构造出一个多层次的系统。它最终导致问题归结于最底的层次，相对于最高的层次的权重的确定或相对优缺点排名。

建立层次结构模型：根据决策的总目标和决策的各个因素及各个因素之间的相互联系。将层次结构划分为最底层和中间层及最高层，从而构建出层次结构模型。它主要包括以下三个层次。一是最高层，即目标层。它表示解决问题的目的，即分析层次结构过程要达到的总目标。通常只有一个总目标。二是中间层，即准则层、指标层。它表示通过采用一些措施和政策实现预定总目标所涉及的中间环节，通常分为准则层、指标层、策略层、约束层等。三是最底层，即方案层。它代表解决问题的各种措施和政策。

计算权重并做一致性检验：计算每个成对比较矩阵的最大特征值与相应的特征向量，使用一致性指数、随机一致性指数与一致性比率来检验一致性。如果测试通过，则特征向量（归一化后）是权向量；如果不是，则重建成对比较矩阵。

计算组合权向量并作组合一致性检验：计算目标的最底层的组合权重，并适当地进行一致性测试。如果测试通过，则可以基于权重向量组合的结果进行决策，否则就要重新考虑模型，或者构造一致性比率较大的成对比较矩阵。

（二）全生命周期造价风险的介绍

1.造价风险因素分析——决策阶段

建设项目决策阶段具有先决性，它是决定工程造价的基础。建设项目决策是否科学直接影响到决策阶段后各阶段工程造价的确定和控制，它决定着建设项目实施的经济效益和投资成败。决策阶段具有最大的不确定性和最大的风险，它面临着一系列复杂的工程造价风险。投资决策阶段的造价风险管理是建筑工程造价工程风险管理的初始阶段，同时也起到总领全局的作用。控制好建设项目决策阶段工程造价风险，可减少建设项目决策过程中的不确定性。有效地控制甚至利用工程造价风险会显著提升建设项目成功的概率并降低工程造价风险造成的损失。建筑工程造价风险管理决策阶段主要影响的因素有以下五点。一是建设地点，即建筑工程项目建设地址的选择。好的项目地点的选择可以给项目带来收益，相反会给项目带来造价的风险。建筑工程造价风险管理者选择的合理性决定了后期的项目实施是影响投资决策的主要因素。二是建设规模与建设标准。建设的规模和建设的标准决定了工程造价费用，同时也影响工程造价的风险。建设规模大、标准高，工程造价风险就大，但我们不能因为工程造价的风险高，而降低项目的建设规模和建设标准。在保证建设规模和建设标准的前提下，做好工程造价风险的控制，从而达到建设工程项目的目的。三是建设项目生产工艺和设备方案。建设项目的生产工艺和设备方案决定了后期施工的难易程度和施工的便捷程度，同时生产工艺高和设备方案难度大，其相应的工程造价风险也高。四是建设项目建设时机的确定。建设项目的建设时机的合理选择，它有利于降低工程造价的风险。五是政治因素。政府出台相关的建设工程标准和政策都会对建筑工程的造价的风险带来一定的影响。

2.造价风险因素分析——设计阶段

在建设项目中做出投资决策后，建筑工程造价风险管理者控制项目造价风险的关键在于勘察设计。勘察设计是从技术上和经济上全面规划拟建项目的实施过程。它主要包括以下三个方面内容。一是勘察结果是否准确。勘察结果的准确直接影响到后期方案设计和施工图设计的正确与否，所以勘察结果也直接影响到整个项目工程的建设。二是设计方案中考虑的因素是否全面，所采取的措施是否可靠和完整。三是设计成果是否符合国家规范要求和业主要求。只有设计成果符合国家规范和业主的要求才能保证后期施工的设计变更的减少和施工的顺利进行。

3.造价风险因素分析——施工阶段

在建设项目全生命周期中，建设单位最大的工程造价风险是能否真正控制好建设项目投资。对于总承包企业来说，最大的工程造价风险就是能否获得价格合适的建设项目。选择合适的建设项目进行投标，在投标时，建筑公司经常会面临很多决定。在选择建设项目进行投标时，它至少应考虑以下五个风险因素：一是此项目是否符合本企业的长远发展规划；二是业主的资金来源是否可靠，与业主是否能形成合作伙伴关系；三是工程规模大小及施工难易程度是否与企业的承受能力相符；四是标书条件、主要合同条件是否苛刻；五是工程不确定因素是否过多。

施工阶段是将项目设计变为实体的阶段，它是工程造价风险发生较为集中的阶段，且施工阶段没有足够的缓冲时间。工程造价风险一旦发生，它必将会对工程的进展等各方面造成无法挽回的影响。它主要包括以下九点风险因素：一是金融风险。资金汇率的变化，工程税率的调整，企业资金链的断裂等金融风险都会给工程造价带来一定的影响。二是施工环境。施工环境的好坏直接影响到施工过程的顺利程度。三是设计变更。设计的变更影响施工的具体操作过程和最终的结算审计。四是分包商的管理。分包商的管理对于总包单位来说，它直接决定工程项目施工的成败。五是工程索赔。工程的索赔同时也决定了施工企业的抗风险能力。六是市场风险。建筑市场的好坏增加了工程造价的风险。七是竣工结算。做好竣工结算有利于降低建筑施工单位的造价风险。八是竣工决算。做好竣工决算有利于降低建筑企业的造价风险。九是不可抗力风险。不可抗力风险的责任划分，它直接影响工程造价风险。

4.造价风险因素分析——运营维护阶段

运营期为建设项目全生命周期工程造价风险控制的重点，这是建设项目投入运营发挥效用的时期。这个阶段的持续期很长，它占建设项目建设成本比重很大部分。它的影响因素以下三点：一是运营管理。科学、规范的运营管理有助于造价风险的降低；二是运营费用。运营费用的标准直接影响运营阶段的工程造价风险；三是科技创新。科技创新可以减少运营成本，降低造价风险。

5.造价风险因素分析——报废回收阶段

建设项目报废回收阶段的工程造价风险管理是指建设项目在报废处理和再生产过程中产生的工程造价风险。它的影响因素有以下三点；一是方案选择。选择合理正确的报废回收方案，它有利于工程造价风险的降低。二是废弃物处理。废弃物的合理处理是影响回收阶段的关键因素。三是项目评估。做好项目报废回收阶段的项目评估，它有利于工程造价风险的降低。

（三）建筑工程造价风险管理模型的建立环节

建筑工程造价风险管理模型的建立环节包括以下三步：一是项目分析。建筑工程项目种类多，每个项目各个环节的特点不一，它需要针对具体的项目进行分析总结。二是风险因素识别。根据建筑工程项目的特点，对项目各个阶段的工程造价进行风险的识别。它可以识别出建筑项目各个阶段的关键风险因素，咨询专家，从而形成项目风险识别报告。三是模型的建立。依据项目风险识别报告，利用层次分析法，建立评价模型，并对各个阶段的风险因素进行分析。它根据权重对项目各个阶段的风险因素进行排序，形成项目造价风险分析报告。

第三节　工程项目造价控制理论及全过程造价控制

近几年，我国不断加大推广工程总承包模式力度，政策配套文件也不断完善。但在建筑工程领域，我国工程总承包管理经验较少。各参建单位及其项目管理人员专业素质水平及综合管理能力，尚未能很好地与工程总承包管理模式相匹配。尤其是工程总承包商的项目管理水平未能很好地适应新的建造模式，从而造成工程总承包模式在发展过程中出现不少问题，如项目造价控制和进度等管理不善等。因此，工程总承包模式给建筑市场注入新活力的同时，建筑企业必须在新常态下的建筑市场结合企业发展战略，利用和发挥好工程总承包模式优势，从而给企业带来更多的效益。

一、工程总承包项目造价控制相关理论知识

所谓工程总承包即根据同业主之间签署的合同，工程总承包的单位全面负责对项目勘察、设计、采购及施工管理，以及全面负责工程质量、工期、安全及造价。工程总承包采用的形式主要有以下三种：一是设计—采购—施工总承包模式（Engineering-Procurement-Construction，简称EPC总承包；二是设计—施工总承包（Design-Build，简称DB总承包）模式；三是业主单位也可基于项目自身特征及实际，依照风险合理分担准则及承包工作内容运用其他工程总承包。

工程总承包模式的主要工作内容主要有以下几个方面。一是设计管理。它的内容主要有方案设计、设备及主材选择、施工图及布置详图设计以及其他相关工作。首先，方案设计包括对工程方案的研究和对技术原则的确定。方案设计的主要内容涉及设计工艺和总平面图等内容。其次，详细设计不仅包含施工图设计还包括了施工技术的设计等。与此同时，它还涵盖施工图设计的修改和其他设计要点。最后，对于工程的采购和建设相关工作，它的工作量同样也很多。它主要包括了施工组织方案、采购计划及进度计划的编制等，还涵盖项目部的设置、获得建筑工程施工许可证和建设工程质量安全登记书等开工手续。二是采购管理。针对工程采购工作，它的工作内容主要有设备材料的采购、设计和施工分包等。相对于当前我国建筑企业采购而言，更为复杂一些。它主要是这些采购当中还涵盖对分包商标书的评定和分包合同的签署等一系列工作。三是施工管理。对于施工管理，内容众多且繁杂，它主要有规划、管理方案的制定及选择专业分包商、土木工程施工

图、施工和设计分包、绿化环保等。四是工程造价控制的概念。工程造价控制指的是进行工程项目的时候，持续地、频繁地对比实际成本支出和初始设定目标值。与此同时，总目标成本和不同分目标成本展开对比分析，若是二者间存在偏差，它们必须通过采取必要措施从而进行纠正，最后保证项目的实际成本始终在目标成本以内。五是立足于项目实施的整个过程，项目成本控制可以分为三阶段。六是成本事前控制。它实质上是对项目不同方案的经济和价值进行综合比较，利用价值工程理论确定各方案中的最佳方案，从而实现有效的造价控制。七是成本事中控制。在建设中，实时对工程成本进行及时的收集，同时将其和目标成本展开对比，对中间存在的偏差进行及时发现和分析。通过必要举措从而对偏差进行修正，它最终使得项目成本得以实现。因此，对于成本事中控制，它应该立足于成本目标的归纳分级管理以期能够对问题进行及时的解决。八是成本事后控制。实质上，它是将实际的工程成本和以前所设定的目标成本展开对比，从而对成本是浪费或是节约予以确定。通过深层次研究，对成本偏差产生的因素进行查明，从而对责任归属单位予以确定，最终给予相应的奖惩。此外，依靠深入分析成本可以为未来相应成本管理找出问题和解决方案，从而实现对成本的有效控制、改进造价控制制度，最终实现成本的降低。

（一）工程总承包项目造价控制的基本理论知识

对于工程总承包项目而言，工程造价控制的全过程的动态控制。它就是工程总承包商从勘察设计到材料设备采购、施工建设及竣工验收整个阶段对造价的动态控制。一般而言，在总承包项目的造价控制中，它必须持续地、频繁地对实际造价和目标造价进行比较分析。一旦二者出现偏差，就必须随即采取行动，进行有效的造价修正。如果再次发现异常，建筑工程造价风险管理者就必须对其再次进行研究和制定有效的造价调整。调整后再开展PDCA循环，从而实现工程造价动态的控制，并使工程的实际造价不超过制定的目标值。

在设计阶段的造价控制常用的方法有限额设计、成本目标法和价值工程，在施工阶段的造价控制常用的方法有价值工程、赢得值法等。对于优秀的工程管理者而言，他们需要主动进行工程的造价控制，及时检查造价控制出现的问题，及早处理。这就需要在工程建设中，产生造价控制偏离之前开展偏差可能性分析。建筑工程造价风险管理者应该运用有效举措以确保将工程建设中的实际发生造价控制在预先制定的目标成本范围内。

（二）工程总承包项目造价控制的相关原则

1.成本最低化的原则

建筑工程造价风险管理者要使工程建设最终获得最高的利润，就不得不进行控制成本最低。成本最低化控制，可以减少人力、物力及财力等的投入以便对工程建设当中的人、材、机等工程费用进行科学合理的控制和有效的监管。另外，在项目实施前，建筑工程造价风险管理者应不断深化工程设计，对可能出现的问题进行事前分析控制，通过减少设计变更从而使得成本最小化。在项目建设中，要不断完善施工方案，对复杂的施工工序和工艺进行制定专项施工方案，甚至召开专项施工方案论证将施工的各种对造价控制的不利因素消除在施工前以达到成本有效控制目标，从而确保工程的利润为最大。

2.全面造价控制的原则

工程建设全过程指从项目实施开始一直到项目竣工验收和后期保修的整个项目建设周期。建筑工程造价风险管理者要使得工程得到完全的造价控制，就需遵守以下两个原则：一个是全过程、全方位的控制；另一个是全员的控制。这在工程建设的全过程中，要求企业全部人员和各个部门都要积极主动参与工程的造价控制。在一个建设周期中，建筑工程造价风险管理者开展的各个阶段都必须进行严格的造价控制，才能达到有效地控制工程成本的目的。它主要包括以下两个方面。一方面是从整个建设周期总成本考虑。在设计阶段对方案设计和施工图设计不断改善，避免设计不当造成的浪费。结合施工工艺和工序，不断改进施工方案，从而减少施工相关费用。另一方面是从全员造价控制考虑。培训全体员工，不断提高员工的造价控制的意识和参与积极性，将工程造价控制与员工的自身利益相关联使个人和项目目标一致，从而为促进提高工程造价的控制提供源源不断的动力源泉。首先，项目部所有管理人员必须担负起岗位职责，在项目岗位中勇于主动承担造价控制的责任。其次，项目部各有关人员在承担岗位责任时，也必须享有并要主动使用造价控制的权利，在岗位职责范围内对成本的控制提出意见和建议，并监督好各项费用的支付情况。最后，与绩效考核相结合，项目部对人员的岗位职责和造价控制权利使用情况进行考核，并纳入个人绩效考核项中，从而提高员工积极主动投入项目的造价控制当中。在造价控制当中，责权利相结合原则是实现造价控制目标基本原则。在造价控制中，它起到了重要的作用。

3.目标动态控制的原则

动态控制（也称中间控制）是项目造价控制一项重点工作。但是，工程建设的周期往往较长，涉及的各个专业领域也比较广，物价及经济发展存在着波动性。为此，项目造价控制就是动态的控制。这就要求在工程建设的各个阶段，工程造价管理者都必须进行成本动态控制。定期地开展造价控制，即应该进行成本比较分析，及时发现问题、及时修正控制方式方法，从而实现成本的有效控制。

（三）工程总承包项目造价控制的主要内容分析

1.造价控制的主要内容分析

工程项目的造价控制的重要性主要体现在工程总承包项目管控起到举足轻重的地

位。它是工程总承包项目管控不可或缺的工作。为实现工程经济效益最大化，工程总承包项目的造价控制工作须以高标准要求，不管是在工程实施的哪个阶段它都要高标准的落实。因此，工程总承包项目的造价控制须通过项目所有过程进行造价控制，才能最终实现工程项目的全过程造价控制。就工程总承包项目而言，工程全过程造价控制在不同的实施阶段，它有着不同的工作内容。它的目的是在优化设计以及施工等方案的基础上，进而控制其实际费用的发生。它主要包括以下四个阶段。一是设计阶段：在限额设计、优化设计方案的基础上，建筑工程造价风险管理者应结合工程总承包单位的建筑水平，利用价值工程等理论进一步完善编制和审核工程概算、施工图预算；二是采购阶段：应该对工程的材料和设备进行招标策划，编制和审核工程量清单、招标控制价或标底，择优选择信誉好、资金实力雄厚的材料和设备供应商，仔细洽谈合同内容；三是施工阶段：在施工过程中，对工程计量、工程费用管理，实时查看工程施工进度和费用发生情况，按时完善工程变更材料和索赔材料；四是试运行阶段：建筑工程造价风险管理者应及时做好竣工验收资料和验收移交工作，如实地编制工程结算，处理工程保修费用等。

总而言之，唯有建筑工程造价风险管理者有效地控制造价，工程总承包单位才能够确保其经济效益达到最佳。工程造价控制理念在工程总承包项目中的应用，还要注意工程造价控制的重点和难点。应该对控制的难点和要点准确判断，才能够保证最终效果突出。因为造价的有效控制是实现项目经济效益的前提所在，所以对于造价管理必须从全方位、全过程实现对项目成本的控制。所有环节，都必须将其控制成本限定于目标之下。

2.和传统工程造价控制的对比

与传统的施工总承包工程一样，工程总承包模式造价的控制也是依靠对实际造价进行持续的监测，同时将其同目标成本进行研究分析以确保偏差得以及时纠正。与此同时，对其形成因素进行分析，最后达到工程目标成本的有效控制。但是，工程总承包工程与传统的施工总承包工程也存在诸多不同。

就传统的施工总承包工程而言，因为项目由业主分别将各专业工程发包给各个单独的企业，使得各分包单位对各自承包的内容进行造价控制考虑，而往往缺乏对整体项目的造价控制的全面考虑。如设计单位，它对初步设计的造价管控力度较小，其责任也很小，从而导致设计单位仅仅看设计的安全性能而很少考虑经济性和使用的合理性。然而与传统的施工总承包模式不同，在工程总承包项目的建设过程中，工程总承包单位承包了设计、采购及施工等内容。工程总承包商对所有承包内容的设计、采购及施工等管理工作全面负责。

相对于传统项目，工程总承包商成本包含前期准备、施工运营及其他成本等。在工程总承包项目中，工程总承包单位为使项目以最少的成本获得最大的效益，就不得不对项目进行全过程的动态造价控制，从而实现造价的有效控制。而非工程总承包项目，不同阶段、不同的责任单位仅仅对其所在阶段的费用进行单独的、分割的控制，承包商不会对造价进行全面控制。例如，在进行设计方案，设计单位只是希望设计费用支出有所降低，而忽略工程施工的难度和成本。这很有可能导致后期设计变更及返工的增多，最终增加工程的成本。对于传统模式普遍存在的以上局限性，工程总承包模式能使造价控制覆盖项目各个阶段，从而使得工程的整体造价控制最有效。综上所述，对于工程总承包项目，造价控制更加全面化。造价控制的目的在于确保项目总成本降至最低，以获取最大的经济效益。

二、工程总承包项目造价控制存在的问题说明

（一）工程总承包项目造价控制近况

1.造价控制组织机构的近况

随着国内外工程建设市场的不断发展，工程总承包模式在建筑工程领域中也得到不断的推广。近年来，中国在建筑工程领域中推进工程总承包模式的相关政策文件密集出台，各种配套细则也相继完善，各省市也在大力推广。为适应这一新型的建设模式，一些设计公司和施工企业也强强联合，它们充分利用和发挥各自优势实行重组，组建成新的综合型公司，全力向工程总承包企业转型。

然而，大多数工程总承包企业没有建立与之相适应的管理组织机构和项目管理体系，造价控制组织机构更是严重缺乏。可以说，工程总承包项目的造价控制得不到应有的重视。目前，大多数的工程总承包工程项目部，造价控制只是商务部门或预算部门负责，严重脱离设计和施工阶段的造价控制。工程总承包企业没有形成完善的成本控制体系，对于工程总承包项目未能进行全过程的、一体化的造价控制。工程造价管控的缺失影响了项目部工程管理工作的正常开展，也严重制约了工程总承包项目的高效运行，最终导致项目成本管理失控。

2.各阶段造价控制近况

工程总承包项目的竣工结算已有相关政策文件明确其包干的结算方式，如广西的《关于印发推进广西房屋建筑和市政基础设施工程总承包试点发展指导意见的通知》及《南宁市房屋建筑和市政基础设施工程总承包管理实施细则（试行）》都明确规定:不再对合同约定范围内工程量进行竣工结算评审，而是由建设单位按实际费用自行结算。对于超出10%以上的工程量由总承包单位承担，除招标文件或工程总承包合同中约定的调价原则外。由此可以看出，对于工程总承包模式下的工程结算的重点不再是工程量和工程单价，而是项目功能是否实现及项目原来合同约定的目的是否达到。这使得工程总承包单位在工程总承包项目竣工结算程序上，相比传统的发包模式大大简化。在竣工结算价款上，更加明确价款，避免了建设单位在竣工结算后期，单方面减少单项工程费用等问题。

在工程总承包项目造价控制中，工程总承包商需要对设计、采购阶段、施工阶段及竣工阶段等进行全面负责，并对项目的造价进行全过程的控制。它包括设计阶段、采购阶段、施工阶段和竣工阶段的造价控制。但目前，极少部分项目部在现场使用造价控制理论方法指导工程项目的造价控制，而使用造价控制理论方法，仅仅使用一种造价控制方法简单地对工程总承包项目设计或施工阶段进行造价控制。例如，以设计单位牵头的工程总承包项目。在设计阶段，设计单位因习惯使用价值工程优化方案设计及造价控制，便对施工阶段的造价控制也采用价值工程。设计单位以施工单位牵头的工程总承包项目，施工单位因习惯使用赢得值法对施工阶段的造价进行动态控制和造价预判，对设计阶段也采用赢得值法进行方案设计优化。但是，价值工程和赢得值法均存在各自的优点和不足。如果仅仅采用价值工程对设计和施工阶段进行造价控制则无法对施工阶段造价进行动态管控，对未来完成造价控制情况也无法预判。如果仅仅采用赢得值法，则对方案的优化和评价没有价值工程更具有优势。

（二）设计阶段造价控制存在的问题分析

1.缺乏设计方案优化深度

众所周知，初步设计阶段已基本确定了工程施工工艺的方案、设备材料规格及型号和投资建设的规模等。根据不完全统计，初步设计、技术设计、施工图阶段等三个阶段对工程项目造价的影响可能性分别约为80%、50%、20%。

设计阶段的造价控制是工程造价控制的核心工作。因此，为实现工程造价的控制，我们必须对初步设计、技术设计及施工图设计进行充分的优化。但现有的设计人员往往习惯按照传统的发包模式的要求设计项目方案。传统发包模式的项目、设计费用是按照工程费用为计算基础，即设计费用与工程费用呈一定正比关系。为此，设计方案只要满足国家规范和建设单位的要求即可。设计单位往往不会太在意建筑材料、设备型号材质及绿化树苗选型问题，甚至在一定程度上有意增加工程费用等。尤其是对结构安全要求和抗震抗风等功能的分析，他们未能将造价控制因素进行全面分析对比。鉴于以上种种原因，方案设计往往考虑因素不全面。特别是缺少考虑造价控制因素，导致方案中的设备型号和建筑材料未通过当地建筑市场进行调研。仅仅是参照以往的项目，或机械地照搬其他项目设计方案，最终导致部分设备和建筑材料在项目当地无法采购。施工单位只能从上千公里外的建筑市场进行采购，导致增加不必要的工程费用。

2.设计工期的安排不合理

迫于建设单位或政府部门的赶工要求等各方面压力，工程总承包项目往往存在设计未全部完成，甚至图纸未进行审查就开始用于现场施工的现象。未完成施工图纸设计就先行施工的工程总承包项目比例超过90%。这种现象给工程总承包商的造价控制带来了极高的管理风险，极其容易造成工程造价无法控制，最终出现项目超合同工程费用等现象。主要表现为以下两个方面。一方面是工程建设规模变化较大。在设计未全部完成的情况下，项目总评方案未审批。后期规划、人防及消防等主管部门在审批过程中，常常会提出修改意见，甚至增加建筑内容，提高装修标准等。另一方面是设计变更较多。因抢赶工期，工程总承包单位往往采用边设计边施工的方式，设计时间仓促。这导致设计过于粗糙，甚至错漏百出，最终造成设计变更增多。部分项目因受实际现场条件与周边地理环境影响，设计设计极不完善，这将导致施工过程中调整施工方案，从而增加工程量和增加施工措施费用等，进而影响工程项目的造价控制。

3.设计人员对成本控制不重视

目前，越来越多的设计单位参与到工程总承包项目当中。然而设计人员的设计理念还在一定程度上受传统模式的影响。考虑到质量终身负责制，设计人员往往习惯按照传统的发包模式的要求将设计安全系数最大化，而他们对项目成本控制往往是不够重视的。尤其是在进行地基基础工程、结构工程设计时，设计人员更多地考虑安全要求，而很少考虑造价控制因素。他们这样做将最终导致增加不必要的土建工程等工程费用和降低其项目的利润。

因此，工程总承包商不得不科学合理地安排工期，不断优化设计方案，尽量减少后期施工过程中的设计变更；不断增强成本控制意识，利用科学的造价控制理论方法不断提高设计质量，将设计变更往工程总承包商的有利方向进行。

（三）施工阶段造价控制存在的问题分析

1.对施工组织方案不重视

施工组织方案是工程总承包商在工程施工全过程的技术和经济的指导文件，也是过程实施的行动纲领。但是部分工程总承包商对于施工组织方案编制仍然不够重视。在编制过程中，工程总承包商很少结合施工图和工程现场实际。他们可以根据企业的施工管理水平、机械设备数量及项目部团队经验等，依据国家和企业技术规范标准，编制一套经济、可行的施工组织方案。施工组织往往没有被工程项目部重视，项目部对施工组织方案不进行认真详细的编制，甚至部分项目部编制人员未根据现场实际情况。他们简单抄袭以前工程项目或其他企业项目的施工组织方案，粗糙地编制项目的施工组织方案；而审核人员把关不严，未认真详细审核方案和提修改意见。项目部这种只关注施工现场形象进度，不重视对指导性、理论性的施工组织方案的编制和审核的行为，导致部分施工重点和施工难点未能按实际情况进行编制修订，其现场施工随意性很大。这极易造成工程返工和增加施工成本等现象。

2.缺乏动态控制手段

在施工阶段，工程是一个不断变化的建造过程，更是一个工程造价控制的动态过程。在此阶段，管理人员对施工组织管理、工程质量安全管理及工期管控等方面仅仅进行静态管理是无法保证工程项目的造价控制得到有效管理的。目前，大部分工程项目部，管理人员对项目的造价控制认识还处于静态管理状态。部分管理人员只是对工程量和工程费用与实际发生的进行简单的对比，并形成对比结果而已，对于产生的问题和调整的措施未能进行深入研究，更无法对工程项目未来的工程量、工程费用和工期等方面进行评估预判。这种只重视事后管理，而不重视事前管理的做法极其容易让工程项目处于不可控状态，并对工程未来的发展趋势或突发的事件没有任何应急处置方案对于工程造价、工期等进行动态控制的手段也严重缺乏。

三、工程总承包项目全过程造价控制的分析与研究

在工程总承包项目造价控制中，工程总承包商需要对设计及施工阶段等进行全面负责。因工程总承包项目的竣工结算已有相关政策文件明确其包干的结算方式，在合同约定的一定范围内的结算价，无须进行工程竣工结算评审，对工程总承包项目的造价影响因素不再将竣工结算纳入主要影响因素。鉴于价值工程理论和赢得值法存在各自的优点和不足，如果仅仅采用价值工程对设计和施工阶段进行造价管控，则无法动态管控施工阶段造价，进而无法预判未来的造价控制情况和动态修正；反之，如果仅仅采用赢得值法，则对方案的优化和评价没有价值工程更具有优势。因此，我们主要根据工程总承包商在设计及施工等阶段出现的造价问题和造价控制特点分别采用价值工程和赢得值法对工程的造价控制进行研究分析。最后，工程总承包商将价值工程和赢得值法相结合，运用在工程总承包项目建设全过程中，对项目全过程的造价控制进行全面管控。

（一）价值工程在设计阶段造价控制的分析与研究

对于总承包商而言，项目的功能对象比较烦琐。在设计阶段对功能对象的选择时，需要根据项目和企业自身实际进行全面的考虑。总承包商应深入分析价值工程的重点，并选择合适的研究方向。在对工程的功能对象进行分析时，总承包商以各功能定义作为组成部分，按照一定的逻辑顺序，从左到右逐级编制树状结构功能系统图，建立功能层次模型，进而可以很详细地表达价值工程的对象功能体系的相互关系。特别是在方案的设计时，必须对各项功能的重要性进行比较分析，应该利用价值工程计算和对比各指标数值，合理确定目标成本，评价出最优的设计方案，以确保项目的功能和成本的最低可以同时实现。

1.价值工程的定义

价值工程英文名为Value Engineering，其目的是在以最低寿命成本实现产品的必要功

能的同时，不断追求产品的功能结构更加科学合理化，使得产品的各项功能达到最优状态。主要表现为：产品的功能提升，但产品的成本不提升；产品的成本减少，但功能不减少。价值工程通过将技术与价值融合，并分析生产和管理两方面存在的问题，从而不断提升企业管理水平和经济利润。

2.工程项目目标成本定义

目标成本是指企业在一定时期内为保证目标利润实现，并作为合成中心全体职工奋斗目标而设定的一种预计成本。它是成本预测与目标管理方法相结合的产物。在工程项目建设过程中，工程的目标成本是总承包商根据自身管理水平和项目建设实际情况科学、合理设定的。将工程目标成本与预算成本（目前成本）相对比，就能够找出工程目标成本和工程预算成本的差距，就能够发现成本控制的重点。这对于总承包商控制项目成本有着重要意义。将价值工程应用到工程总承包项目的目标成本确定中，通过功能分析和计算价值指数等具体步骤，进而可以确定总承包商在工程总承包项目需要的控制的目标成本。

3.价值工程的工作程序

发现和解决工程问题，是价值工程活动的主要内容。价值工程对象的确定：工程总承包项目的功能比较繁多，尤其是对于总承包商而言，其承包的内容包含了设计及施工阶段。为此，在功能对象研究选择时，工程总承包商需要对其关注的部分功能进行重点分析研究。功能分析：功能分析就是对工程的功能对象进行详细剖析。构建功能层次模型是以各功能作为组成部分按照一定的逻辑顺序，从左到右逐级编制树状结构功能系统图。

价值工程在设计阶段造价控制的计算主要有以下两个。一个是价值系数的计算：功能评价在功能分析完成后，在已经定性确定问题的基础上进一步作定量分析，从而得出评定功能的价值；另一个是目标成本的计算：功能重要性系数（功能指数）确定后，根据类似工程的成本控制情况，结合总承包商的工程管理水平，设定符合总承包商自身和工程实际的控制造价成本。将设定的工程控制造价成本，根据各个功能的重要性系数重新分配，并按公式计算出各功能评价值即可得到目标成本。

（二）赢得值法在施工阶段造价控制的分析与研究

在施工阶段是对工程造价进行控制，是对施工过程中的造价进行静态和动态的控制。在工作分解结构的基础上，合理地制订施工计划和确定目标值，对产生的工程费用和进度的波动情况，利用赢得值法进行分析研究，利用已完成工程所需的总成本与预算费用进行对比进行动态分析，可以及时发现偏差问题并及时进行调整纠偏，进而预测未来工程完成时造价控制情况，最终得出该工程造价控制的效果。

1.赢得值法的相关概述

赢得值法的相关概述主要包括以下几个方面。一是赢得值法的定义。赢得值法

（Earned Value）又称作挣值法或偏差分析法。目前，针对项目造价控制较为行之有效的理论方法就是赢得值。该理论方法是以货币量来衡量进度，是一种非常直观的管理方法。因为，它是将项目成本和进度用货币数值换算代替，再将各类指标的换算出的代替货币值来进行综合比较、分析和监控。二是赢得值法的作用。赢得值法实现对项目进度、项目风险及项目质量有效地控制主要手段是对工程的成本和进度的多方面协调管理。为此，赢得值法可以准确地指导工程造价控制，是工程总承包项目进行造价控制的必不可少的一项理论工具，广泛用于指导国内的工程总承包等大型项目建设。三是赢得值法的评价指标。其主要指标是费用偏差（CV）、进度偏差（SV）、费用绩效指数（CPI）、进度绩效指数（SPI）。四是赢得值法的应用。赢得值法主要曲线包括执行挣值曲线、效果基准曲线和已完工程量的实际成本曲线。通过以上曲线的模型的建立，进而实现有效地控制项目的进度和成本。赢得值法的重要作用包括项目进度管理和造价控制。根据各种曲线参数进行计算和研究，可以了解项目开展实施的实际情况，准确区别工程进度管理和工程造价控制等因素对成本造成影响的各种原因。

2.工作结构分解（WBS）的作用

工作结构分解（WBS）是赢得值法的基础，其目的是对工程成本和进度进行有效控制。我们将工程中的各项目活动工作根据工作分解结构（WBS）原理对工程进行分解可以得到各级不同的工作包。确定各项工作包后，再将其分解成可以量的具体的工作，直到活动工作不能再分解为止。最后对各个工作包进行科学合理编码，并绘制成WBS图。WBS图在绘制好之后，从WBS图中我们即可清晰表达项目的工作包在整个项目的重要程度及其各项工作的相互关系。

3.合理制定计划与确定目标值

根据WBS图逻辑关系对项目依次编制工程施工组织计划、工程成本计划、工程进度计划表等。对各工作包的工序进行安排，计算出人力资源的需求量、设备的需求量，材料的需求量等。根据各种需求量表可以计算出工程工作包计划费用汇总表，按照成本动态控制流程，根据以上施工计划进度表和材料设备进度计划表等，进行具体的测量，并对赢得值进行整理，从而得到计划工程量预算成本（BCWS）。

4.制定监测点与计算赢得值

根据研究工程的工期特点，科学合理制定监测时间点。鉴于工程总承包项目投资金额大、建设周期较长等特点，可采取一年为一计算周期。可以每月月底为时间节点进行检查。根据制定的监测时间点，按照工程计划进度和施工记录进行计算，可得到各检查点已完成工程量预算成本赢得值（BCWP）表。该BCWP表作为后期造价控制动态分析的基础数据。最后，根据工程施工记录，汇总并统计每天发生的费用后可以得到检查点的实际成本（ACWP）。根据BCWP和ACWP表计算结果最终可以得到工程的赢得值评价结果表。

根据价值工程的四个评价指标公式计算将BCWS、BCWP、ACWP等表中的数据即可计算出各项指标数值。

　　设计阶段及施工阶段独立进行造价管理的传统模式已经不适应工程总承包模式的一体化管理高要求。因此，总承包商必须转变传统的工程造价管理观念和意识，逐步建立符合工程总承包模式的管理体制，将价值工程与赢得值法融入工程总承包项目的造价控制中，这可以让工程造价控制能更好地指导工程总承包项目实施各个阶段，从而最终实现工程的全过程的造价管理。

　　未来几年，我国的建筑领域的发包模式也将以工程总承包模式为主导。特别是，建筑师负责制和全过程咨询等配套措施将逐步完善。为此，我国的建筑企业必须认清工程总承包的形势和发展方向，随时把握最新动态、积极创新改革，不断提高工程总承包的管理水平。特别是完善工程总承包项目造价控制理论方法，将价值工程和赢得值法有机融合。在设计和施工阶段进行全过程的造价控制，以适应工程总承包模式主导的建筑市场。

结束语

　　工程造价的控制是一个动态的过程。由于建筑工程造价具有控制难度大而且控制见效慢特点，这就要求建筑工程造价控制工作技术上要求细，专业上要求严，政策上要求高，而且贯穿于工程项目的全过程。加强工程造价控制，就是要合理确定和有效控制工程造价，其目的不仅在于把项目投资控制在批准之内，更在于合理使用人力、物力、财力，提高固定资产和投资效益，因此应该得到工程各方的足够重视。只有参与工程造价控制与管理的所有主体共同努力，再加上制度保证与约束，才能做好这项工作。

参考文献

[1]郭一斌，段永辉.工程造价[M].郑州：黄河水利出版社，2017.09.

[2]王娟玲.公路工程造价[M].北京：机械工业出版社，2017.12.

[3]丁佳佳.建设工程造价管理[M].北京：机械工业出版社，2017.07.

[4]李栋国，马洪建.公路工程与造价[M].武汉：武汉大学出版社，2017.03.

[5]何俊，韩冬梅，陈文江.水利工程造价[M].武汉：华中科技大学出版社，2017.09.

[6]唐明怡，石志锋.建筑工程造价[M].北京：北京理工大学出版社，2017.01.

[7]莫南明.建筑工程造价实训教程[M].重庆：重庆大学出版社，2017.02.

[8]苗兴皓.水利水电工程造价与实务[M].北京：中国环境出版社，2017.01.

[9]葛晶，夏凯，马志新.建筑结构设计与工程造价[M].成都：电子科技大学出版社，2017.05.

[10]于洋，杨敏，叶治军.工程造价管理[M].成都：电子科技大学出版社，2018.03.

[11]兰定筠，杨莉琼.建设工程造价管理[M].北京：中国计划出版社，2018.06.

[12]马永军.工程造价控制·第2版[M].北京：机械工业出版社，2018.01.

[13]高峰.公路工程造价实务[M].北京：北京理工大学出版社，2018.01.

[14]马伟芳.智能工程造价[M].北京：中国财富出版社，2018.06.

[15]张振明，张泓.工程造价咨询实务[M].厦门：厦门大学出版社，2018.12.

[16]李华东，王艳梅.工程造价控制[M].成都：西南交通大学出版社，2018.03.

[17]申玲，戚建明.工程造价计价·第5版[M].北京：知识产权出版社，2018.01.

[18]尤朝阳.建筑安装工程造价[M].南京：东南大学出版社，2018.06.

[19]陈文建，李华东，李宇.工程造价软件应用·第2版[M].北京：北京理工大学出版社，2018.02.

[20]苏海花，周文波，杨青.工程造价基础[M].沈阳：辽宁人民出版社，2019.01.

[21]李苗苗，温秀红，张红.工程造价软件应用[M].北京：北京理工大学出版社，2019.07.

[22]李颖.工程造价控制[M].武汉：武汉理工大学出版社，2019.03.

[23]王忠诚，齐亚丽.工程造价控制与管理[M].北京：北京理工大学出版社，2019.01.

[24]杨峥，沈钦超，陈乾.工程造价与管理[M].长春：吉林科学技术出版社，2019.08.

[25]赵庆华.工程造价审核与鉴定[M].南京：东南大学出版社，2019.01.

[26]汤晓青，卢胜强.输电线路工程造价实训教程[M].成都：电子科技大学出版社，2019.12.

[27]高峰，张求书.公路工程造价与招投标·第2版[M].北京：北京理工大学出版社，2019.11.

[28]赵媛静.建筑工程造价管理[M].重庆：重庆大学出版社，2020.08.

[29]钱源.公路工程造价编制[M].重庆：重庆大学出版社，2020.07.

[30]王晓芳，计富元.市政工程造价[M].北京：机械工业出版社，2020.11.

[31]李海凌，刘宇凡.工程造价专业导论[M].北京：机械工业出版社，2020.08.

[32]左红军.建设工程造价案例分析[M].北京：机械工业出版社，2020.01.

[33]阎丽欣，高海燕.市政工程造价与施工技术[M].郑州：黄河水利出版社，2020.07.

[34]高莉，施力，黄谱.建筑设备工程技术与安装工程造价研究[M].北京：文化发展出版社，2020.07.

[35]夏立明.建设工程造价管理基础知识[M].北京：中国计划出版社，2020.05.

[36]李联友.工程造价与施工组织管理[M].武汉：华中科技大学出版社，2021.01.

[37]张仕平.工程造价管理·第3版[M].北京：北京航空航天大学出版社，2021.01.